花卉宝典

HUAHUI BAODIAN

李印普　主编

中国林业出版社

图书在版编目（CIP）数据

花卉宝典 / 李印普主编. -- 北京 : 中国林业出版社, 2016.10（2018.6重印）

ISBN 978-7-5038-8746-8

Ⅰ. ①花… Ⅱ. ①李… Ⅲ. ①花卉—观赏园艺 Ⅳ. ①S68

中国版本图书馆CIP数据核字(2016)第243501号

责任编辑： 张　华　何增明
出版发行： 中国林业出版社
（100009 北京西城区刘海胡同7号）
http://lycb.forestry.gov.cn
电　　话： 010-83143566
装帧设计： 张　丽
印　　刷： 固安县京平诚乾印刷有限公司
版　　次： 2017年2月第1版
印　　次： 2018年6月第3次
开　　本： 889mm × 1194mm 1/16
印　　张： 15
字　　数： 620千字
定　　价： 69.00元

前言

QIANYAN

随着人们生活水平的提高，赏花、养花、送花，以花会友，已成为一种养性怡情的时尚。时下，无论是城市的大道、广场、公园、绿地、居民区，还是家庭的庭院、客厅、卧室、书房；无论是宾馆、商场，还是会议室、办公室，到处都有花的身影，且品种越来越多。一些闻所未闻、见所未见的花卉不断地涌现眼前。花使城市变得更美、使环境变得更清新；花使居室春意盎然，显得更优雅、更温馨；花使会议室显得更加庄重；花可以增加亲情、友情、感情和爱情……总之，人已经离不开花了。

然而，作者通过调查发现，很多人只知花美，不识花名，对花的习性、繁殖方法、病虫害防治及有关花卉其他方面的知识，更是了解甚少。针对这一情况，作者编写了《花卉宝典》一书。该书收录了444种花卉的科属、名称、学名、别名、英文名、形态、习性、繁殖方法、病虫害、管护、应用、产地及分布等各方面的知识。为了提高人们的观赏水平及对花卉文化内涵的认识和理解，本书还增加了各种花卉的"花语"，对被选作"市花""国花""生日花""星座花"的也一一进行标注。本书内容丰富，堪称一部花卉"小百科"。

为了使读者更清楚地观察了解各种花卉的形态特征，识别各种花卉，本书配备高清晰的实景照片，并对每幅照片进行了处理，剔除了杂乱的背景。为了获取各种花卉的实景照片，编者曾赴昆明、广州、三亚、北京、天津、厦门、连云港等数十个城市的公园、植物园、花卉市场及市民家中进行拍摄。有时，为了拍到一种花卉开放时的最佳照片，要跑很多次。本书还采用了一些朋友、同事及花卉爱好者提供的照片，特别是张秉公、陈平两位同事，为本书提供了部分花卉照片。对此，编者表示由衷的感谢！

本书适量收录了部分大型乔、灌木品种，以扩展读者的视野。

本书正文只列出每种花卉的主要病害、虫害，其病害的发病症状、虫害的危害情况及防治方法参见书后表格。

本书以科排序，各科之间以科属首字的笔画多少排序，笔画少者靠前。

为了方便读者查阅，于书后附录了"花卉名称（含别名）拼音索引"。

由于编著者水平有限，错谬之处在所难免，敬请指正。

编著者

2016年7月于包头

目录

MULU

科属：十字花科 紫罗兰属 **学名：***Matthiola incana* **别名：**草桂花 草紫罗兰 四桃克 **英文名：**Violet

紫罗兰

形态 紫罗兰为一、二年生或多年生草本常作二年生栽培，全株有灰白色星状柔毛，茎直立，多分枝，株高20~70cm。叶互生，倒披针形，长3~5cm。总状花序顶生或腋生，两侧萼片基垂囊状，花梗粗壮，花径2~3cm，花瓣有长爪，瓣铺张为十字形。花期4~6月。

习性 紫罗兰喜冷凉、光照充足之环境，也稍耐半阴；生长适温白天15~18℃，夜间约10℃，冬季能耐-5℃低温。适宜疏松、肥沃、湿润且土质深厚、排水良好的中性或微酸性壤土栽植。

繁殖 紫罗兰繁殖主要是播种繁殖。秋季播种，翌年春天可定植，露地栽种或上盆，4月下旬可开花。一年生品种，在夏季凉爽地区可随时播种，全年开花。

病虫害 紫罗兰常见病害有枯萎病、黄萎病、白锈病及花叶病。虫害有蚜虫、蓟马、潜叶蝇等。

管护 紫罗兰栽培不得过密，生长期间每半月施复合肥1次，花后剪除残花枝，并追肥，可二次开花。浇水宜见干浇透水。

应用 紫罗兰花朵茂盛，花色鲜艳，香气浓郁，花期长，为众人喜爱，适宜于盆栽观赏，也用于布置花坛、花境。是切花的优质材料。

产地与分布 欧洲地中海沿岸。各国园林中多有栽培。

花语：有“永恒美”“永恒的魅力”之意。另有“质朴、美德”之说。

科属：十字花科 诸葛菜属 **学名：***Orychophragmus violaceus* **别名：**二月蓝 **英文名：**Violet orychophragmus

诸葛菜

形态 诸葛菜为一年或二年生草本，无毛或稍有细柔毛；植株高10~50cm，茎直立且仅有单一茎。基生叶和下部茎生叶羽状深裂，叶基心形，叶缘有钝齿。总状花序顶生，花瓣中有幼细的脉纹，色蓝紫，随着花期的延续，花色逐渐转淡，最终变为白色；花大，美丽，紫色至玫瑰红色，排成疏松总状花序；萼片合生，内轮基部成囊状；花瓣宽倒卵形，基部具长爪，花柱短，柱头2裂，花期春季。

习性 诸葛菜耐寒性强，冬季常绿。又比较耐阴，适生性强。华北、东北都有种植。对土壤要求不严，适宜疏松、肥沃且排水良好的沙质土壤栽植。

繁殖 诸葛菜主要靠播种繁殖，播种期为春季或秋季。发芽适温15~21℃。诸葛菜有自播繁殖能力。

病虫害 诸葛菜常见的病害主要是霜霉病。虫害有蚜虫、菜青虫、蜗牛、潜叶蝇等。

管护 诸葛菜栽培管理比较粗放，不需要特别养护，只要及时浇水，施肥，稍加管理即可健壮生长。耐寒性、耐阴性较强，有一定散射光即能正常生长、开花、结实。

应用 诸葛菜宜栽于公园、林下、城市街道、林缘、住宅小区或草地边缘，既可独立成片种植，也可与各种灌木混栽，形成特色景观，美化效果极佳。茎、叶可食用，种子可榨油。诸葛亮曾用此菜补充军粮，由此得名。

产地与分布 中国。我国华北、东北各地有栽培。

花语：有“谦虚质朴、无私奉献”之意。

科属：十字花科 香雪球属　学名：*Labularia maritima*　别名：庭芥　英文名：Sweet alyssum

香雪球

形态 香雪球为多年生草本植物，常作一、二年生栽培，基部木质化，植株较矮，多分枝。叶条形或披针形，全缘，互生灰绿色。顶生总状花序，总轴短，花小密生呈球状；花有白色、淡紫、深紫、紫红等，具淡香；花期3~6月。果熟期不整齐，角果，种子扁平。

习性 香雪球喜冷凉、光照充足的环境，忌炎热，稍耐阴，忌涝，较耐干旱亦耐贫瘠；适宜肥沃、疏松且排水良好的土壤栽植。

繁殖 香雪球用种子、扦插繁殖都可以，但一般多用种子繁殖。北方地区多为春天在温室播种育苗，发芽适温为18~20℃，约5天出苗，在长出3~4片真叶时即可定植或上盆。

病虫害 只要管理得当，香雪球很少发生病虫害。

管护 生长期间应注意浇水、施肥和松土。花后应剪除枯萎花枝，进行追肥，并置于半阴处。在开花的过程中，把残花带2~3片叶剪掉，可以延长开花期。夏季炎热时则生长不良，开花很少，此时要剪除已开过的花枝，适当施肥、浇水，秋季可再次开花。

应用 香雪球株矮而多分枝，花开成片，形成花海且散发阵阵清香，是布置花坛、花境的优良材料，盆栽观赏亦佳。

产地与分布 地中海沿岸。中国各地有栽培。

香雪球是1月12日出生者的生日花。

花语：有“清纯舒畅，甜蜜的回忆”之意。另有“优雅”之说。

科属：十字花科 芸薹属　学名：*Brassica oleracea* var. *acephala* f. *tricolor*　别名：花包菜 叶牡丹　英文名：Kale

羽衣甘蓝

形态 羽衣甘蓝为二年生草本，株高10~25cm。叶宽大有皱叶、不皱叶及深裂叶之分，被有白粉；边缘有翠绿色、深绿色、灰绿色、黄绿色；中心叶则有纯白、淡黄、肉色、玫瑰红、紫红等品种。花序总状，虫媒花，果实为角果，扁圆形，种子圆球形，褐色。

习性 羽衣甘蓝喜冷凉、湿润及阳光充足的气候环境，极耐寒，可忍受多次短暂的霜冻，且耐热性强，栽培容易，耐盐碱，适宜肥沃且排水良好的土壤栽培。

繁殖 羽衣甘蓝一般用种子繁殖，于秋季播种。种子的发芽适温18~25℃。

病虫害 病害有霜霉病。虫害有甘蓝夜蛾及美洲斑潜蝇。

管护 羽衣甘蓝根系发达，主要分布在30cm深的耕作层。较耐阴，但充足的光照可使叶片生长快速，品质好。采种的植株要在长日照下抽薹开花。对水分需求量较大，干旱缺水时叶片生长缓慢，但不耐涝。对土壤适应性较强，适宜腐殖质丰富肥沃的土壤栽植。

应用 羽衣甘蓝叶缘有紫红、绿、红、粉等颜色，叶面有淡黄、绿等，颜色鲜艳有“叶牡丹”的美名。适用于公园、广场布置大型花坛，亦可盆栽观赏。其嫩叶可炒食、凉拌、做汤，在欧美多用其配上各色蔬菜制成沙拉，风味清鲜，烹调后依然保持鲜艳的碧绿色。

产地与分布 地中海沿岸。中国各地有栽培。

花语：有“祝福”“利益”“吉祥如意”之意。

科属：山茶科 山茶属 **学名：***Camellia japonica* **别名：**茶花 山椿 **英文名：**Japan camellia

山茶花

形态 山茶花为常绿阔叶灌木或小乔木。叶互生，长椭圆形或卵形，先端渐尖或急尖，基部半圆形，长4~8cm，革质，叶子正面为深绿色，有光泽，背面较淡，叶片光滑无毛，叶柄粗短。花单生或2~3朵着生于枝梢顶端或叶腋间，花期2~3月，单朵花期一般为10天左右。

习性 山茶花喜温暖、湿润的环境，忌暴晒，喜半阴的散射光照，略耐寒，适宜肥沃、疏松的微酸性土壤栽植。生长适温18~25℃。

繁殖 ①扦插。于5~8月进行，选取叶片完整、叶芽饱满和无病虫害的当年生半成熟枝作插穗扦插。②嫁接。选择生长良好的半木质化枝条为接穗进行嫁接。③播种。

病虫害 病害有炭疽病，多发生在梅雨季节。常见的虫害有红蜘蛛及介壳虫。

管护 茶花根系脆弱，移栽时注意不要伤害根系。盆栽山茶，每年春季花后或9~10月换盆，剪去枯枝及徒长枝，换上肥沃的腐叶土。山茶喜湿润，但土壤不宜过湿，过湿易引起烂根，而过于干燥，叶片会发生卷曲，还会影响花蕾发育；叶片每天喷水1次，以保持较高的空气湿度。

应用 山茶花株冠优美多姿，叶色亮绿，花大色艳，花期长，是优秀的花卉品种。南方适宜庭院、公园栽植，室内盆栽置于厅堂、阳台亦佳；北方多盆栽观赏。山茶花的经济价值极高，籽可榨油食用，叶可代茶作饮料。

产地与分布 中国。我国云南、贵州、浙江、江西等地多有栽植。日本、朝鲜等有种植。

山茶花是4月29日、11月11日出生者的生日花。山茶花是重庆、昆明、宁波、温州、景德镇、金华、衡阳等市的市花。

花语：有“含蓄”“理想的爱”“谦让”“了不起的魅力”“从容自在”“不畏强暴”之意。红花代表“理性”；白花代表“真情”“可爱”；粉花代表“克服困难”。

科属：山龙眼科 多变花属 **学名：***Protea cynaroides* **别名：**蓟状多变花 **英文名：**King protea

菩提花

形态 菩提花为多年生、多花茎常绿灌木。株高1.2~2m，其生命期可达数十年至上百年。叶互生，叶片呈长椭圆形，灰绿色、革质。花杯状，直径12cm以上，苞片深红色至淡粉色，花期自春到夏。

习性 菩提花喜温暖、稍干燥和阳光充足之环境，不耐寒，忌积水，适宜肥沃、疏松且排水良好的酸性土壤栽植，冬季一般不低于5℃。

繁殖 ①扦插。冬季取半成熟枝条扦插。②播种。秋季种子成熟采摘后即可播种；也可将种子沙藏至第二年春天播种，种子萌 发适温14~20℃。

病虫害 菩提花病害有叶斑病。虫害有飞蛾、介壳虫、粉虱、黑甲虫、白蚁及地下线虫等。

管护 菩提花幼苗期注意排水。生长期不可暴晒，需适当遮蔽烈日。一旦发生病虫害要及时根治。

应用 菩提花枝叶茂盛，花朵大，苞叶和花瓣挺拔，色彩异常美丽，观赏期长，在南方适合于公园、庭院栽植。盆栽观赏能产生新奇别致的效果。是极好的切花和干花材料。

产地与分布 南非。我国有栽种。

菩提花是南非的国花。

花语：有“胜利”“圆满”“富贵吉祥”“幸福”之意。

科属：山茱萸科 梾木属　**学名：***Swida alba*　**别名：**红梗木 凉子木　**英文名：**Tatarian dogwood

红瑞木

形态 红瑞木为落叶灌木或小乔木，新发枝丫为血红色，老旧干枝为暗红色，枝有棱。叶对生，椭圆形，基部楔形，长8~10cm，绿色秋季变红色。花顶生，聚伞花序，花白色，花期5~6月。果圆球形，乳白色，果期8~10月。

习性 红瑞木喜光，极耐寒、耐旱、耐修剪，适宜土层深厚、湿润且肥沃疏松的土壤栽植。

繁殖 ①播种。采集成熟种子沙藏，于翌年春播种。②扦插。选1年生枝条秋冬沙藏，于翌年春扦插。③压条。于春末将枝条环割后埋入土中，于翌年生根后与母株割离后移栽。

病虫害 红瑞木易患茎腐病及白粉病。虫害有蚜虫和其他食叶害虫。

管护 定植前要施加底肥。为了保持良好的株形，应经常修剪且清除病老枝。

应用 红瑞木枝繁叶茂、枝干红色且耐修剪，是园林造景的上佳品种。

产地与分布 中国。我国东北、华北、西北、华东等地都有栽培。

红瑞木是11月27日出生者的生日花。

花语：有“信仰”“勤勉”之意。

科属：山茱萸科 四照花属　**学名：***Dendrobenthamia japonica* var. *chinensis*　**别名：**山荔枝 羊梅 石枣　**英文名：**Four-involucre

四照花

形态 四照花为落叶灌木或小乔木，小枝细，嫩枝绿色，后变褐色，株高可达9m。单叶对生，卵状椭圆形或卵形，长7~11cm，叶端渐尖，叶基半圆形或广楔形。头状花序圆球形，由45~50朵小花集聚而成，总苞片4，呈白色，卵形先端尖长约5~6cm，花期5~6月。果为球形聚合果，成长期绿色，成熟后紫红色，果期9~10月。

习性 四照花喜温暖、湿润及阳光充足的气候环境，稍耐阴，有一定耐寒力，适宜在肥沃、湿润而排水良好的沙质土壤中栽植。

繁殖 ①播种。种子随采随播，亦可将种子低温保存至翌年春季播种。②扦插。于春季选取健壮枝条剪成8~10cm长段，插入沙质土壤中，遮阴、保湿40~50天生根。③分株。于春、秋季将母株底部带根的小植株与母株割离后另栽。

病虫害 病害主要有叶斑病。

管护 苗期要及时浇水及施肥。成年株春季发芽前要修剪整形。

应用 四照花夏赏花，秋看果，深秋观红叶，适于园林、庭院栽植。果实可食用，亦可制酒和酿醋。花、叶均可入药，有通经、活血之功效。

产地与分布 中国。我国南方各地有栽培。

花语：有“回礼”之意。

科属：千屈菜科 千屈菜属 学名：*Lythrum Salicaria* 别名：水枝柳 对叶莲 英文名：Spiked loosestrife

千屈菜

形态 多年生挺水草本植物，茎直立，多分枝，有四棱，株高0.7~1m。叶对生或3片轮生，狭披针形，长3~5cm，宽0.8~1.5cm，先端具短尖，基部圆形或心形。总状花序顶生；花两性，数朵簇生于叶状苞片腋内；花瓣紫红色，花期7~8月。蒴果椭圆形。

习性 喜温暖及光照充足、通风良好的水湿环境，多植于沼泽地、水旁、河边，也可旱地栽培。比较耐寒，在中国南北各地均可露地越冬。对土壤要求不严，在肥沃的塘泥基质土中花色更艳丽，长势强壮。

繁殖 ①播种。于春季进行，发芽适温12~20℃。②扦插。于春、夏两季都可进行。③分株。分株于4月份进行。

病虫害 千屈菜虫害很少，通风不良可能生红蜘蛛。病害主要是斑点病，在叶片上产生不规则灰褐色病斑，病斑有黑色小点，在天气干旱、高温时易多发。

管护 及时除去植株周边的杂草；防止植株过密。盆栽要保持盆土润湿。

应用 千屈菜姿态娟秀整齐，花色艳丽醒目，可成片或丛植于公园、湖岸、河边，也可做水生花卉园的花境背景，亦可在庭院丛植或盆栽供观赏。叶子可食用。全身可入药，有清热解毒、止血凉血之功效。

产地与分布 亚洲暖温带及欧洲。我国分布广。

千屈菜是10月11日出生者的生日花。

花语：有"孤独"之意。另有"挫折""悲哀"之说。

科属：千屈菜科 萼距花属 学名：*Cuphea hyssopifolia* 别名：雪茄花 满天星 英文名：False heather

细叶萼距花

形态 细叶萼距花为直立小灌木，多分枝，茎具毛，株高35~60cm。叶对生，细长卵形，顶端渐尖。花顶生或腋生，花梗长0.2~0.6cm；花萼长1.6~2.4cm，花瓣6，紫红色，倒卵形；雌蕊稍突出萼外；花期自春至秋，随枝梢的生长而不断开花。

习性 细叶萼距花喜高温、阳光充足、温暖、湿润的环境，耐湿热，稍耐阴，不耐寒，在5℃以下常受冻害，耐贫瘠土壤，适宜疏松、肥沃且排水良好的沙质壤土栽植。生长适温18~32℃。

繁殖 ①扦插。随时可取枝条或茎尖扦插，以春、秋季为佳。②播种，春季为播种期，种子发芽适温15~22℃。

病虫害 春季常有毒蛾为害。

管护 幼苗定植后宜摘心，促使分枝生长；生长期间每个月施复合肥1次；当植株过高或枝叶过密时要进行修剪。

应用 细叶萼距花适合庭园美化和盆栽 。由于细叶萼距花枝繁叶茂，叶色浓绿，四季常青，且具有光泽，花美丽而长年开花不断，易成形，耐修剪，有较强的绿化功能和观赏价值。

产地与分布 南美的墨西哥、牙买加。我国南方栽种广泛，北方多盆栽。

科属：千屈菜科 紫薇属　**学名：***Lagerstroemia indica*　**别名：**痒痒树 光皮树　**英文名：**Common crapemyrtle

紫薇

形态 紫薇为落叶乔木，高可达7~10m，树皮光滑，且对振动十分敏感，轻轻一动它的树皮，全树都会颤抖不止，因此又称“痒痒树”。叶对生，表面平滑无毛、椭圆形、全缘、先端尖、基部阔圆。圆锥状花序丛生于枝顶，花被皱缩，有鲜红、粉红或粉白色；花期7~9月。蒴果球形，11~12月成熟。

习性 紫薇喜温暖、湿润且阳光充足之环境，耐干旱，怕涝，怕寒冷。适宜肥沃、湿润且排水良好的酸性土壤栽植。

繁殖 ①播种。于春季进行，种子发芽适温10~15℃。②压条。压条时间11月至次年2月。

病虫害 紫薇常见的病害有白粉病、褐斑病及煤污病。虫害有黄刺蛾、紫薇长斑蚜及紫薇绒蚧。

管护 对于成年树注意及时剪除病枝。盆栽要加强光照，适时浇水，施肥要适量，过多会引起疯长，缺肥会导致枝条细弱。

应用 紫薇株型优雅、花色艳丽，是园林美化的优良树种。紫薇可盆栽，亦可制作大型盆景。其树干木质坚硬，是制作家具的上等材料。树皮、树叶及种子均可入药，有清热解毒、利湿祛风、散瘀止血之功效。

产地与分布 印度、斯里兰卡、马来西亚等。我国南方栽植较多。

大花紫薇

紫薇是信阳、襄樊、安阳、徐州、自贡、咸阳及台湾基隆市的市花。

花语：有“喜庆”“长寿”“圣洁”“雄辩”之意。

科属：大戟科 大戟属　**学名：***Euphorbia milii*　**别名：**麒麟花 铁海棠　**英文名：**Iron crabapple

虎刺梅

形态 虎刺梅为藤蔓状多刺、多年生、多肉植物，多乳汁，落叶灌木；茎上密生褐色的针刺；株高40~70cm，可达1m。叶稀疏，广披针形，灰绿色，一般生长在幼嫩的枝条上。聚伞花序顶生，花小，鲜红色。

习性 虎刺梅喜温暖、湿润和阳光充足的环境，稍耐阴，耐高温，较耐旱，不耐寒。适宜疏松、排水良好的腐叶土栽植。生长适温15~30℃。

繁殖 虎刺梅于春季或夏初取顶部嫩枝扦插，极易成活。

病虫害 虎刺梅病虫害很少。只是在连阴雨的季节里，雨水多，空气湿度高，盆土表面不干净，易得根腐病和茎腐病。虫害有粉虱和介壳虫等。

管护 夏秋要保持较充足的水分，冬季要少浇水；虎刺梅幼茎柔软，要及时进行支护绑扎造型。

应用 虎刺梅栽培容易，开花期长，红色苞片鲜艳夺目，它有虎的威猛，刺的锐利，梅的风韵。是深受欢迎的盆栽植物。虎刺梅幼茎柔软，可绑扎成各种动物造型供欣赏。虎刺梅的茎有伤口时分泌出的白色乳汁有毒，应予防范。虎刺梅全身可入药，有拔毒泄火、凉血止血之功效。

产地与分布 非洲马达加斯加。我国栽种广泛。

花语：有“防人之心不可无”“谨慎”“自卫”之意。

科属：大戟科 大戟属 **学名：***Euphorbia milii* 'Xieban' **别名：**虎刺梅 **英文名：**Wedge disc

楔瓣

形态 楔瓣为多年生多肉植物，茎直立多乳汁且密生褐色的针刺，落叶灌木，株高可达1m。叶倒卵形，灰绿色，较稀疏，一般生长在幼嫩的枝条上，叶长5~8cm。聚伞花序顶生，花鲜红色，楔角黄绿色，一年四季可开花。盛花期3~8月。

习性 楔瓣喜温暖、湿润和阳光充足的环境，稍耐阴，耐高温，较耐旱，不耐寒，适宜疏松、排水良好的腐叶土栽植。生长适温15~30℃。

繁殖 楔瓣多用扦插法繁殖，于春或夏初取顶枝扦插，极易成活。

病虫害 楔瓣病虫害很少，只是在连阴雨的季节里，浇水多，空气湿度高，盆土表面不干净，易得根腐病和茎腐病。虫害有粉虱和介壳虫危害。

管护 夏秋要保持较充足的水分；每年春季换盆可保持长盛不衰。

应用 楔瓣花奇特，且全年可开花，盆栽置于厅堂、客室、庭院十分夺目。南方适合园林中配置。

产地与分布 非洲热带地区，现栽培广泛，我国各地均有栽种。

花语：有"防人之心不可无""谨慎""自卫"之意。

科属：大戟科 大戟属 **学名：***Euphorbia pulcherrima* **别名：**象牙红 猩猩木 圣诞花 **英文名：**Poinsettia

一品红

形态 一品红为常绿灌木，茎光滑、有乳状汁，嫩枝绿色，老枝深褐色，株高0.5~1m。单叶互生。杯状聚伞花序，每一花序只有一枚雄蕊和一枚雌蕊，其下形成鲜红色的总苞片，呈叶片状，色泽艳丽，是观赏的主要部位，花期12月至翌年3月。另有黄、粉红、粉白等多个培育品种。果为蒴果，果实9~10月成熟。

习性 一品红喜温暖、湿润及充足的光照。不耐低温，为典型的短日照植物，忌积水，保持盆土湿润即可。短日照处理可提前开花。一品红对土壤要求不严，适宜微酸性的肥沃、湿润且排水良好的沙质土壤栽植。生长适温18~25℃。

繁殖 一品红多采用扦插繁殖。于3~5月采用硬枝或嫩枝扦插，易成活。

病虫害 病害主要有由真菌引起的茎腐病、灰霉病和由细菌引起的叶斑病等。虫害最常见的有白粉虱。

管护 低于15℃时要移入室内，要光照充足，注意适当施肥，保持盆土湿润。

应用 开花期间适逢圣诞节，故又称"圣诞花"。是一种适合祝福送礼的花卉。适宜盆栽布置厅堂、客室。其茎和叶可入药，有活血化瘀、接骨消肿之功效。

产地与分布 中美洲，我国各地都有栽培。

花语：有"降妖除魔""我的心正在燃烧"之意。

科属：大戟科 大戟属 学名：*Euphorbia grandicornis* 别名：麒麟角 玉麒麟 英文名：Kylin crown

麒麟冠

形态 多年生肉质草本植物，茎肉质厚壮，呈鸡冠状，绿色，茎横向成长呈扇状，茎表面具流浆状细白色条纹。叶细长呈倒披针形，当温度低于15℃时常脱落干净成为无叶状态。茎、叶中均含有白色乳汁，乳汁有毒。

习性 喜高温、干燥，耐热、耐旱，全日照、半日照均可。生长适温为22~32℃，最低温不低于15℃。适宜肥沃、排水良好的沙质土栽植。

繁殖 麒麟冠用扦插法繁殖。剪取生长充实的茎段为插穗，晾数日，待伤口稍干缩后，再插入细沙中即可，20天后生根。

病虫害 麒麟冠病虫害较少，但长期通风不好，易患黑斑病或遭介壳虫为害。

管护 保持土壤湿润不可积水。北方及时移入室内避免冻伤。

应用 形态奇特，青翠欲滴，摆于厅堂、居室，生机盎然，观赏价值极高；亦可庭院栽植观赏。全株可入药，有清热解毒、拔脓消肿之功效。

产地与分布 南非及印度。我国各地有栽培。

科属：大戟科 大戟属 学名：*Euphorbia trigona* 别名：三角大戟 龙骨 英文名：African milk tree

彩云阁

形态 彩云阁是植株呈多分枝灌木状的肉质植物，有短的主干，分枝轮生于主干周围，且全部垂直向上生长，具3~4棱，粗3~5cm，长10~40cm，棱缘波形，突出处有坚硬的短齿，先端具红褐色对生刺，刺长0.5~0.6cm。茎表皮绿色，有黄白色晕纹。叶绿色，长4~5cm，长卵圆形或倒披针形，质极薄，着生于分枝上部的每条棱上，每个刺的位置长有一片叶子。花为聚伞花序杯状，家庭盆栽时极少开花，盆栽只为观茎的挺拔，不为看花。

习性 宜阳光充足和温暖干燥的环境，耐干旱，稍耐半阴，忌阴湿。适宜肥沃、疏松且排水良好的沙质土壤栽植。

繁殖 扦插。在生长季节剪取10cm左右健壮的茎段进行扦插。插穗因其切口处有白色乳汁状浆液流出，可用水把白浆冲洗掉，并稍晾几天，等切口干燥收缩后，再插于沙土中，保持稍有潮气，很容易生根。

病虫害 病害主要有炭疽病、赤霉病。虫害主要防介壳虫、红蜘蛛、粉虱等。

管护 盛夏要通风良好，生长期应保持盆土湿润，但不能有积水。每半月施一次腐熟的稀薄液肥，以促使植株枝繁叶茂。冬季放在室内光线明亮处，维持15℃以上的室温。

应用 其分枝繁多，且垂直向上，给人以挺拔向上的感觉，是装饰厅、堂、卧室及会议场所的优良花卉。

产地与分布 非洲纳米比亚。我国各地有栽培。

科属：大戟科 大戟属 学名：*Euphorbia marginata* 别名：象牙白 高山积雪 英文名：Silvermargin spurge

银边翠

形态 银边翠为一年生草本，全株被柔毛或无毛，茎直立，叉状分枝，株高0.7~1.5m。叶卵形至长圆形或椭圆状披针形，长4~7cm，宽约2~3cm；下部叶互生，绿色，顶端的叶轮生，边缘白色。杯状花序生于分枝顶部的叶腋，花期6~8月。蒴果扁球形，果期8~10月。

习性 银边翠喜温暖、阳光充足的环境，不耐寒，耐干旱，适宜肥沃、疏松且排水良好的沙质土壤栽植。

繁殖 ①播种。银边翠以播种繁殖为主，播种于春季3~4月进行，发芽适温18~22℃。②扦插。取嫩枝进行扦插。

病虫害 银边翠病虫害极少，当过密、过湿、通风不良时有灰霉病、叶斑病危害。虫害有蚜虫及介壳虫等。

管护 播种前要施足基肥。银边翠为直根性植物，移植或定植时应尽早。移植后及时浇透水2次。扦插繁殖时要注意遮蔽阳光。生长季节追施液肥2~3次。雨后及时排水防涝，以免土壤积水而造成植株受涝死亡。植株高大时应设支架，防止倒伏。

应用 银边翠可用于布置花坛、花境。庭院栽培亦显优雅。银边翠叶色白绿相间，具有清凉感觉，除做插花配叶外，还可将其单独插瓶供欣赏。药用价值高，有拔毒消肿之功效。

产地与分布 北美洲。我国多地有栽培。

花语：有“天寒地冻”之意。

科属：大戟科 变叶木属 学名：*Codiaeum variegatum* 别名：洒金榕 英文名：Changingleaf tree

变叶木

形态 变叶木为常绿灌木或小乔木，株高0.6~2m。单叶互生，厚革质，叶片有线形、披针形或矩圆形，叶面具有黄、白、紫、红色斑和条纹，全株有乳白色液体。总状花序，花序很长，生于上部叶腋，花小，雄花粉白色，雌花黄色。果实长球状，直径约0.9cm，内含3粒种子。

习性 变叶木喜阳光充足、温暖、湿润之环境，不耐寒、不耐阴，忌干旱，喜肥沃保水性能良好的黏重土壤。

繁殖 ①播种。一般在春季和秋季进行。②扦插。取10cm左右新梢，顶部留3~4片叶子，于4~6月份结合修剪进行扦插。

病虫害 变叶木病害有黑霉病、炭疽病。虫害有介壳虫和红蜘蛛。

管护 家庭盆栽，变叶木常会出现落叶问题，解决办法是：提高室温至18℃以上，适当浇水，避强光直射，追施氮肥。及时除去基部的残枝老叶，以保持株形美观。

应用 变叶木是极佳的观叶植物。盆栽置于厅堂、走廊、客室等处，彰显豪华气派。在南方多用于公园、绿地、庭院的美化。其叶是极好的花篮、花环及插花的材料。

产地与分布 马来西亚及太平洋热带诸岛。我国各地有栽培。

科属：大戟科　海漆属　学名：*Excoecaria cochinchinensis*　别名：青紫木　英文名：Chinese croton

红背桂

形态 红背桂为常绿花灌木，茎多分枝，小枝具皮孔，光滑无毛，株高0.8~1.2m。叶对生，叶片薄呈长圆形或倒披针状长圆形，长5~13cm，宽1.5~4cm，先端渐尖，基部钝楔形，上面深绿色，背面紫红色。散穗状花序，花小，腋生，淡黄色，花期6~7月。蒴果球形，顶部凹陷，基部截平，直径约0.8~1cm。

习性 红背桂喜温暖，不耐干旱，不耐寒，耐半阴，忌阳光暴晒，夏季放在庇荫处，可保持叶色浓。适宜肥沃、排水良好的沙质土壤栽植。生长适温15~25℃。

繁殖 红背桂多用扦插繁殖，扦插时选健壮枝梢剪成8~10cm长段，顶端保留2~3片叶作为插穗，于春、秋季进行。春插秋天移栽，秋插翌年春移栽。

病虫害 病害，管理不当会有叶枯病和炭疽病发生。虫害有根结线虫危害。

管护 盆土干时即要浇水。生长期每月施淡饼肥水1~2次，冬季室温保持0℃以上即可。

应用 红背桂枝叶飘飒，特别是它那奇特的面绿背红的叶子，清新秀丽，招人喜爱。盆栽宜摆放于厅、堂、廊、榭。长期摆放居室有致癌可能性。南方用于庭院、公园、居住小区美化。药用有祛风湿、通经络、活血止痛之功效。

产地与分布 原产中印半岛。我国栽培较普遍。

科属：大戟科　铁苋菜属　学名：*Acalypha hispida*　别名：红穗铁苋草　英文名：Redspike copperleaf

狗尾红

形态 狗尾红为常绿灌木，成年株枝条长可达2m以上，枝条成半蔓性，匍匐于地面生长。叶互生，卵形，先端尖，全叶被细毛，边缘具细齿，叶长8~13cm，亮绿色。穗状花序腋生，鲜红色，长10~50cm，直径约2~3cm，呈狗尾状，由此得名。其花色泽鲜艳，形态喜人。

习性 喜高温、怕寒冷；喜充足的阳光和湿润的环境。生长适温为25~32℃。适宜肥沃而不积水的沙质腐殖土壤栽植。

繁殖 用扦插法繁殖。狗尾红的繁殖以扦插为主，可在早春剪取上一年生的健壮枝条作插穗，也可在5~6月采集当年生健壮充实的枝条作插穗扦插。将插穗剪成10cm左右长，保留顶端2~3片叶，除去下部叶片，插于沙土或蛭石中。插后浇足水，避免烈日暴晒，保持较高的空气湿度和充足的水分。

病虫害 狗尾红抗病力极强，夏季常见有红蜘蛛、蚜虫危害。

管护 夏季避强光直射，生长期要保持土壤湿润，气候干燥时可对植株适当喷水。每2个月施肥1次。冬季要摆放在室内阳光充足处且室温保持在12℃以上。

应用 狗尾红是既观叶又看花的植物，盆栽可摆放于阳台、几架观赏。做成吊篮悬挂于窗前凭添几分情趣。

产地与分布 新几内亚岛。我国各地都有栽培。

花语：有“岁岁红火”之意。是年宵花卉。

科属： 大戟科 蓖麻属 **学名：** *Ricinus communis* **别名：** 大麻子 **英文名：** Castorbean

红蓖麻

形态 为多年生灌木，高约1.5~2m。茎直立、中空有节，茎上部分枝，无毛。叶互生，掌状深裂，裂片7~11枚，边缘有锯齿，叶表面与茎均有一层白蜡粉，可减少水分蒸发，因此蓖麻具有很强的抗旱能力。花顶生或与叶对生的圆锥花序，雌花在上，雄花在下，无花瓣和花盘。蒴果圆球形，有软刺或无刺；种子长圆形或椭圆形，光滑，种皮硬质，有光泽并具黑、白、棕色斑纹。

习性 喜温暖、阳光充足之环境，较耐旱。在热带或亚热带气候条件下可终年生长越冬，种1次可连续收获5~6年。

繁殖 播种，于早春进行。

病虫害 黑斑病、枯萎病、叶枯病是红蓖麻常见病害，主要危害叶片和果穗。危害严重时病斑融合致病叶枯死，会降低红蓖麻产量和品质。虫害有地老虎、棉铃虫、刺蛾、蓖麻夜蛾。

管护 管理粗放，雨季注意排除积水。

应用 由于它适应能力强，可用于庭院、校园、乡村公路、铁路两旁及公园绿化美化点缀。此外，红蓖麻的种子还可提炼工业特种用油，红蓖麻油可制泻药及高级润滑油。植株是高级造纸材料，所以红蓖麻既是观赏植物又是高创收的植物。

产地与分布 非洲、印度等地。我国各地有栽培。

花语：有“红火”之意。

科属： 大戟科 红雀珊瑚属 **学名：** *Pedilanthus tithymaloides* 'Variegata' **别名：** 斑叶红雀珊瑚 **英文名：** Red-bird flower

大银龙

形态 肉质灌木，多分枝，枝条绿色有节。叶片卵圆形至椭圆形，中绿色，长约10~15cm，宽6~8cm，边缘有不规则的白色或粉红色斑纹。花呈杯状，鲜红色，基部黄绿色，长约1.5cm。花期夏季。

习性 喜温暖干燥和阳光充足的环境，半日照条件下亦能良好地生长。以排水良好肥沃的沙质土壤为佳。耐干旱，忌积水。

繁殖 扦插。于春、夏季选取健壮的枝条进行扦插。

病虫害 病害主要有炭疽病、赤霉病。虫害主要防介壳虫、红蜘蛛、粉虱等。

管护 在北方盆栽时秋天要及时移入室内有阳光的地方，保持盆土湿润即可，不必过多浇水。

应用 在南方可丛植于公园、庭院一隅，叶片绿中有白，花色鲜红十分赏心悦目。在北方盆栽装饰厅堂、客室，或置于案头、几座，绿枝青翠，是惹人喜爱的优良花卉品种。

产地与分布 北美洲墨西哥及美国加利福尼亚州一带。

科属：马齿苋科　马齿苋属　**学名**：*Portulaca grandiflora*　**别名**：太阳花　午时花　**英文名**：Sun plant

半枝莲

形态　半枝莲为一年生肉质草本，高15~25cm。茎细而圆，平卧或斜生，节上有丛毛。叶散生或略集生，圆柱形，长2~2.5cm。花顶生，直径3~4cm，基部有叶状苞片；花有单瓣、重瓣；颜色鲜艳，有白、橙红、黄、红、粉红、紫等色。蒴果成熟时爆裂，种子小巧玲珑，棕黑色。6~7月开花，花期长。

习性　喜温暖、阳光充足而干燥的环境，忌阴暗潮湿。耐贫瘠，一般排水良好的沙质土壤最相宜。见阳光花开，早、晚、阴天闭合，故有太阳花、午时花之名。

繁殖　用播种或扦插繁殖。春、夏、秋均可播种，能自播繁衍。也可将枝条插入土中，极易成活。移栽不必带土。

病虫害　几乎无病害发生，花期可能有蚜虫、菜黑虫侵害。

管护　盆栽保持土壤湿润偏干，不必过多浇水，水多会造成疯长而不开花，生长旺季注意施加花肥。地面栽种在多雨地区注意排涝，而干旱地区注意适当浇水。

应用　半枝莲植株矮小，茎、叶肉质光洁，花色多样鲜艳，花期长，无病虫害且易管理。是布置花坛外围的上佳花卉，也可专辟为花坛。是人们极喜爱的盆栽花卉品种。

产地与分布　南美巴西、阿根廷、乌拉圭。中国各地都有种植。

花语：有“可爱”“天真”“光明”“热烈”之意。

科属：马齿苋科　马齿苋属　**学名**：*Portulaca oleracea* var. *grandiflora*　**别名**：阔叶半枝莲　**英文名**：Broadleaf purslane

阔叶马齿苋

形态　阔叶马齿苋为多年生肉质草本植物，常做一年生栽培。株高15~25cm。茎圆柱形，平卧斜生，节上有丛毛。叶互生肉质成勺形至卵形，亮绿色。花顶生，杯状，直径2.5~3.5cm，花瓣颜色鲜艳，有白、深黄、红、紫等色。园艺品种很多，有单瓣、半重瓣、重瓣，花期6~7月。

习性　阔叶马齿苋喜温暖、阳光充足而干燥的环境，怕高温惧潮湿，极耐瘠薄，一般土壤均能适应。

繁殖　用播种或扦插法繁殖。春、夏、秋均可播种。20℃条件下，种子播后10天左右发芽。覆土宜薄，不盖土亦能生长。在15℃条件下约20天即可开花。扦插繁殖多用重瓣品种，在夏季将剪下的枝梢作插穗，极易成活。

病虫害　阔叶马齿苋几乎无病害发生，花期可能有蚜虫、菜黑虫侵害。

管护　阔叶马齿苋盆栽保持土壤湿润偏干，不必过多浇水，水多会造成疯长而不开花，生长旺季注意施肥。地面栽种多雨地区注意排涝，干旱地区注意适当浇水。移栽不必带土。生长期不必经常浇水。

应用　适合盆栽，制作吊篮彰显优雅。庭院、广场、公园可成片栽种形成繁花似锦的效果。可食用。全身可入药。

产地与分布　南美洲巴西。中国各地均有栽培。

花语：有“可爱”“天真”“光明”“热烈”之意。

科属：马钱科 灰莉属 **学名：***Fagraea ceilanica* **别名：**非洲茉莉 华灰莉 **英文名：**Common fagraea

灰莉

形态 灰莉为常绿灌木或小乔木，有时可呈攀缘状，株高可达12m。叶对生，稍肉质，椭圆形或倒卵状椭圆形，亮绿色，长6~12cm，侧脉不明显。花单生或为二歧聚伞花序，花冠白色，具芳香。浆果，近球形，淡绿色。

习性 灰莉喜温暖、湿润和阳光充足的环境，耐阴，不耐寒，萌蘖力强，耐修剪，适宜肥沃、疏松及排水良好的土壤栽培，生长适温为18~32℃。

繁殖 ①播种。于秋季种子成熟后随采随播。②扦插。于6~8月进行最好，剪取12~15cm，带2~3个半片叶的健壮的枝条作插穗，将其扦插于泥炭土、沙壤即可。③分株。于春季进行。④压条。

病虫害 病害有炭疽病、日灼病。虫害应预防食叶类害虫为害。

管护 灰莉喜阴，要避免强光直射，需有较充足的散射光；要求水分充足，但根部不得积水；生长季节每月追施一次稀薄的腐熟饼肥水。

应用 灰莉枝繁叶茂，色泽亮丽，花大而芳香且开花期长，为良好的庭院观赏植物。适宜广场、步行街、公园、居民区栽植，亦可盆栽置于庭院、厅堂、客室观赏。

产地与分布 中国及印度、中南半岛和东南亚各国。我国各地有栽培。

科属：马鞭草科 马缨丹属 **学名：***Lantana camara* **别名：**五色梅 如意草 **英文名：**Common lantana

马缨丹

形态 马缨丹为直立或半蔓性灌木，株高1~2m，有时枝条生长呈藤状；茎枝呈四方形，全株被短毛。单叶对生，卵形或卵状长圆形，先端渐尖，基部圆形，两面粗糙有毛。头状花序腋生于枝梢上部，每个花序有20~30朵花，花冠筒细长，顶端多五裂，状似梅花。花冠颜色多变，黄色、橙黄色、粉红色、深红色。花期较长，在南方露地栽植几乎一年四季有花。圆球形浆果，熟时紫黑色。

习性 马缨丹性喜温暖、湿润阳光充足的环境，耐干旱、稍耐阴，不耐寒。

繁殖 马缨丹可采用播种、扦插、压条等多种方法进行繁殖。播种可随采随播，亦可将种子沙藏，于翌年春季播种。扦插于春末进行。马缨丹枝条柔性好且遇土极易生根，随时可压条繁殖。

病虫害 当过分潮湿且通风不良时易染灰霉病。虫害常有叶枯线虫侵害。

管护 为了保持较好的株形要及时修剪，每年春季结合换盆，把过密枝、纤弱枝剪掉。生长期每隔10天施1次腐熟液肥，同时结合浇水，每隔10天喷施1次尿素，可使叶片健壮增绿。

应用 马缨丹花色艳丽、花期长，我国南方布置花坛、花境，景观效果好。北方多盆栽观赏。

产地与分布 南美巴西。我国各地有栽培。

马缨丹是天蝎座的守护花。

花语：有“开朗”“严格”之意。

科属：马鞭草科 马鞭草属 **学名：***Verbena hybrida* **别名：**草五色梅 **英文名：**Common garden vervain

美女樱

形态 美女樱为多年生草本植物，常作一、二年生栽培。茎四棱，低矮粗壮，长30~50cm，丛生而匍匐地面，全株具灰色柔毛。叶对生有短柄，长圆形、卵圆形或披针状三角形，边缘具缺刻状粗齿或圆钝锯齿。穗状花序顶生，十数朵小花密集排列呈伞房状，苞片近披针形，花萼细长筒状，先端5裂，花冠漏斗状；花色多，有白、粉红、深红、蓝、紫等多种颜色，亦有复色品种，略具芳香。花期4~10月。蒴果，果熟期9~10月。

习性 美女樱喜湿润及阳光充足的环境，不耐阴、较耐寒、不耐旱，在炎热夏季能正常开花。适宜疏松、肥沃且排水良好的土壤栽植。

繁殖 美女樱繁殖主要用扦插和压条，于夏季进行。亦可用分株或播种的方法繁殖，播种可在春季或秋季进行，常以春播为主。

病虫害 病虫害较少，有时会有白粉病和霜霉病发生。虫害有蚜虫和粉虱等，应及时防范。

管护 应选择疏松、肥沃及排水良好的土壤栽培；春天早定植、花后及时剪除残花，可延长花期；美女樱的根系较短，干旱季节及时浇水，雨季则注意排涝。

应用 美女樱姿态优美，花色丰富，色彩艳丽，盛开时如花海一样，令人流连忘返。是良好的夏、秋季花坛、花境用花材料，也可作地被植物栽培。盆栽或制作吊篮可装饰窗台、走廊。

产地与分布 南美巴西、秘鲁、乌拉圭等地。我国各地有栽培。

美女樱是狮子座的守护花。美女樱是6月24日出生者的生日花。

花语：“相守”“和睦”“家和万事兴”“协力一致”之意。

科属：马鞭草科 赪桐属 **学名：***Clerodendrum thomsonae* **别名：**麒麟吐珠 珍珠宝莲 **英文名：**Bleedingheart glorybower

龙吐珠

形态 龙吐珠为多年生常绿藤本，株高可达2~5m。茎四棱。单叶对生，深绿色，卵形，先端渐尖，基部浑圆，全缘，有短柄。聚伞花序，顶生或腋生，呈疏散状，二歧分枝，花萼筒短，绿色，裂片白色，卵形，花冠筒圆柱形，5裂片深红色，从花萼中伸出，雄蕊及花柱很长，凸出花冠外，花期4~6月 。果实肉质球形，蓝色，种子较大，长椭圆形，黑色。

习性 龙吐珠喜温暖、湿润和阳光充足的环境，不耐寒，适宜肥沃、疏松和排水良好的沙质壤土栽植。生长适温为18~30℃。

繁殖 ①扦插。扦插一般于每年5~6月进行，选健壮无病的顶端嫩枝作插穗，也可将下部的老枝剪成8~10cm的茎段作为插穗。②播种。播种可于每年的3~4月进行，发芽适温18~24℃。

病虫害 病害有叶斑病。虫害有介壳虫、白粉虱。

管护 保持土壤湿润而不积水；盆栽龙吐珠，一般每2年换盆1次；花期每半个月施复合肥1次。

应用 龙吐珠因其花期长、花量多且花形奇特，加之该花卉病虫害少，特别适合家庭栽种。盆栽可置于台案观赏。亦可制作吊篮悬挂于窗前，尽显高雅。龙吐珠可入药，有清热解毒、散瘀消肿之功效。

产地与分布 非洲西部热带地区。我国各地有栽培。

花语：有“珍贵”“纯洁”“内心热诚”之意。

科属：马鞭草科 紫珠属 **学名：***Callicarpa cathayana* **别名：**紫红鞭 紫珠 **英文名：**China purplepearl

华紫珠

形态 华紫珠为落叶灌木，高约1.5m；小枝纤细，幼嫩，稍有星状毛。叶椭圆形或卵形，长4~6cm，宽1.5~3cm，顶端渐尖，基部楔形。聚伞花序苞片细小，花萼杯状，具星状毛和红色腺点，萼齿不明显，呈钝三角形；花冠紫色，疏生星状毛，有红色腺点，花期5~7月。果实球形，紫色，径约0.2cm，果期8~11月。

习性 华紫珠喜湿润、温暖和阳光充足的环境。较耐阴，不耐寒，宜疏松、肥沃且排水良好的沙质土壤栽植。

繁殖 ①播种。将成熟的种子进行沙藏，于翌年春天播种。②扦插。春季用嫩枝、夏季用成熟枝做插穗进行扦插。

病虫害 华紫珠很少有病虫害，要注意防止食叶尺蠖危害。

管护 种植前要施加底肥；生长期要做到旱及时浇水，涝时排水；生长期每月施1次复合肥。

应用 华紫珠适于庭院、假山旁置景，果枝是切花材料。

产地与分布 中国。我国南方多有栽培。

花语：有“长寿”“经久不衰”之意。

科属：小檗科 南天竹属 **学名：***Nandina domestica* **别名：**南天竺 天竺 **英文名：**Common nandina

南天竹

形态 南天竹为常绿灌木，茎直立，少分枝，幼枝常红色，株高约2m。羽状复叶互生，叶椭圆状披针形。圆锥花序顶生，花小，白色，花期5~6月。浆果球形，鲜红色，果熟期10月到翌年1月。

习性 南天竹喜温暖、多湿及通风良好的半阴环境，较耐寒，对土壤要求不严，能耐微碱性土壤，但在微酸性的腐殖土中生长良好，也耐干旱和贫瘠。适宜在湿润、肥沃且排水良好的沙壤土生长。生长适温为20~30℃。

繁殖 南天竹用种子和分株繁殖。种子繁殖，在秋季采种，采后即播。亦可用分株的方法繁殖。

病虫害 病害有茎枯病。虫害注意防刘氏短须螨。

应用 南天竹看叶、观花、赏果均佳。南方多用于园林，北方多盆栽。是制作盆景的上好品种。

产地与分布 中国。我国各地有栽培。

花语：有“长寿”“红果累累”“经久不衰”之意。

科属：凤仙花科 凤仙花属 学名：*Impatiens balsamina* 别名：指甲花 小桃红 英文名：Garden balsam

凤仙花

形态 凤仙花为一年生草本花卉，茎高40~70cm，肉质，粗壮，直立；上部多分枝，有柔毛或近于光滑。叶互生，阔或狭披针形，长8~10cm，顶端渐尖，边缘有锐齿，基部楔形；叶柄附近有几对腺体。花单生或簇生于叶腋，其花形似蝴蝶，有单瓣及重瓣；花色有粉红、大红、紫、白、黄、洒金等色。另常有变异品种，花期4~10月。

习性 凤仙花性喜阳光，怕湿，忌涝，耐热不耐寒，凤仙花适应性较强，也耐贫瘠土壤，易移栽，成活率高，生长迅速，适宜疏松、肥沃且排水良好的微酸性土壤栽植。

繁殖 播种，多在春季进行，播种后一般7天左右即发芽长叶，可随时移栽。生长适温24~30℃。

病虫害 凤仙花病害有白粉病、褐斑病、立枯病等。虫害主要是红天蛾，其幼虫以凤仙花的叶片为食，另有蚜虫等为害。

管护 凤仙花生长季节每天要浇水1次，保持土壤湿润，但不可积水；生长期施追肥2次；开花后如不需要种子可及时将花蒂剪掉，花会开得更繁茂。

应用 凤仙花是最常见的家养花卉之一。可栽植于庭院或盆栽观赏。茎与种子可入药，茎有活血、止痛及祛风湿的功效；种子有消积的作用。花常用来染指甲，故有指甲花之称。

产地与分布 非洲、中国和印度。我国栽培广泛。

花语：有“适应”“一触即发”“无法忍耐”“急躁”“不耐烦”之意。

科属：凤仙花科 凤仙花属 学名：*Impatines hawkeri* 别名：洋凤仙 英文名：New guinea impatiens

新几内亚凤仙

形态 新几内亚凤仙为多年生常绿宿根草本花卉，茎肉质，分枝多。叶互生，上部有时轮生，叶片卵状披针形，叶脉红色。花单生或数朵成伞房花序，花柄长；花色多，常见有橙红、紫红、白、桃红、粉红等，花期4~10月，如养护得当可常年开花。

习性 新几内亚凤仙喜温暖、湿润且阳光充足之环境，夏季应避暴晒；怕寒冷，遇霜全株枯萎。适宜深厚、肥沃且排水良好的土壤栽植。生长适温20~28℃。

繁殖 ①播种。播种多于春季进行，亦可随采随播，发芽适温20~22℃。②扦插繁殖。扦插于春、夏、初秋均可，插穗可直接采自叶腋间的幼芽，也可将当年生枝条截段，插入素沙或蛭石，易成活。③组织培养可规模化繁殖。

病虫害 新几内亚凤仙抗病虫害能力较强，但是有时会有茎腐病发生。通风不畅会有蚜虫和红蜘蛛为害。

管护 浇水适量，见干浇透水；每10天喷1次叶肥；要经常整形，保持株形优美。

应用 新几内亚凤仙花色丰富、娇美，花期长，盆栽用来装饰阳台、案几，别有一番风情。园林用来露地栽培，是作花坛、花境的优良素材。

产地与分布 非洲热带山区。我国广泛栽培。

花语：有“别碰我”之意。

科属：凤梨科　果子蔓属　**学名：***Cuzmania conifera*　**别名：**圆锥果子蔓　**英文名：**Bright orange bromeliad

圆锥擎天

形态　圆锥擎天为多年生常绿草本。叶莲座状宽带形，向外弯曲，末端渐尖，暗绿色有亮光。球果状花序，苞片密生呈亮红色，尖端为黄色。

习性　圆锥擎天喜温暖、湿润及阳光充足的环境，忌强烈阳光直射到叶面上。不耐寒，耐阴。宜疏松、排水良好且富含腐殖质的沙质土栽植，生长适温20~28℃。

繁殖　采用分株法繁殖。春季将母株根部滋生出的蘖芽与母株分离另栽。

病虫害　圆锥擎天抗病虫害能力较强。病害主要有心腐病和叶斑病，多发于高温季节及施肥浓度过高时，冬季受冻害亦可能发生。

管护　圆锥擎天保持良好的通风；每周浇1次透水，平时只对叶面喷水；每2周施1次液肥。

应用　圆锥擎天是优良的盆栽花卉，也是重要的年宵花卉。置放于客厅、宾馆大堂、会议室等处，尽显异国风情。

产地与分布　南美巴西。我国各地有栽培。

科属：凤梨科　果子蔓属　**学名：***Guzmania dissitiflor*　**别名：**黄岐花凤梨　炮竹星　**英文名：**The firecracker star fruit vine

炮仗星果子蔓

形态　炮仗星果子蔓为多年生草本，植株高0.6~1m，叶片绿色，带状薄肉质，有光泽，向外弯曲，顶端渐尖，长约30~70cm。穗状花序，直立高出叶面，花朵疏生，约15~20朵，恰似一串倒置的炮仗故得名；花筒状，小花黄色，亦有白色或紫色品种，苞片及花茎均为鲜红色。花期6~10月。果为蒴果，内有粒状种子。

习性　炮仗星果子蔓喜温暖、湿润的环境。喜光照，怕强光暴晒，有一定抗旱能力。适宜疏松、肥沃、排水良好的土壤栽植。生长适温20~30℃。

繁殖　炮仗星果子蔓采用分株繁殖。花期后会从母株旁萌发出一些蘖芽，待蘖芽长成10cm高的小株时，将其与母株割离另盆栽植即可。

病虫害　在高温多湿、通风不良的情况下易发生叶斑病、褐斑病及枯萎病。虫害有介壳虫危害叶面。

管护　生长季节要适当浇水，保持盆土湿润而不积水；每月施浇1次液肥；室内养殖要置于阳光充足的地方。

应用　炮仗星果子蔓花形奇特、花色艳丽、叶片常绿，惹人喜爱。盆栽置于厅堂十分醒目，同时增添喜庆气氛。

产地与分布　美洲的哥斯达黎加、哥伦比亚及巴拿马等。我国各地多盆栽种植。

科属：凤梨科　果子蔓属　学名：*Guzmania Lingulata* 'Empire'　别名：帝王星　英文名：Imperial star fruit vine

帝王星果子蔓

形态 帝王星果子蔓为多年生常绿草本花卉，植株高30~40cm。叶呈莲座状，叶片绿色，带状，薄肉质，有光泽，中部开始向外弯曲，顶端渐尖。伞房花序筒状，苞片舌状、密集亮红色，十分鲜艳。花期6~9月。

习性 帝王星果子蔓喜温暖阳光充足之环境，忌阳光暴晒，喜湿润，忌积水，耐半阴，适宜疏松、透气、肥沃且排水良好的土壤栽植。生长适温18~30℃。

繁殖 帝王星果子蔓主要靠分株繁殖。一般于春季进行，选取母株基部蘖生出来的幼芽，将其与母株分离栽至其他盆中即可，极易成活。

病虫害 帝王星果子蔓病虫害较少，但是在高温且通风不畅时易患叶斑病和白粉病。

管护 帝王星果子蔓需保持良好的通风环境；浇水要适量，每周浇1次透水，平时只对叶面喷水；每2周施1次液肥。盆栽观赏应选择疏松、排水良好且富含腐殖质的土壤。

应用 帝王星果子蔓是既赏花又观叶的上佳花卉。适宜摆放于客厅、宾馆大堂，绚丽多彩，春节期间摆放，会增添喜庆气氛。

产地与分布 我国有栽培。

科属：凤梨科　彩叶凤梨属　学名：*Neoregelia carolinae 'Tricolor'*　别名：彩叶凤梨　英文名：Neoreglia cardinae

五彩凤梨

形态 五彩凤梨为多年生附生常绿草本植物，株高约25cm，扁平的莲座状叶丛外张；叶长约30cm，宽约4cm，有光泽，绿色，有黄色条纹，边缘有细锯齿。开花时靠近中心部分的叶片变成鲜红色，可保持3~4个月，是观赏的主要部位，花序不能伸出叶丛，花小，蓝紫色，花期6~10月。

习性 五彩凤梨性喜温暖、湿润的环境。喜光照，怕强光暴晒，有一定抗旱能力。适宜疏松、肥沃且排水良好的土壤栽植。生长适温20~30℃。

繁殖 分株繁殖。花期后会从母株旁萌发出一些蘖芽，待蘖芽长成10cm高小株时，将其与母株割离另盆栽植即可。

病虫害 五彩凤梨病虫害较少，但在高温多湿、通风不良的情况下易发生叶斑病及褐斑病。常见虫害，主要有介壳虫，多集中在叶的背面。

管护 盆栽多用疏松的腐叶土、泥炭土混合作基质；生长期经常保持盆土湿润，但不可过湿更不能积水；生长期每2周喷施液肥1次；冬季置于室内有光照处，夏季忌阳光暴晒。五彩凤梨若管理得当，可常年观赏。

应用 五彩凤梨是株形奇特、色彩斑斓、小巧玲珑的新颖观叶赏花花卉。是点缀客厅、书房、阳台的上佳花卉品种。

产地与分布 南美巴西。

科属： 凤梨科 丽穗凤梨属 **学名：** *Vriesea splendens* **别名：** 红剑 **英文名：** Flaming sword

虎纹凤梨

形态 虎纹凤梨为多年生常绿草本，株高25~40cm。叶丛莲座状，深绿色，两面具紫黑的横向带斑。总状花序直立，呈剑状，略扁，长30~50cm，苞片互叠、鲜红色，小花黄色，花期夏季。

习性 喜温暖、湿润和阳光充足之环境，土壤以肥沃、疏松、透气和排水良好的沙质壤土为宜。生长适温18~28℃。

繁殖 ①播种。春季采用室内盆播，发芽适温为24~26℃。②分株繁殖。将母株两侧的蘖芽培养成小植株，切割下来直接栽于泥炭土或腐叶土中，保持湿润。③规模化生产可用组织培养。

病虫害 虎纹凤梨抗病虫害的能力较强，但在夏季高热时会有叶斑病和褐斑病危害叶片。

管护 虎纹凤梨常用来盆栽观赏。盆栽土壤用培养土、腐叶土和蛭石的混合基质；生长期浇水适量，盆土不宜过湿，忌干燥，要经常向叶面及叶筒中喷水；虎纹凤梨对光照比较敏感，要保持充足的光照，但夏季要避免强光暴晒。

应用 虎纹凤梨苞片鲜红，开黄色小花，观赏期长，适合盆栽观赏。摆放客室、书房、卧室和办公室，观花赏叶新鲜雅致，十分耐看。虎纹凤梨还是理想的插花和装饰材料。

产地与分布 委内瑞拉及法属圭亚那。我国各地有栽培。

科属： 凤梨科 丽穗凤梨属 **学名：** *Vriesea carinata* **别名：** 多穗凤梨 虾爪凤梨 **英文名：** Lobster claw

莺哥凤梨

形态 莺哥凤梨为多年生常绿草本，是小型附生品种。植株高25~30cm。叶呈莲座状，叶片绿色，带状薄肉质，有光泽，中部开始向外弯曲。穗状花序，由叶丛中央抽出，花苞片两列呈扁穗状，很像莺哥的羽毛，小花开放时从花苞向外伸出。花期冬春季。

习性 莺哥凤梨喜温暖、阳光充足之环境，忌阳光暴晒，喜湿润，忌积水，耐半阴，适宜疏松、透气、肥沃、排水良好的土壤栽植。生长适温18~30℃。

繁殖 莺哥凤梨主要靠分株繁殖，一般于春季进行，选取母株基部蘖生出来的幼芽，将其与母株分离栽至其他盆中即可，极易成活。

病虫害 莺哥凤梨病虫害较少，但是在高温且通风不畅时易患叶斑病和白粉病。

管护 莺哥凤梨主要用于盆栽。盆土最好选用腐叶土与泥炭土混合的基质土。室内培育应置于明亮处；莺哥凤梨不耐干旱，高温天气要浇足水；20天左右喷施1次稀薄液肥；及时清除病枯叶。

应用 莺哥凤梨小巧玲珑，既观花又赏叶，为家庭室内养花珍品。可在客厅、居室内摆放观赏。亦可作年宵花卉。

产地与分布 南美巴西。我国各地有栽培。

科属：凤梨科 丽穗凤梨属 学名：*Vriesea poelmannii* 别名：大鹦哥凤梨 英文名：Bract color pineapple

彩苞凤梨

形态 彩苞凤梨为多年生常绿草本花卉，株高约30cm。叶丛呈莲座状，叶宽线性，浅绿色，长25~30cm，宽3~4cm，叶较薄，亮绿色，具光泽，叶缘光滑无刺。花茎从叶丛中心抽出，复穗状花序，具多个鲜红色分枝苞叶，小花黄色。

习性 彩苞凤梨喜温暖、湿润和阳光充足环境，不耐寒，较耐阴，怕强光直射，适宜肥沃、疏松且排水良好的腐叶土栽植。生长适宜温度20~30℃，越冬温度不低于10℃。

繁殖 彩苞凤梨常用分株繁殖。春季换盆时将母株基部萌发出来的蘖芽，与母株割离另盆栽植即可。新栽植的蘖芽需要遮蔽阳光，盆土应保持一定的湿度，20天左右生根后进行正常管护。

病虫害 彩苞凤梨抗病能力较强。病害有叶斑病，一般发生在通风不畅且高温、高湿时。虫害，有时会有粉虱和介壳虫。

管护 生长季节要适当浇水，并对植株周围喷水增湿，保持盆土及周围环境湿润；每月施1次液肥；室内养殖要置于阳光充足的地方。

应用 彩苞凤梨是既可观花又可赏叶的优质花卉，特别是它那亭亭玉立的花穗十分艳丽，花期能达数月之久，是布置客厅、书房、宾馆大堂、会议室等地的上好花卉品种，为环境凭添几分喜庆。

产地与分布 中南美洲及西印度群岛。

科属：凤梨科 铁兰属 学名：*Tillandsia cyanea* 别名：紫花凤梨 英文名：Pink quill

紫花铁兰

形态 紫花铁兰为多年生附生性常绿草本植物，株形呈莲座状，无茎，株高20~30cm。叶窄线形，长20~30cm，宽1~1.5cm，簇生，浓绿色，质硬，面呈凹弧状，端部渐尖。穗状花序，梗自叶丛中抽生，扁平、掌状，长约20cm，宽4~4.5cm，由粉红色近淡紫色的苞片对生互叠组成；青紫色小花由苞片内开出，花瓣卵形3片，紫色，形似蝴蝶，苞片可保持数月之久，是紫花铁兰的主要观赏点，花期春季或秋季。

习性 紫花铁兰喜温暖、湿润且阳光充足之环境，适宜疏松、排水良好的腐叶土壤栽植。

繁殖 分株繁殖。将基部有根的蘖芽与母株割离另栽，易成活。

病虫害 容易受红蜘蛛和介壳虫为害。

管护 生长期需用喷淋法浇水，保持盆土中等湿润，冬季不必过多浇水；每半月施肥1次，盛夏季节适当遮蔽强光，避免强阳光直射，冬季移入室内置于有阳光处。

应用 紫花铁兰小巧玲珑、秀丽美观。花苞色艳，保持期长，是家庭养植、美化居室的上佳花卉品种。除摆放于几、台、案外，亦可吊盆悬挂，观赏效果更佳。

产地与分布 厄瓜多尔。我国各地有栽培。

科属：凤梨科 水塔花属 学名：*Billbergia pyramidalis* 别名：火焰凤梨 红笔凤梨 英文名：Watertowerflower

水塔花

形态 水塔花为多年生常绿草本植物，株高40~50cm。叶阔披针形，长舌状，端部急尖，鲜绿色，表面有厚角质层和吸收鳞片；叶片从根茎处旋叠状丛生，基部呈莲座状，中心呈筒状，叶筒内可以盛水而不漏故得名；叶长30~50cm，宽4~5cm。穗状花序直立，高出叶丛，苞片粉红色，花冠朱红色。花期 6~10月。

习性 水塔花喜温暖、湿润及阳光充足的环境，要求空气湿度较大，忌强光直射，适宜含腐殖质丰富、排水透气良好的微酸性沙质壤土栽植。生长适温为20~30℃。

繁殖 水塔花采用分株繁殖。将母株从花盆内取出，用刀把蘖生的幼株带根与母株割离后另栽，极易成活。

病虫害 水塔花病害主要有褐斑病、叶斑病。虫害有粉虱和介壳虫。

管护 水塔花根系不发达，要适时适量浇水；夏天要遮阴防晒，冬季移入室内有阳光处；每月施肥一次。

应用 水塔花叶丛中心筒内常贮有水，好似水塔，别有风趣。株丛青翠，花色艳丽，是优良的盆栽花卉，常用于装扮客厅及楼、堂、馆、所。南方配置于庭院、假山池旁可大大提升庭院的品位。

产地与分布 南美巴西。我国各地有栽培。

科属：毛茛科 芍药属 学名：*Paeonia suffruticosa* 别名：木芍药 富贵花 英文名：Subshrubby peony

牡丹

形态 牡丹为多年生落叶小灌木，株高多在0.8~1.5m；根肉质，枝干从根茎处丛生，直立，圆形成灌木状。叶互生，叶片通常为二回三出复叶，枝上部常为单叶，小叶片有披针、卵圆、椭圆等形状，顶生小叶常为 2~3裂，叶上面深绿色或黄绿色，下面灰绿色。花单生于当年生新枝顶，两性，花大色艳，形美多姿，花有单瓣及重瓣，颜色有白、黄、粉、绿、红、紫红、紫、墨紫、雪青、复色等，花期4~5月。蓇葖果五角，每一果角结籽7~13粒。

习性 牡丹喜阳光，耐寒，喜凉爽环境。忌高温怕涝，适宜半干半湿的疏松、肥沃且排水良好的沙质土壤栽植。

繁殖 常用分株和嫁接法繁殖，也可播种和扦插。

病虫害 病害有褐斑病、紫纹羽病及菌核病。虫害有介壳虫。

管护 栽植时基肥要足，土层要疏松而厚，不必过多浇水。

应用 是我国十大名花之一，是布置古典园林的主要花卉。园林中常用来布置花境、花坛。家庭可植于庭院或盆栽观赏。根、皮可入药有散瘀血、清血、和血、止痛、通经之功效。

产地与分布 中国西部秦岭和大巴山一带山区。

牡丹是洛阳、菏泽等市的市花。牡丹是5月14日出生者的生日花和金牛座之花。

花语：有 “富贵兴盛”“羞怯”“热烈 ”“吉祥 ”“繁荣”“幸福”之意。

科属： 毛茛科　耧斗菜属　**学名：** *Aquilegia viridiflora*　**别名：** 西洋耧斗菜　耧斗花　**英文名：** Greenflower columbine

耧斗菜

形态　耧斗菜为多年生草本，茎直立，被柔毛及腺毛，株高40~60cm。基生叶二回三出复叶；被柔毛或无毛，基部有鞘，叶片宽4~10cm，中央小叶楔状倒卵形，长2~3cm，上部3裂，裂片具2~3圆齿，上面绿色，无毛，下面为粉绿色，被短柔毛或近无毛，具短柄，侧生小叶与中央小叶相近；茎生叶数枚，一至二回三出复叶，上部叶较小。聚伞花序5~15朵，于枝顶腋生，微下垂，花色有鲜红、紫、蓝、白、粉、黄等色；花期4~6月。蓇葖果，果期5~7月。

习性　耧斗菜性喜凉爽气候，耐寒，忌夏季高温暴晒，适宜生长在富含腐殖质、湿润而排水良好的沙质壤土中。

繁殖　①播种，多于春季进行，播种前要施足底肥。②分株，于春季发芽前或秋季落叶后进行。

病虫害　病害有花叶病。虫害有蚜虫危害。

管护　耧斗菜栽种前需施足基肥；每周浇1次水，雨季防积水；夏季防暴晒，不可过密以利通风及观赏。

应用　耧斗菜花形独特而美丽，花色品种多，花期长，适于布置花坛、花境；园林成片栽植，景观效果极佳。亦可盆栽布置庭院、客厅观赏。是切花的好材料。

产地与分布　欧洲及西伯利亚。我国各地多有栽培。

耧斗菜是5月14日出生者的生日花。

花语：有“坦率”之意。红花代表“率直”；紫花代表“胜利”；白花代表“愚蠢”。

科属： 毛茛科　耧斗菜属　**学名：** *Aquilegia yabeana*　**别名：** 五铃花　紫霞耧斗　**英文名：** Yabe columbine

华北耧斗菜

形态　华北耧斗菜为多年生草本，茎直立，株高30~50cm。基生叶一或二回三出复叶，叶菱状倒卵形或宽卵形，3裂边缘呈半圆形，叶柄长10~15cm。花下垂，美丽；萼片紫色，狭卵形，长2~2.6cm。花期4~5月。蓇葖果，果期5~7月。

习性　华北耧斗菜性喜凉爽气候，耐寒，忌夏季高温暴晒，适宜生长在富含腐殖质、湿润而排水良好的沙质壤土中。

繁殖　①播种。主要靠播种繁殖，多于春季进行，播种前要施足底肥。②华北耧斗菜也可进行分株繁殖。

病虫害　病害有花叶病。虫害有蚜虫和红蜘蛛。

管护　华北耧斗菜栽种前需施足基肥；适时浇水，雨季防涝；夏季防暴晒；及时清除基部的枯叶以提升观赏效果。

应用　华北耧斗菜花与叶均具较高的观赏价值，适合在林阴下的花境、草坪边缘、灌木丛下栽植，亦适合庭院里丛植，也可供盆栽观赏。华北耧斗菜的根含糖量高，可制饴糖或酿制酒类。种子可用于榨油，供工业用。

产地与分布　中国。我国四川、陕西、河北、山东、山西、河南、辽宁等地都有野生。

花语：有“坦率”之意。

科属：木犀科 素馨属 **学名**：*Jasminum sambac* **别名**：玉麝 毛茉莉 **英文名**：Arab jasmine

茉莉

形态 茉莉为常绿小灌木或藤本状灌木，高0.5~1m，枝条细长，有时有毛。叶对生，宽卵形或椭圆形，叶面微皱，亮绿色，有短柔毛。聚伞花序，顶生或腋生，有花3~9 朵，花冠白色，有单瓣、双瓣及重瓣，芳香浓郁。花期6~10 月。

习性 茉莉喜温暖、湿润、通风良好的半阴环境，忌寒、旱、涝，适宜肥沃、排水良好的微酸性沙质土壤栽植。生长适温20~32℃。

繁殖 ①扦插。茉莉多用扦插繁殖，一般于4~10月进行。②压条。选细长的枝条，在节下部环割，埋入泥土，待生根后与母株割离另栽。

病虫害 病害有白绢病、炭疽病、叶斑病及煤烟病。虫害有蚜虫、红蜘蛛、介壳虫等。

管护 浇水适量，施肥要足，花后要修剪，通风良好，不可暴晒。

应用 茉莉是名贵的香花品种，盆栽、露植皆宜。花可提取香精，花是熏制茉莉花茶的原料。花、叶可入药，有清热解表、利湿之功效；根亦可入药，有镇痛的作用。

产地与分布 印度、巴基斯坦、伊朗等。我国各地有栽培。

茉莉是5月26日和6月8日出生者的生日花。茉莉是双子座守护花。茉莉是福州市的市花。茉莉是菲律宾、巴基斯坦、巴拉圭、印度尼西亚等国的国花。

花语：有“优美”“和蔼可亲”“欢迎”“尊敬”“亲切”“可爱”“迷人”“你是属于我的”“纯洁、忠诚”“永远爱你”之意。

科属：木犀科 连翘属 **学名**：*Forsythia suspensa* **别名**：黄花杆 黄金条 **英文名**：Weeping forsythia

连翘

形态 连翘为落叶灌木，株高1~3m，枝细长并开展成半球形。单叶对生或有时三出复叶，叶片卵形或卵状椭圆形，缘有锯齿。花单生或数朵生于叶腋；花萼4 裂，裂片矩圆形，花金黄色，花期3~4 月，于叶前开放。

习性 连翘喜温暖、湿润、阳光充足之环境，耐寒，耐干旱、怕涝，耐贫瘠，适应性极强，适宜肥沃、疏松且排水良好的沙质土壤栽植。

繁殖 ①播种。秋季采种，冬季干藏，春季播种。发芽适温12~22℃。②扦插。于夏季进行，选取健壮嫩枝，剪成30cm的长段做插条插入苗床，当年生根，翌年春天可移栽。③亦可用分株的方法进行繁殖，分株于春季发芽前进行。

病虫害 连翘抗病能力极强，偶有柳蝙蛾为害。

管护 连翘适应性极强，无需特别管护，干旱时适当浇水。及时修剪整形，以保持株形美观。

应用 花朵密集，一片金黄，是早春非常抢眼的花卉品种，适宜园林、居民区、庭院等栽植。其果实可入药，有清热、解毒、散结、消肿之功效。

产地与分布 中国、朝鲜。我国各地有栽培。

花语：有“别碰我”“秘密”之意。

科属：木犀科 素馨属 学名：*Jasminum nudiflorum* 别名：金腰带 金美 英文名：Winter jasmine

迎春

形态 迎春为落叶灌木，丛生，枝条细长，微下垂生长。叶为三出复叶，对生，小叶长椭圆形，先端急尖，灰绿色。花单生于叶腋，先叶开放，花冠杯状，鲜黄色，顶端6裂，或成复瓣，花期3~5月，可延续50天左右。

习性 迎春喜温暖、湿润及阳光充足的环境，稍耐阴，略耐寒，怕涝，适宜疏松、肥沃、排水良好的微酸性沙质土壤栽植。

繁殖 ①扦插。于秋季进行。选取1年生健壮枝条，剪成15cm 长段，插于湿润的苗床，待生根后移植。②亦可用分株或压条法进行繁殖。

病虫害 病害，在高湿、高温及通风不畅的情况下易感染褐斑病、花叶病、灰霉病及叶斑病等。虫害有蚜虫和大蓑蛾。

管护 迎春适应性强，注意适时浇水，雨季及时排除积水；花后要及时对花枝进行修剪，使其长出更多的新枝，增加翌年的着花量。

应用 迎春开花时，一片金黄，是人们喜欢的花卉品种，多用于公园、庭院、居住区美化。可盆栽及制作盆景，极具观赏价值。花、叶可入药，有解热利尿、镇痛之功效。

产地与分布 中国。我国北部及西南高山地区分布广。

迎春是鹤壁市的市花。

花语：有“生命力强”之意。

科属：木犀科 丁香属 学名：*Syringa oblata* 别名：华北紫丁香 百结 情客 英文名：Early lilac

紫丁香

形态 紫丁香为落叶灌木或小乔木，丛状，整株呈圆球形，高1.5~3m。单叶、对生纸质，卵圆形，新生叶青铜色转中绿色，秋天变紫色。圆锥花序，顶生或腋生，花萼钟状，花冠紫色具芳香，花期4~5 月。蒴果，果期7~9 月。另有白丁香品种。

习性 紫丁香喜温暖、湿润且阳光充足之环境，耐寒，耐半阴，怕积水，适宜肥沃、湿润和排水良好的沙质土栽植。生长适温12~30℃。

繁殖 ①播种。于春或秋季进行。②亦可采取扦插、压条、嫁接等多种方式繁殖。

病虫害 抗病能力强。夏季高温、高湿、通风不畅的情况下有褐斑病、白粉病、叶斑病及花斑病为害。虫害有毛毛虫、刺蛾、潜叶蛾及大胡蜂、介壳虫等。

白丁香

管护 干旱季节适时浇水，雨季及时排除积水；紫丁香萌发力强，应及时修剪以保持株形美观。

应用 紫丁香枝繁叶茂，花香怡人，是我国北方地区栽种最广泛的花卉品种之一，适于庭院、公园、广场、绿地、路边栽植。花可提取芳香油。

产地与分布 中国、朝鲜。各地都有栽培。

紫丁香是5月12日和5月23日出生者的生日花。紫丁香是金牛座之花。紫丁香是西宁、哈尔滨、呼和浩特等市的市花。紫丁香是坦桑尼亚的国花。

花语：有“含蓄”“矜持”“暗示”“美丽”“庄重”“纯洁”“高洁”之意。

科属：天南星科 龟背竹属 **学名：***Monstera deliciosa* **别名：**龟背芋 蓬莱蕉 **英文名：**Ceriman

龟背竹

形态 龟背竹为多年生常绿藤本植物，茎粗壮，具气生根，株高可达10m。叶大型，厚革质，宽卵形至心形，羽状深裂，叶面上布不规则的孔洞，叶面中绿色、有光泽。肉穗花序，佛焰苞舟形，淡黄色，花期8~9月。浆果，于翌年秋成熟。

习性 龟背竹喜温暖、湿润、充足的散射光和半阴的环境，忌干旱，怕暴晒。适宜肥沃、疏松且排水良好的微酸性土壤栽植。

繁殖 ①播种。即采即播，发芽适温18~24℃。②扦插。于夏季取顶端茎扦插。③压条。于秋季进行。

病虫害 龟背竹病虫害较少。病害偶有灰斑病。虫害有介壳虫。

管护 保持湿润，不可积水；避暴晒；每月施薄肥1次。

应用 龟背竹园林可植于假山旁观赏。盆栽置于厅、堂，彰显非凡气派。

产地与分布 墨西哥及中美洲诸国。我国南方栽植广，北方多盆栽或温室栽培。

花语：有“健康长寿”之意。

科属：天南星科 雪铁芋属 **学名：***Zamioculcas zamiifolia* **别名：**雪铁芋 泽米铁叶芋 **英文名：**Money tree

金钱树

形态 金钱树为多年生常绿草本植物，株高50~80cm，地下具膨大呈球状块茎。地上部无主茎。羽状复叶从块茎顶端萌发，小叶肉质具短小叶柄，坚挺浓绿，富有光泽。肉穗花序，佛焰苞状，花浅绿色，种植3~4年后开花。

习性 金钱树喜温暖、半阴的环境，耐干旱惧寒冷，忌烈日暴晒，怕涝，适宜肥沃、疏松且排水良好的微酸性土壤栽植。生长适温20~30℃。

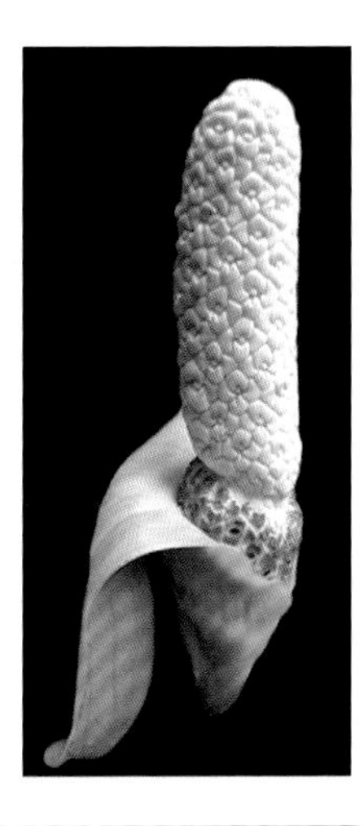

繁殖 ①分株。于春秋季进行。②扦插。取带轴羽片于夏季进行扦插。

病虫害 病害主要有褐斑病。虫害主要有介壳虫。

管护 金钱树盆栽要营造阴凉半干的环境，既要有充足的光照，又要避免烈日暴晒；金钱树喜肥，每半月施复合肥1次；浇水要适度，见干浇透水，不可积水；冬季注意防冻。

应用 金钱树株形新奇优美，寓意财源滚滚、富贵发达，深受人们的喜爱。盆栽可置于卧室、客厅、书房、廊榭、会议室等处，绿叶葱茏、枝条舒展流畅，使人心旷神怡。将其摆放于宾馆大堂、商场大、饭店长廊，更显富贵、典雅。

产地与分布 坦桑尼亚及非洲东部地区。我国各地都有栽培。

花语：有“招财进宝”“荣华富贵”之意。

科属：天南星科　喜林芋属　**学名：***Philodendron cordatum*　**别名：**心叶喜林芋　**英文名：**Ommon philodendron

心叶蔓绿绒

形态　心叶蔓绿绒为多年生常绿蔓性草本植物，茎细具气生根，不能直立，长可达数米，需攀附在其他植物或支架上生长。叶心形，先端渐尖，有叶柄，叶长约8~10cm，宽约4~6cm，绿色且有光泽。肉穗状花序，外具佛焰苞，外部淡绿色，内部白色。心叶蔓绿绒为观叶植物，极少开花。

习性　心叶蔓绿绒喜温暖、湿润、半阴的生长环境，不耐寒、怕阳光暴晒、忌干旱，适宜肥沃、疏松且排水良好的土壤栽植，生长适温为20~28℃。

繁殖　①扦插。于夏季进行，剪取健壮茎干2~3节，直接插入沙土或水中，20天后生根。也可剪取带气生根的侧枝直接盆栽。②组织培养。③播种。因不易获取种子，较少使用。

病虫害　病害常见有叶斑病和灰霉病。虫害有介壳虫。

管护　夏季避高温及烈日暴晒；保持盆土湿润，干旱季节需经常向叶面及周围喷水增湿；每半月施复合液肥1次。

应用　心叶蔓绿绒为大型盆栽观叶花卉，适宜置于客厅、大堂、会议室观赏。亦可植于假山石旁攀缘，供游人欣赏。

产地与分布　巴西、牙买加及西印度洋群岛。我国各地有栽培。

花语：有“恬静、温馨”之意。

科属：天南星科　喜林芋属　**学名：***Philodenron selloum*　**别名：**羽叶蔓绿绒　**英文名：**Lacy tree philodendron

春羽

形态　春羽为多年生常绿草本植物，株高0.6~1m，茎上有明显叶痕及线状气根。叶于茎顶向四方伸展，有长叶柄，叶身鲜绿色有光泽，叶呈卵状心形，全叶羽状深裂，革质。实生幼年期的叶片较薄，呈三角形，随着生长叶片逐渐变大，羽裂缺刻也变得多且深。花佛焰苞绿色至红紫色，长约30cm，边缘为红色，内侧米黄色，花期夏季。

习性　春羽性喜温暖、湿润和半阴的环境，耐寒力稍强，怕干旱和阳光暴晒，适宜肥沃、排水良好的中性或微酸性沙质土壤栽植。生长适宜温度为18~25℃，冬季能耐2℃低温，冬季温度在10℃以上，可继续生长。

繁殖　①播种。于春季进行，发芽适温19~24℃。②扦插。于夏季进行，取顶茎或芽进行扦插。③分株。春季可进行分株繁殖。

病虫害　春羽极少发生病虫害。病害偶有叶斑病。虫害有红蜘蛛和介壳虫。

管护　我国各地多盆栽，由于春羽植株体量较大，应选大盆养殖，亦可选取大容器水培。要经常给叶面喷水；每月施1次复合肥。

应用　春羽是重要的观叶植物，盆栽适合楼、堂、馆、所及会议室摆放，气度非凡。

产地与分布　巴西、巴拉圭。我国各地有栽培。

花语：有“轻松”“快乐”之意。

科属：天南星科 苞叶芋属 **学名：***Spathiphyllum floribundum* 'Maura Loa' **别名：**大叶白掌 **英文名：**The incredible hulk

绿巨人

形态 绿巨人为多年生常绿草本，株高1~1.4m。茎短且健壮。叶基生呈莲座状阔椭圆形，顶端急尖，厚革质深绿色且有光泽，背面浅灰绿色，全缘。佛焰花序，苞初开时为白色，后转为淡绿色长勺状，具芳香，每枝花可开放25天，花期4~7月，一般不会结实。

习性 绿巨人喜温暖、湿润半阴的气候环境，忌干旱、怕涝，较耐寒，惧阳光直射叶面，适宜肥沃、排水良好的中性或微酸性土壤栽植。生长适温18~26℃。

繁殖 ①分株繁殖，当绿巨人的分蘖芽长出4~6片小叶时，可将分蘖芽与母株割离另栽。②大量繁殖可采取组培法繁殖。

病虫害 茎腐病和心腐病对绿巨人危害较大。虫害有蚜虫。

管护 绿巨人要适时浇水，每天应对植株及周围喷水，增加空气湿度；每月施复合肥1次；夏季需遮阳，不可暴晒。

应用 绿巨人是深受追捧的观叶植物，适宜布置厅堂、会场等，气势恢宏。

产地与分布 哥伦比亚。我国各地有栽培。

花语：有"一帆风顺""平静""纯洁""安泰"之意。

科属：天南星科 苞叶芋属 **学名：***Spathiphyllum floribundum* 'Clevclandii' **别名：**苞叶芋 白掌 **英文名：**Peoce lily

白鹤芋

形态 白鹤芋为多年生常绿草本，具块茎或伸长的根茎，直立，株高30~50cm。叶基生，革质，浓绿色，有光泽，阔披针形或长椭圆形，顶部有长尖。肉穗花序，圆柱状，直立，白色，高出叶面的阔卵形佛焰苞，小花，密生，白色，花期5~10月。浆果，密集于肉穗花序上。

习性 白鹤芋喜温暖、湿润和半阴环境。耐热、耐湿不耐寒、怕干旱，忌强光暴晒。适宜肥沃、含腐殖质丰富的土壤栽植。生长适温20~30℃。

繁殖 ①播种。如有成熟的种子，可随采随播，发芽适温22~30℃。②分株。于5~6月进行，将整株从盆内托出，从株丛基部割取带有3~4枚叶片的根茎分栽。③组培。规模化生产可用组织培养法进行。

病虫害 病害常见有叶斑病、褐斑病和炭疽病危害叶片。虫害有时有介壳虫和红蜘蛛为害。

管护 夏季高温期，叶片水分蒸发量大，缺水易使叶片萎蔫，须经常向叶面喷水，保持环境湿润，避免盆中积水。生长旺季每半月施液肥1次。

应用 白鹤芋翠绿的叶片，洁白的佛焰苞，非常清新幽雅，是主要的观叶、观花品种。南方可植于庭院、公园观赏，亦可盆栽置于客厅、书房、宾馆大堂等。北方多盆栽，夏季置于庭院，天寒置于室内观赏。

产地与分布 南美洲哥伦比亚。我国各地栽培广泛。

花语：有"一帆风顺""事业有成"之意。

科属：天南星科 花烛属 **学名：***Anthurium scherzerianum* **别名：**猪尾花烛 红苞芋 **英文名：**Flamingo flower

火鹤花

形态 火鹤花为多年生常绿灌木状草本，株高40~80cm。具肉质根，无茎。叶从根茎抽出，具长柄，单生、心形，鲜绿色，长椭圆形，先端尖。花序肉穗状，橙红色，螺旋状卷曲，佛焰苞呈卵形，外翻，红色，花期2~7月。

习性 火鹤花喜温暖、湿润和半阴的环境，不耐寒、忌干旱、怕暴晒，适宜肥沃、疏松和排水良好的中性土壤栽植。生长适温16~32℃。

繁殖 ①播种。随采随播，发芽适温22~27℃。②扦插。于春、夏季进行。③分株。于春季进行。

病虫害 病害主要有细菌性枯萎病、叶斑病、根腐病等危害。虫害，火鹤花会受线虫、红蜘蛛 、蚜虫、鳞翅目害虫、白粉虱、介壳虫、蜗牛等危害。

管护 经常保持盆土湿润，干旱季节要对植株进行喷淋；生长旺季每月施肥1次。

应用 火鹤花其花朵独特，色泽鲜艳华丽，盆栽单花期可长达4~6 个月，养护得当周年可开花。置放于阳台、客厅、会议室、宾馆大堂，别有一番情趣。切花水养可长达1 个半月，切叶可作插花的配叶。

产地与分布 波多黎各、危地马拉等。我国各地有栽培。

火鹤花是8 月25 日出生者的生日花。

花语：有“热恋”“热情豪放”“地久天长”之意。另有“新婚”“祝福”“幸运”“快乐”“大展宏图”“热情”“热血”“苦恋”之说。

科属：天南星科 花烛属 **学名：***Anthurium andraeanum* **别名：**花烛 安祖花 蜡烛花 **英文名：**Tail flower

红掌

形态 为多年生常绿草本植物，株高30~50cm，茎短或近无茎。叶革质，具长柄，单生，心形亮绿色。花莛从叶腋抽出并高出叶面，佛焰苞蜡质，正圆形至卵圆形，鲜红色、橙红肉色、白色，肉穗花序黄色，于佛焰苞之上，直立，养护得当可常年开花。

习性 红掌喜温暖、湿润半阴的环境，忌炎热、怕暴晒、惧寒冷，适宜肥沃、疏松、排水良好的中性或微酸性土壤栽植，生长适温15~30℃。

繁殖 ①播种。随采随播，发芽适温22~27℃。②扦插。于春、夏季进行。③分株，于春季进行。

病虫害 病害有枯萎病、叶斑病、根腐病等。虫害有线虫、红蜘蛛 、蚜虫、鳞翅目害虫、白粉虱、介壳虫、蜗牛等。

管护 保持盆土湿润，干旱季节要对植株进行喷淋；生长旺季每月施肥1次。

应用 盆栽置放于阳台、客厅、会议室、宾馆大堂，别有一番情趣。切花水养可长达1个半月，切叶可作插花的配叶。

产地与分布 哥伦比亚、厄瓜多尔等美洲热带地区。我国各地有栽培。

花语：有“热烈”“豪放”之意。

科属： 天南星科 花烛属 **学名：** *Anthurium crystallinum* **别名：** 趾叶花烛 **英文名：** Crystal anthurium

水晶花烛

形态 水晶花烛为多年生常绿草本植物，株高约40~60cm。叶心形或阔卵形，叶端尖，叶基凹入，叶色墨绿，叶脉白色清晰明显，构成美丽的图案。佛焰苞窄小，绿色，肉穗花序，细圆柱形长于佛焰苞，淡黄色，可常年开花。

习性 水晶花烛喜温暖、多湿和半阴环境，不耐寒、忌涝，怕暴晒，适宜肥沃、疏松且保湿性好的腐叶土栽植。生长适温为20~30℃。

繁殖 ①扦插。春至夏季剪茎顶或枝条每2~3节为一段，插入盆土中。②分株。于春季进行。③播种。可随采随播，发芽适温22~26℃。

病虫害 病害有叶枯病。虫害偶有介壳虫。

管护 及时浇水，保持光亮且避暴晒，生长旺季每半月施肥1次。

应用 水晶花烛叶脉清晰，观赏价值极高，是室内观叶植物中的精品。用来装点居室、厅堂、卧室、书房，备觉清雅可爱。

产地与分布 哥伦比亚、秘鲁。我国各地有栽培。

花语：有“祝福你”之意。

科属： 天南星科 五彩芋属 **学名：** *Caladium bicolor* **别名：** 花叶芋 五彩芋 **英文名：** Common garishtaro

彩叶芋

形态 彩叶芋为多年生常绿草本，株高30~50cm。叶基生，具长柄，叶箭头形或心形，长10~20cm，宽6~10cm，叶绿色，叶面上有红、白、黄等斑点、斑纹或斑块，叶脉附近明显。佛焰苞外面淡绿色，内面白色，肉穗花序稍短于佛焰苞，橙黄色，花期4~5月。浆果白色，彩叶芋不易开花，更不易结果。

习性 彩叶芋喜温暖、湿润且阳光充足的环境，耐半阴，怕旱，忌阳光暴晒，不耐寒，适宜肥沃、疏松且排水良好的微酸性或中性土壤栽植。生长适温为25~30℃。

繁殖 ①播种。不易获取种子，一旦有成熟的种子，不宜保存，随采随播。②分株。常用分株繁殖，于4~5月将块茎周围的小块茎剥下另栽。③组织培养。

病虫害 病害，生长期易发生叶斑病等。虫害，偶有介壳虫。

管护 及时浇水，盆土不可积水；保持光亮且避暴晒；生长旺季半月施肥一次。

应用 是优良的观叶品种，盆栽置于窗台、案几十分醒目，招人喜爱。

产地与分布 巴西及西印度洋群岛。我国各地有栽培。

花语：有“喜欢”“欢喜”“愉快”之意。

科属：天南星科 海芋属 学名：*Alocasia macrorhiza* 别名：滴水观音 广东狼毒 英文名：Alocasia

海芋

形态 海芋为多年生直立草本，地上的根状茎可达2~3m，株高3~5m，茎粗壮、肉质，有节。叶着生于茎顶，盾状，阔卵形，先端渐尖，边缘呈波状，叶柄粗壮长80~150cm；叶片革质，表面亮绿色，背面较淡。花梗从叶鞘中抽出，柄长 40~60cm；佛焰苞上部舟状，先端急尖，淡绿色，肉穗花序具芳香；花期4~5月。浆果淡红色，果期6~7月。

习性 海芋喜高温、潮湿、半阴的环境，抗强风能力差，忌强光照射，适宜疏松、肥沃的沙质土栽植。生长适温20~30℃。

繁殖 ①播种。将种子点播于苗床，待长出3~4片真叶后定植。②扦插。于春季进行，割取10cm长的茎段插于盆土即可。③分株。将基部蘖生的带真叶的幼芽与母株割离后另栽。④组培法繁殖。

病虫害 病害有软腐病，虫害有介壳虫。

管护 盆土应保持疏松湿润，生长期要追施液肥，夏季要遮蔽阳光，每2年换1次盆。

应用 海芋叶形阔大，色彩靓丽，很受人们的追捧，园林、庭院可栽植于池边、假山旁的庇阴处，亦适合盆栽布置会议室、宾馆大堂、大客厅。根可入药，有清热解毒、祛风除湿之功效。

产地与分布 中国。各地均有栽培。

花语：有“志同道合”“诚意”“内蕴清秀”“有意思”之意。

科属：天南星科 海芋属 学名：*Alocasia amazonica* 别名：黑叶观音莲 黑叶芋 英文名：Alocasia

观音莲

形态 观音莲为多年生草本，茎短缩，地下部分具肉质块茎，株高20~30cm。叶为箭形盾状，先端尖，叶柄较长，叶墨绿色，富有金属光泽，叶脉银白色，明显，叶背紫褐色。叶柄淡绿色，在茎部形成明显的叶鞘。肉穗状花序，佛焰苞淡绿色或白色，从茎端抽生，花期初夏。

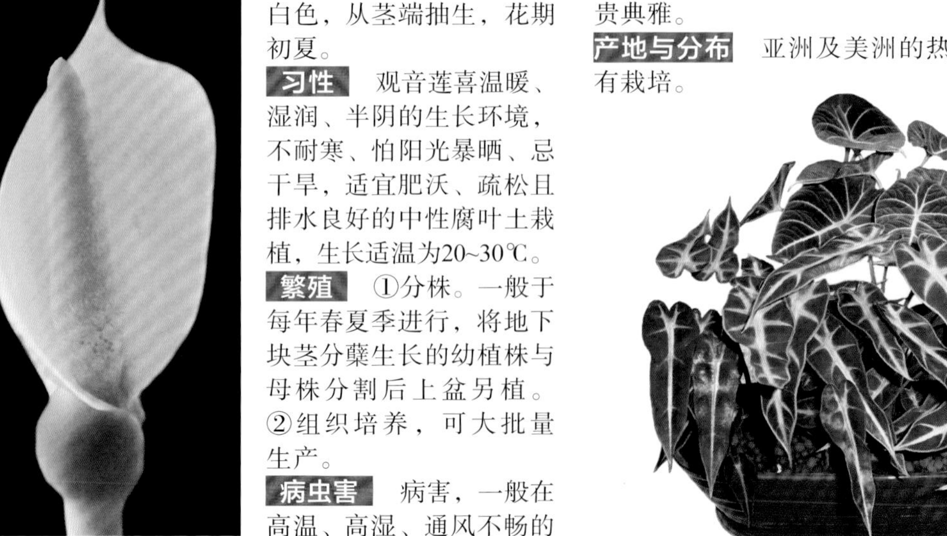

习性 观音莲喜温暖、湿润、半阴的生长环境，不耐寒、怕阳光暴晒、忌干旱，适宜肥沃、疏松且排水良好的中性腐叶土栽植，生长适温为20~30℃。

繁殖 ①分株。一般于每年春夏季进行，将地下块茎分蘖生长的幼植株与母株分割后上盆另植。②组织培养，可大批量生产。

病虫害 病害，一般在高温、高湿、通风不畅的情况下常见有灰霉病、茎腐病。虫害，夏季长有斜纹夜蛾、菜青虫及蚜虫。

管护 夏季高温期，叶片水分蒸发量大，缺水易使叶片萎蔫，须经常向叶面喷水，保持环境湿润，避免盆中积水。生长旺季每半月施液肥1次。

应用 观音莲株形、色彩奇特，叶脉清晰如画，用来布置书房、客厅、卧室和办公室等处，显得高贵典雅。

产地与分布 亚洲及美洲的热带地区。我国各地均有栽培。

花语：有“幸福”“纯洁”之意。另有“永结同心”之说。

科属：天南星科　万年青属　**学名：***Rohdea japonica*　**别名：**亮丝草　**英文名：**Nipponlily

万年青

形态 万年青为多年生草本，株高60~70cm，茎直立不分枝，节间明显。叶互生，叶柄长，基部扩大成鞘状，长披针形或卵圆披针形，叶亮绿色背面浅绿色。花序腋生，短于叶柄，花期秋季。

习性 万年青喜温暖、湿润、半阴且通风良好的环境；忌阳光直射、怕积水，适宜肥沃、疏松、透水性好的沙质壤土栽植。生长适温15~30℃。

繁殖 ①播种。于春季进行，发芽适温22~26℃。②分株。一般于春季换盆时进行，将丛生植株分为带根的数株，另行栽植。

病虫害 病害，万年青生长期间易受叶斑病、炭疽病为害。虫害有介壳虫、褐软蚧等。

管护 栽种环境要保持温暖、湿润及半阴，夏季避免强光直晒；保持土壤湿润，每天要对植株周围喷雾增湿；冬季做好防寒，避免受冻害。

应用 万年青其叶片宽阔光亮，四季翠绿，特别耐阴，用于盆栽点缀阳台、客厅、会议室、宾馆大堂等。叶是优良的插花衬材。

产地与分布 中国及日本。我国各地有栽培。

花语：有“永葆青春”“健康长寿”“友谊长存”“富贵吉祥”之意。

科属：天南星科　合果芋属　**学名：***Syngonium podophyllum*　**别名：**丝素藤　白蝴蝶　**英文名：**Arrowhead vine

合果芋

形态 合果芋为多年生常绿草本植物，蔓生性较强，节部常生有气生根。叶上有长柄，呈三角状盾形，叶脉及其周围呈黄白色。肉穗状花序，外具佛焰苞，外部淡绿色，内部白色，从茎端抽生，花期初夏。

习性 合果芋喜温暖、湿润、半阴的生长环境，不耐寒、怕阳光暴晒、忌干旱，适宜肥沃、疏松且排水良好的中性或微酸性腐叶土栽植。生长适温为20~30℃。

繁殖 以扦插为主，于夏、秋季进行。切取茎先端部2~3节或茎中段2~3节为插穗，插入苗床即可。有的蔓生长茎贴地而长，其茎的不定根直接长入地下，只需与母株割离挖取就可盆栽。亦可用组织培养法进行大批量繁殖。

病虫害 病害常见有叶斑病和灰霉病。虫害有粉虱和蓟马危害茎叶。

管护 夏季高温期，叶片水分蒸发量大，缺水易使叶片萎蔫，须经常向叶面喷水，保持环境湿润，避免盆中积水；生长旺季每半月施液肥一次。

应用 合果芋主要用作室内观叶盆栽，亦可悬挂及水养布置客厅、书房、会议室等。园林可植于假山石旁攀缘或作地被。

产地与分布 中南美洲热带雨林地区。我国各地有栽培。

花语：有“悠闲素雅”“恬静怡人”之意。

科属： 天南星科 马蹄莲属 **学名：** *Zantedeschia aethiopica* **别名：** 慈姑花 **英文名：** Callalily

马蹄莲

形态 马蹄莲为多年生草本，具肥大肉质块茎，株高60~80cm。叶基生，具长柄，卵状箭形，全缘，鲜绿色。肉穗花序顶生，黄色，佛焰苞白色，马蹄形，先端细尖且反卷，花期夏季。另有红玉马蹄莲（见图），果实肉质，包在佛焰苞内，不易成熟。

习性 马蹄莲喜温暖、阳光充足且半湿的环境，稍耐阴，惧寒、怕干旱，适宜肥沃、保水性能良好的黏质土壤栽植。

繁殖 ①分株。一般多采用分株方法进繁殖，剥下主茎块四周小球，另行栽植。②播种。用成熟的种子播种，随采随播。

病虫害 病害主要有叶霉病、叶斑病、根腐病、软腐病。虫害主要是二点叶螨。

管护 生长旺季要充分浇水；每半月施肥1次。

应用 马蹄莲花大，形奇，可春秋两季开花，花期长，是布置厅、堂、馆、所的良好花卉，也是切花、制作花篮的理想材料。

产地与分布 南非莱索托。我国各地有栽培。

红玉马蹄莲　　红玉马蹄莲

马蹄莲是埃塞俄比亚的国花。

花语：有“忠贞不渝，永结同心”“博爱”“圣洁虔诚”“优雅”“纯洁无暇”“高贵”“春风得意”之意。

科属： 天南星科 藤芋属 **学名：** *Scindapsus aureum* **别名：** 黄金葛 魔鬼藤 **英文名：** Golden pothos vine

绿萝

形态 绿萝为多年生常绿藤本。茎肉质，茎节具气生根，茎长数米到十数米，幼枝鞭状。叶互生，卵状至长椭圆状，呈心形，蜡质，长10~15cm，叶深绿色，光亮，叶面镶嵌着金黄色不规则条纹或斑点，全缘。绿萝不易开花，偶有花开，花为肉穗状花序，外具佛焰苞，外部淡绿色，内部红色或白色，从叶腋抽生，花期初夏。

习性 绿萝生命力极强，喜温暖、湿润、阳光充分之环境，亦耐半阴，适宜疏松、肥沃的中性或微酸性土壤栽植。生长适温2~26℃。

繁殖 ①扦插。于初夏进行，取茎顶端或基部的萌条，剪成10cm 左右的长段插于沙土并保湿。②压条。因有气生根，极易成活。

病虫害 病害应防止叶斑病和根腐病发生。虫害有时发生介壳虫和红蜘蛛。

管护 夏季高温期，须经常向叶面喷水；每半月施液肥1次；盆栽需在盆中立一个用棕丝包裹的立柱，便于绿萝攀爬。

应用 绿萝是非常优良的室内攀缘观叶花卉。萝茎细软，叶片娇秀，置于厅堂，春意盎然，亦可做吊盆悬挂。绿萝有净化空气的作用。全株可入药，有活血、散瘀之功效。

产地与分布 所罗门群岛。我国各地有栽培。

花语：有“守望幸福”之意。另有“坚韧善良”之说。

科属：白花菜科 白花菜　**学名：***Cleome spinosa*　**别名：**紫龙须 西洋白花菜　**英文名：**Spiny spiderflower

醉蝶花

形态 醉蝶花为一年生草本植物，株高0.5~1.2m，全株被黏质腺毛，茎直立。叶为具5~7 小叶的掌状复叶，小叶草质，椭圆状披针形或倒披针形，全缘。总状花序顶生，边开花边伸长，花多数，花瓣4 枚，花有白、粉红、紫等，花期6~9 月。蒴果圆柱形，果期7~10 月。

习性 醉蝶花喜温暖，半干燥且阳光充足的环境，忌寒冷、耐半阴、怕涝、不耐寒；适宜疏松、肥沃且排水良好的土壤栽植。生长适温16~26℃。

繁殖 播种。于春季进行，具3片真叶时移栽。

病虫害 病害有叶斑病和锈病。

管护 定植或盆栽后，适当浇水而不积水；半月施肥1次；开花前要摘心，以促使萌发更多的花枝。

应用 醉蝶花花形美观，花色鲜艳，适宜庭院、公园、居民区布置花坛、花境，成片栽植观赏效果更佳。醉蝶花还可以盆栽置于厅堂、庭院、客室、会议室，以供欣赏。醉蝶花是良好的切花材料，可插瓶欣赏。醉蝶花是一种优质的蜜源植物。

产地与分布 美洲热带地区。我国各地有栽培。

花语：有“神秘”之意。

科属：冬青科 冬青属　**学名：***Ilex cornuta*　**别名：**老虎刺　**英文名：**Horny holly

枸骨

形态 枸骨为常绿灌木或小乔木，株高1~3m。叶片厚革质，四角状长圆形或卵形，长4~9cm，宽2~4cm，先端具3枚坚硬刺齿，中央刺外翻，基部圆形或近截形，两侧各具1~2 刺齿。叶面亮绿色，背面淡绿色。花序簇生于叶腋内，苞片卵形，花淡黄色，花期4~5 月。果球形，直茎0.8~1cm，成熟时鲜红色，果期10~12 月。

习性 枸骨喜欢温暖、阳光充足的气候，不耐寒，较耐旱；对土壤的适应性强。适宜肥沃、排水良好的微酸性土壤栽植。

繁殖 ①扦插。剪取嫩枝于梅雨季节进行扦插，易成活。②播种。于春季进行。

病虫害 枸骨病虫害很少，偶有煤污病发生及介壳虫为害。

管护 生长旺季保持土壤湿润而不积水；施肥于春秋进行；枸骨萌发力很强，应经常进行修剪，保持株形美观。

应用 枸骨是优良的园艺树种，夏天看奇特的叶，入秋观累累红果。适宜栽植于公园、绿地、花坛中心。亦可选取老枸骨树桩制做盆景会取得极佳的效果；果枝可插瓶观赏。叶果、根可入药，叶有养阴清热，补肝益肾之功效；枸骨子有补肝肾，止泻之功效；根有祛风，止痛，解毒之功效。

产地与分布 中国、朝鲜。我国各地有栽培。

花语：有“永久”“永恒”“长寿”之意。

科属：玄参科 蓝猪耳属 **学名：***Torenia fournieri* **别名：**蓝猪耳 **英文名：**Blue butterflygrass

夏堇

形态 夏堇为一年生草本，株高20~30cm，方茎，分枝多，呈披散状。叶对生，卵形或卵状披针形，边缘有细锯齿，叶柄约为叶长的一半，叶浅绿色，秋季叶色变红。头状花序，顶生或腋生，唇形花冠，花萼膨大，萼筒上有5条棱状翼，花冠杂色，上唇淡雪青，下唇堇紫色，喉部具黄斑，花色有蓝紫色、粉红色等。花期6~9月。

习性 夏堇喜温暖、湿润且阳光充足的环境，不耐寒、怕干旱，适宜肥沃、疏松且排水良好的沙质土壤栽培。生长适温22~30℃。

繁殖 播种。春季播种为主，发芽温度要求22~24℃，不必覆土，覆膜保湿即可。

病虫害 夏堇少有病虫害，但在低温、多湿情况下会发生白粉病。

管护 栽培前应施足基肥，为保持花色艳丽，每月追施1次肥料；盆栽要保持盆土湿润，不可积水；置于通风良好的地方。

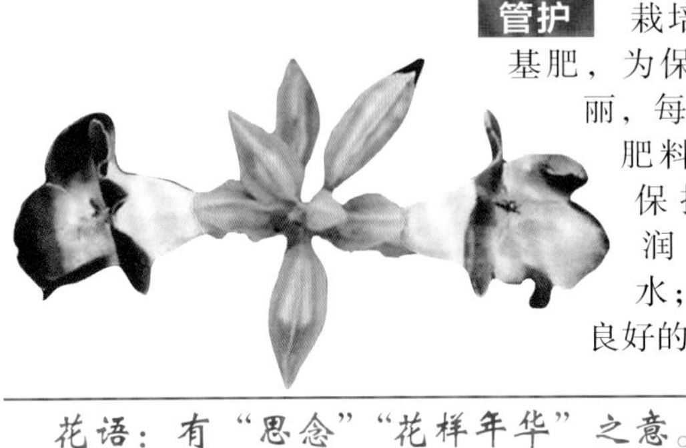

应用 夏堇花型小巧，花期长，翠绿密集的叶，繁茂的花朵，是公园、绿地、花坛、花境应用较多的花卉品种。亦可盆栽布置庭院及厅堂、客室观赏。

产地与分布 越南及亚洲热带地区。我国各地有栽培。

花语：有“思念”“花样年华”之意。

科属：玄参科 金鱼草属 **学名：***Antirrhinum majus* **别名：**龙口花 龙头花 洋彩 **英文名：**Common goldfishgrass

金鱼草

形态 金鱼草为多年生草本，茎直立，基部有时木质化，株高25~50cm。叶下部对生，上部互生，具短柄，叶片披针形至长圆状披针形，先端尖，基部楔形，全缘。总状花序顶生，花色有红、紫、黄、粉、白、橙等色，花期5~9月。

习性 金鱼草喜湿润、阳光充足之环境，耐半阴，也较耐寒，不耐热，适宜肥沃、疏松和排水良好的沙质壤土栽植。生长适温12~24℃。

繁殖 播种。北方于春季进行，南方秋季播种可提前开花且花色好。金鱼草种子小，不必覆土，覆膜保湿即可。

病虫害 病害有茎腐病、锈病、叶枯病、灰霉病等。虫害有蚜虫、红蜘蛛、白粉虱、蓟马等。

管护 金鱼草对水分比较敏感，盆土必须保持湿润，盆栽苗必须充分浇水，但盆土排水性要好，不能积水，否则根系腐烂，茎叶枯黄凋萎；露植可适当摘心，促使侧枝萌发，增加观赏效果。

应用 金鱼草用于布置公园的花坛、花境，盆栽用于布置厅堂、卧室、会议室等。亦可摆放于阳台、窗台观赏。

产地与分布 欧洲地中海沿岸。我国各地有栽培。

金鱼草是7月2日出生者的生日花。

花语：有“爱出风头”“热情有余”“好管闲事”“美丽丰盛”之意。

科属：玄参科 蒲包花属 **学名：***Calceolaria herbeohybrida* **别名：**荷包花 **英文名：**Calceolaria

蒲包花

形态 蒲包花为多年生草本植物，多作一年生栽培，株高25~50cm，全株被细茸毛。叶片卵形对生，中绿色，有皱纹。聚伞花序，花冠二唇状，上唇瓣直立较小，下唇瓣膨大，似蒲包状，中间形成空室，柱头着生在两个囊状物之间；花色有黄、橙、白、红等色，另有复色。蒴果，种子细小多粒。

习性 蒲包花喜凉爽、湿润和阳光充足的气候环境，惧高热暴晒、忌寒冷，适宜疏松、富含腐殖质且排水良好的沙质土栽种。

繁殖 播种。于秋季进行，发芽适温16~20℃，不必覆土，覆膜保湿即可。

病虫害 病害有立枯病。温度过高、干燥，易发生红蜘蛛、蚜虫等。

管护 蒲包花对栽培环境条件要求较高，既怕冷又怕热，花期要光照充分；每10天施液肥1次。

应用 蒲包花适宜盆栽摆放于阳台、窗台、卧室、客厅、书房观赏。亦可布置花坛、花境。

产地与分布 南美智利。我国各地有栽培。

蒲包花是3月27日出生者的生日花。蒲包花是天蝎座的幸运之花。

花语：有“愿将财富奉献给你”“财源滚滚”“援助”之意。

科属：玄参科 钓钟柳属 **学名：***Penstemon campanulatus* **别名：**象牙红 **英文名：**Beard-tongue

钓钟柳

形态 钓钟柳为多年生草本，作1年生栽培，株高40~60cm，全株被茸毛。丛生，茎直立。叶互生，披针形。花单生或簇生于总梗顶端或叶腋，圆锥形花序，花筒状，有玫瑰红、紫红、粉红、白等多种颜色，花期5~10月。

习性 钓钟柳喜温暖、湿润、阳光充足且通风良好的环境，怕干旱、惧寒冷，适宜疏松、肥沃且排水良好的中性或微碱性土壤栽植。生长适温15~26℃。

繁殖 ①播种。一般于秋季进行，可随采随播，注意覆膜保湿，长出3片真叶时即可移栽定植。②扦插。于10月进行，选择生长强健的嫩枝梢，剪成约10cm长的插穗，插入素沙，30天左右即可生根。③分株。于春季进行。

病虫害 病害，注意防叶枯病及根腐病。虫害偶有红蜘蛛、蚜虫。

管护 钓钟柳一般栽培管理比较粗放，生长期注意浇水，经常保持湿润才有利于生长，地栽防涝，盆栽防积水；要保持环境空气流通；生长期每半月追施1次复合肥即可。

应用 钓钟柳花色鲜丽，花期长，园林中适宜布置花境、花坛。盆栽可置于客厅、卧室、窗台、阳台观赏。可用于切花。

产地与分布 北美洲的墨西哥及中美洲的危地马拉。我国各地有栽培。

科属：玄参科 毛地黄属 学名：*Digitalis purpurea* 别名：洋地黄 指顶花 英文名：Common foxgloves

毛地黄

形态 毛地黄为二年生或多年生草本植物，茎直立，少分枝，全株被灰白色短柔毛和腺毛。株高40~80cm。叶片卵圆形或卵状披针形，叶基生呈莲座状，叶缘有圆锯齿，叶柄具狭翅，叶形由下至上渐小。顶生总状花序，通常偏生 两侧且下垂，呈钟状，有白、紫、粉红等色，花期6~8 月。蒴果卵形，果熟期8~10月。

习性 毛地黄喜温暖、湿润和阳光充足的环境，较耐寒、较耐干旱、耐贫瘠土壤，适宜在肥沃、疏松和排水良好的沙质土壤栽植。

繁殖 播种。种子小，不必覆土，覆膜保湿即可。发芽适温15~18℃。

病虫害 毛地黄常有茎腐病为害。

管护 雨季注意排水，防止积水受涝而烂根；生长期每半月施肥1次，注意肥液不可沾污叶片，抽苔时增施1次磷、钾肥。

应用 毛地黄园林中因其株形较高常用于布置花坛、花境。在庭院栽培亦是不错的选择。可盆栽置于厅堂欣赏。

产地与分布 欧洲西南部。

毛地黄是6月13日出生者的生日花。

花语：有“回忆”之意。深红色代表“隐藏的恋情”；紫红色代表“热爱”“不诚实”。

科属：石竹科 石竹属 学名：*Dianthus chinensis* 别名：中国石竹 英文名：Chinese pink

石竹

形态 石竹为多年生草本植物，作一、二年生栽培，株高30~40cm，茎直立，有节，多分枝。叶对生，条形或线状披针形，灰绿色。花萼筒圆形，花单朵或数朵簇生于茎顶，形成聚伞花序，花色有粉红、紫红、纯白、红及复色，有单瓣或重瓣，具芳香。花期4~10月。

习性 石竹喜干燥、阳光充足、通风良好及凉爽湿润气候，耐寒、耐干旱、忌水涝，不耐酷暑；适宜肥沃、疏松、排水良好及含石灰质的壤土或沙质土栽植。

繁殖 ①播种。于秋季进行。②扦插。于夏季进行，剪取5~6cm长的嫩枝作插条，插后15~20天可生根。③分株。于花后进行。

病虫害 病害有锈病。虫害有红蜘蛛。

管护 石竹栽种前要施足底肥；生长期要求光照充足，夏季避免烈日暴晒需遮阳；浇水应掌握不干不浇、浇则浇透的原则；生长期要施追肥2~3次；摘心会增加分枝，花亦增多。

应用 石竹园林中可用于花坛、花境、花台。亦可盆栽布置庭院，也可用于岩石园和植于草坪边缘作点缀。大面积成片栽植时可作景观地被材料。

产地与分布 中国及朝鲜、俄罗斯。我国各地有栽培。

石竹是2月29日出生者的生日花。石竹是双鱼座的守护花。

花语：有“急切”“莽撞”“体贴”“狭义”“思慕”“荣耀”“喜悦”“寂寞、孤独”“胸有大志”“飞黄腾达”之意。

科属：石竹科 石竹属 **学名：***Dianthus caryophyllus* **别名：**香石竹 麝香石 **英文名：**Aromatic pink

康乃馨

形态 康乃馨为常绿亚灌木，作多年生宿根花卉栽培，茎直立、丛生，多分枝，具节，株高30~50cm。叶对生，线状披针形，灰绿色，被有白粉。花大，具芳香，单生、2~3朵簇生或成聚伞花序；有单瓣或重瓣，有红色、粉色、黄色、白色等。花期4~9月，园艺栽培可四季开花。蒴果卵球形，果期8~9月。

习性 康乃馨喜阴凉、干燥、阳光充足及通风良好的环境，较耐寒，怕酷暑；适宜肥沃、富含腐殖质且排水良好的石灰质土壤栽植，生长适温14~21℃。

繁殖 ①播种。很少用。②扦插。以早春为好，选择枝条中部叶腋间生出的长7~10cm的侧枝作插穗进行扦插。③亦可用压条法繁殖。

病虫害 病害有枯萎病、叶斑病、灰霉病、茎腐病等。虫害有蚜虫、红蜘蛛等。

管护 雨季要注意松土排水，花前适当喷水增湿，可防止花苞提前开裂；生长期每10天左右追施液肥1次；摘心可促使康乃馨多生枝多开花。

应用 是盆栽及插花的优质花卉品种。

产地与分布 欧亚大陆及非洲西北部。世界各地有栽培。

康乃馨是6月15日出生者的生日花。康乃馨是金牛座的守护花。是西班牙、洪都拉斯、摩洛哥、摩纳哥的国花。

花语：有"母亲我爱您""热情""真情"之意。另红色代表"相信你的爱"；粉红代表"热爱""亮丽"；白色代表"吾爱永在""真情""纯洁"；黄色代表"你让我失望""友谊深厚""永远感谢"；紫色代表"任性""变幻莫测"。

科属：石竹科 剪秋罗属 **学名：***Lychnis coronata* **别名：**剪红罗 **英文名：**Crown campion

剪夏罗

形态 剪夏罗为多年生草本，茎直立，丛生，微有棱，节略膨大，光滑，株高30~60cm。根茎横生，竹节状，表面黄色，内面白色，具条状根。单叶对生，无柄；叶片卵状椭圆形或披针形，长6~10cm，宽2~4cm，先端渐尖，基部圆形或阔楔形，边缘有浅细锯齿，灰绿色。花顶生，由1~5 朵集成聚伞花序；花萼长筒形，花色有浅橙红色、浅粉色或白色，花期6~8 月。蒴果，果期9~10 月。

习性 剪夏罗喜凉爽、阳光充足的环境，较耐寒，怕涝，适宜在蔽阴环境下和疏松、排水良好的土壤中栽植。

繁殖 ①播种。种子小，不必覆土，覆膜保湿即可。发芽适温20~24℃。②分株。春天于发芽前进行，秋天于花后进行。③组织培养法繁殖。

病虫害 有枯萎病、叶斑病为害。

管护 管理简便，见干浇水，不可积水；适量追肥；夏季应适当遮阴。

应用 园林做地被植物，也可布置花坛，可盆栽布置庭院、厅堂。可作切花用。根可入药，可治腹泻、关节不适等症。

产地与分布 日本。我国有栽培。

花语：有"温顺""亲切""柔和"之意。

科属：石竹科 蝇子草属　学名：*Silene pendula*　别名：大蔓樱草　英文名：Nutate catchfly

矮雪轮

形态 矮雪轮为一、二年生草本，分枝多，株高约30cm，全株具白色柔毛，上部具腺。叶卵状披针形，中绿色。松散形总状花序，花瓣倒心形，先端2 裂，花色很丰富，有粉红色，另有白、淡紫、浅粉红、玫瑰等色；又有重瓣品种，萼筒长而膨大，筒上有紫红色条筋。花期4~6月。蒴果卵形，果熟期6月。

习性 矮雪轮喜温暖、湿润、阳光充足的环境；耐寒、惧高温、怕干旱和水涝；适宜疏松、富含腐殖质且排水良好的土壤栽植。

繁殖 以播种为主，于秋季或春季进行，发芽适温：15~20℃，待长出4~5片真叶时移栽定植。

病虫害 病害偶有枯萎病、叶斑病。虫害要防止蚜虫为害。

管护 生长期间要勤施肥，每半月施一次稀薄肥；勤浇水，保持土壤湿润而不积水；露植要注意适时进行中耕除草，使其生长健壮，开花繁茂。

应用 矮雪轮在园林中常做地被植物，也可布置花坛、花境，成片栽植可形成花海。亦可美化庭院。盆栽置于厅堂亦很优雅。

产地与分布 地中海沿岸地区。

花语：有“骗子”之意。

科属：石榴科 石榴属　学名：*Punica granatum*　别名：安石榴 丹若　英文名：Pomegranate

石榴

形态 石榴为落叶灌木或小乔木，株高2~4m，树冠内分枝多，嫩枝有棱，多呈方形。小枝柔韧。叶对生或簇生，呈长披针形至长圆形，或椭圆状披针形，顶端尖，亮绿色。花1朵至数朵着生于当年新梢顶端及项端以下的叶腋，花有单瓣、重瓣，花多红色，也有白色和黄、粉红、玛瑙等色。花期5~6月。浆果，球形，果期9~10月。

习性 石榴喜温暖、阳光充足的环境，较耐寒，对土壤要求不高，以肥沃的壤土为宜，生长适温20~30℃。

繁殖 石榴繁殖以压条为主。

病虫害 病害有干腐病、褐斑病。虫害有黄刺蛾、龟蜡蚧、介壳虫。

管护 春季要施足肥，以确保果实饱满，干旱季节适当浇水，植株周围不可积水。北方露植越冬要用草帘包裹防寒。

应用 石榴既可看花又可观果，适宜庭院及园林栽植；石榴是北方的优良水果；果皮可入药，有止血、驱虫的功效。石榴可制作盆景，用来装饰客厅、卧室、阳台等。

产地与分布 欧洲地中海沿岸地区及伊朗。我国各地有栽培。

石榴是8月7日，12月28日出生者的生日花。石榴是西班牙、利比亚国的国花。石榴是西安、合肥、驻马店、黄石、荆门、枣庄、十堰等市的市花。

花语：有“成熟”“相思”“多子多孙”“永生不死”“后继有人”“富贵吉祥”“丹心赤诚”“朝气蓬勃”之意。

科属： 仙人掌科　月世界属　**学名：** *Epithelantha micromeris*　**别名：** 小人帽　**英文名：** Button cactus

月世界

形态 月世界为多年生常绿肉质植物，茎球形，丛生，球体顶部扁平，生长点凹陷，顶部白色茸毛，球体直径5~6cm，高度约7~8cm；球体无棱，小疣突呈螺旋状排列，疣突顶端有刺座，有短毛状白或微黄刺，刺长2~3mm。花顶生，喇叭状，白或淡红色，花期3~5月。果实细棒状，红色，种子黑色。

习性 月世界喜凉爽、半湿润且阳光充足的环境；忌暴晒及水涝，适宜排水良好富含腐殖质沙质土壤栽植。生长适温14~26℃。

繁殖 ①扦插。月世界极易蘖生仔株，可摘取仔株扦插。②播种。可随采随播。

病虫害 月世界病虫害较少，但夏季高热、通风不畅易发生茎腐病。

管护 保持盆土湿润，不可积水，夏季避暴晒，保持环境凉爽。

应用 月世界株形奇特，招人喜爱，用于盆栽摆放于阳台、案、几等以供观赏。

产地与分布 墨西哥北部及美国的德克萨斯州及新墨西哥州。我国有栽培。

科属： 仙人掌科　长疣球属　**学名：** *Dolichothele baumii*　**别名：** 香花球　芳香丸　**英文名：** Fang Xiangyu

芳香玉

形态 芳香玉为多年生常绿多肉植物，叶片已退化，茎球形，球径6~7cm，为小球形，群生，中绿色，疣突长约1cm，刺座着生白色毛发状淡黄色周刺30~35根，中刺5~6根。花顶生，漏斗状，亮黄色至橙黄色，花径约3cm，花期夏季。

习性 芳香玉喜温暖、干燥和阳光充足的环境；不耐寒、怕涝、耐半阴及干旱，适宜肥沃、疏松及排水良好的沙质土壤栽植。

繁殖 ①播种。于春季进行，发芽适温19~24℃。②嫁接。于初夏进行，用子球嫁接。③扦插。于春末进行，用子球扦插。

病虫害 芳香玉病虫害较少，重点预防根腐病及红蜘蛛、介壳虫的危害。

管护 浇水不宜太多，一般保持盆土干燥，防止植株徒长。喜阳光充足，在夏季要适当遮阴。每月施肥1次，以复合肥及有机肥为主。冬季保持温度在10℃以上。

应用 芳香玉小巧玲珑，适宜盆栽置于客厅、卧室、书房、办公室或阳台、案几、写字台以供欣赏，颇为妩媚动人，增加艺术氛围。

产地与分布 墨西哥东北部。我国有栽培。

科属： 仙人掌科 长疣球属 **学名：** *Dolichothele longimamma* **别名：** 长疣八卦掌 **英文名：** Venus

金星

形态 金星为多年生常绿肉质植物，有巨大块根，叶退化。茎肥厚，长圆球形，突疣4~7cm，翠绿色，肉质、多汁，刺座生于突疣顶部，具刺8~10枚，中刺1枚，细针状，灰褐色，长约2cm。花侧生，漏斗状，黄色，花径5~6cm，花期5~7月。

习性 金星喜温暖、干燥和阳光充足的环境，忌强光直照，惧寒、怕涝，适宜疏松、肥沃且排水良好的沙质土栽培。生长适14~28℃。

繁殖 ①播种。于春季进行，发芽适温19~24℃。②扦插。于初夏进行。③嫁接。于初夏进行。

病虫害 金星少有病虫害，但在高温高湿、通风不畅的情况下会发生茎腐病。

管护 金星于生长旺季要充分浇水，不可积水，冬季休眠期不必浇水；保持空气流通；每月施复合肥1次。

应用 金星株丛繁茂，青翠可人，花朵金黄，适宜盆栽摆放于客室、厅堂的案几、阳台，备感清新高雅。

产地与分布 墨西哥。我国有栽培。

科属： 仙人掌科 老乐柱属 **学名：** *Espostoa lanata* **英文名：** Espostoa

老乐柱

形态 老乐柱为多年生常绿肉质植物，幼株椭圆形，老株圆柱形，基部易出分枝，体色鲜绿。茎粗9~15cm，高1~1.2m，具20~25个直棱，株茎密被白色丝状毛，茎端的毛长而密，黄白色细针状周刺多枚，黄白色中刺1~2枚。花侧生筒状钟形，白色，花径4~5cm。花期夏季。

习性 老乐柱喜温暖、干燥及阳光充足的生长环境，耐烈日晒、耐干旱，不耐寒、怕涝，适宜肥沃、疏松、排水良好的沙质土壤栽培。生长适温15~30℃。

繁殖 ①播种。于春季进行，发芽适温19~24℃，出苗容易，但因植株于晚间开花，种子不易获得，一般少用此法。②扦插。于初夏进行，割取子球扦插。③嫁接。用量天尺作砧木，子球作接穗于初夏进行。

病虫害 老乐柱抗病虫害能力强，一般少有病虫害，但在高温、高湿、空气流动不畅的情况下，会发生根腐病，或受到红蜘蛛、介壳虫的危害。

管护 老乐柱习性强健，生长快捷，生长期应在盆土干透后浇水，冬、春季不必过多浇水，保持盆土干中略湿即可；栽种前施基肥，生长期不必另施肥；冬季移入室内置于有阳光的地方。

应用 老乐柱圆柱状的植株密被细长的丝状毛和白色锦毛，十分奇特，非常美丽，是花卉爱好者比较喜爱的品种，既适合家庭栽培，又可作仙人掌温室布置沙漠景观。

产地与分布 南美洲的秘鲁。

科属：仙人掌科 锦绣玉属 学名：*Parodia leninghausii* 别名：金晃 英文名：Golden ball cactus

黄翁

形态 黄翁为多年生常绿多肉植物，茎圆柱形，高60~70cm，直径10cm，基部易出分枝。具棱30个或更多，刺座排列紧密。周刺15枚，刚毛状，长0.3~0.7cm，黄白色，中刺3~4枚，长4cm，黄色，细针状。花着生于茎顶端，黄色，长4cm。花期夏季。

习性 黄翁喜温暖、干燥和阳光充足的环境。较耐寒、耐干旱和耐半阴。宜肥沃、排水良好的沙质土壤栽植。生长适温15~30℃，冬季温度不低于5℃。

繁殖 ①播种。于4~5月进行，采用室内盆播，播后15~20天发芽，幼苗生长较快。②扦插。于5~6月进行，将生长较高的植株距顶15cm处切下，晾干后插于沙床，插后约30~40天生根。③嫁接。于5~6月进行，用量天尺作砧木，用萌发的子球作接穗嫁接，一般接后10~15天愈合成活。

病虫害 黄翁病害有炭疽病。虫害有红蜘蛛。

管护 黄翁生长期需阳光充足；盆土保持一定湿度，见干浇水；每月施复合肥1次。

应用 黄翁株形美观，全身金黄用于盆栽，布置居室、客厅或公共场所，观赏效果极好。

产地与分布 巴西南部里约格朗德州。我国各地有栽培。

科属：仙人掌科 乳突球属 学名：*Mammillaria guelzowiana* 别名：丽晃殿 英文名：Gülzow's pincushion cactus

丽光殿

形态 丽光殿为多年生常绿多肉植物，初单生，后群生，单株高4~6cm，直径7~8cm，表皮绿色，肉质柔软，疣突圆筒形，腋部无毛，周刺60~80枚，白色毛状，长1.5cm；一根钩状中刺红褐色。花位于近顶部老刺座的腋部，花长5cm，花径5~6cm，紫红色，花瓣边缘较淡，花期夏季。果实黄色。

习性 丽光殿喜温暖、干燥和阳光充足的环境；耐干旱、半阴，忌水涝，适宜肥沃、疏松和排水良好的微碱性沙质土壤栽培。

繁殖 ①播种。于春季进行，发芽适温19~24℃。②扦插。于春季进行，割取子球扦插。③嫁接。用量天尺作砧木，子球作接穗于春季进行。

病虫害 丽光殿病害有根腐病。虫害有红蜘蛛，另需防鼠妇的啃食。

管护 丽光殿宜用大而浅的盆种植，生长期可稍多浇水，冬季置于阳光照射处；除非特别拥挤，一般不必换盆。

应用 丽光殿是观赏价值很高的小型乳突球类仙人掌植物，适合盆栽点缀厅、堂、室的窗台、几案供欣赏。

产地与分布 墨西哥。我国有栽培。

科属：仙人掌科 白檀属　学名：*Chamaecereus silvestrii*　英文名：White santal

白檀

形态 白檀为多年生肉质植物，植株肉质，茎细筒状，多分枝，初始直立，后匍匐丛生，体色淡绿色，具6~9个低浅的棱。白色毛状辐射刺10~15枚，刺长2~3mm无中刺。花侧生，漏斗状，花径4~5cm，鲜红色，花于白天开放。

习性 白檀喜凉爽、阳光充足且通风良好的环境，较耐干旱、忌涝，怕酷暑、忌暴晒，适宜肥沃、排水良好的土壤栽植。

繁殖 ①扦插。白檀极易蘖生仔株，可摘取仔株扦插，成活率高。②嫁接。也可将仔株嫁接在量天尺上，生长良好。

病虫害 白檀病虫害极少，在高温通风不畅的情况下易受红蜘蛛的危害。

管护 白檀生性强健，栽培容易，生长季节可充分浇水。冬季低温休眠期，宜保持盆土干燥，可耐1~2℃低温。盛夏高温时节，需适当遮阳并注意通风。

应用 白檀形奇花多且艳丽，非常适宜盆栽布置厅堂、客室、卧室及书房供观赏。亦可制作吊盆。

产地与分布 阿根廷西部山区。我国有园艺栽培。

科属：仙人掌科 白檀属　学名：*Chamaecereus silvestrii* var. *lutea*　别名：黄体白檀　英文名：Yamabuki

山吹

形态 山吹为多年生常绿多肉草本植物，是白檀的变种，叶退化，多分枝，枝茎手指状，茎上密被白色硬毛，茎上有6~9棱。山吹有黄绿色、金黄色、橙黄色等品种；茎中绿色，密生细小褐色短毛刺；花漏斗状，绯红色或淡黄色，花径约3cm，花期春季到夏季。

习性 山吹喜温暖、湿润和阳光充足的环境；不耐寒，较耐阴和耐干旱；适宜肥沃、疏松及排水良好的微碱性沙质土壤栽培。

繁殖 嫁接。由于山吹一般不易萌生自己的根系，必须进行嫁接，于春到夏季进行，取部分茎作接穗，用量天尺或其他相近植物作砧木，进行嫁接，容易成活。

病虫害 山吹病虫害较少，病害应预防茎腐病及根腐病的发生。虫害有红蜘蛛和粉虱。

山吹与绯牡丹、草球组成的盆景

管护 山吹耐旱，浇水要掌握“干透浇透”的原则且防止盆内积水，夏季稍遮阴，以有利生长，20天左右施薄液肥1次，气温低于10℃时，应移入室内置于有阳光处。

应用 山吹是观赏价值很高的小型仙人掌科植物，因株型较小多与绯牡丹、白毛掌、金手指缀化等组合成一盆培育，适合点缀厅、堂、室的窗台、几案供欣赏。

产地与分布 原产阿根廷及西印度群岛。我国各地有栽培。

科属： 仙人掌科 裸萼球属 **学名：** *Gymnocalycium baldianum* var. *venturiaum* **别名：** 绯红仙人球 **英文名：** Hibana jade

绯花玉

形态 绯花玉为多年生常绿多肉植物，植株单生，扁圆球形，直径约7cm，具棱9~11条，刺针状，每刺座有周刺5根，灰色；中刺有1根，稍粗，骨色或褐色，最长可达1.5cm。花顶生，花径3~5cm，有红、玫瑰红、黄、白等色.花期春至夏。果纺锤状，深灰绿色。

习性 绯花玉喜温暖、干燥及阳光充足的环境，但也耐短时间半阴；不耐寒、怕水涝，适宜肥沃、疏松且排水良好的沙质土壤栽植。

繁殖 ①播种。于早春进行，发芽适温19~24℃。②嫁接。于春季进行，用子球嫁接。③扦插。于春季进行，用子球扦插。

病虫害 绯花玉病虫害极少，但要防止根腐病的发生。虫害要防红蜘蛛。

管护 夏季要加大浇水量，忌在烈日下暴晒，冬季要置于室内有阳光的地方，生长旺季每月施一次稀薄肥。

应用 本种球形端庄，开花美丽，病虫害极少，很适合一般家庭栽培。盆栽置于客厅、卧室、书房、办公室或阳台、案几、写字台供欣赏，颇为妩媚动人，增加艺术氛围。

产地与分布 南美阿根廷。我国有栽培。

科属： 仙人掌科 裸萼球属 **学名：** *Gymnocalycium mihanovichii* var. *friedrichii* f. *rubrovariegatum* **英文名：** Orientai moo

绯牡丹

形态 绯牡丹为多年生肉质植物，茎扁球形，直径3~4cm，有鲜红、深红、橙红、粉红或紫红色，具8棱，棱脊突出；刺座小，无中刺，辐射刺短或脱落；成熟球体群生子球。花细长，着生在顶部的刺座上，漏斗形，粉红色，花期4~9月。果实细长，纺锤形，红色，种子黑褐色。

习性 喜温暖、湿润、阳光充足的环境，喜肥，耐干旱、忌水涝，适宜肥沃、富含腐殖质且排水良好的土壤栽植。生长适温4~26℃。

繁殖 ①播种。于春季进行。②嫁接。多用量天尺等仙人掌科植物作嫁接的砧木，选母球上健壮、直径为1cm左右的子球作切穗进行嫁接。

病虫害 绯牡丹少有病虫害，偶有茎枯病、灰霉病及介壳虫为害。

管护 绯牡丹喜湿润的土壤，耐干旱，秋末、冬季、初春气温较低时，处于半休眠状态，应严格控制浇水，使盆土干而不燥，盆土干透后略浇水即可。生长旺季每月施1次发酵过的有机肥既可。冬季注意防冻，室温不可低于10℃。

应用 绯牡丹是仙人掌植物中最常见的红色球种，因其小巧玲珑、色彩艳丽，受到越来越多的人们的喜爱。由于绯牡丹株形小，多与‘山吹’‘月兔儿’或‘雪光’等搭配在一起盆栽，用来装饰居室环境，十分有趣。温室可成片栽植，非常醒目。

产地与分布 系培育品种，原种产于巴拉圭。我国各地有栽培。

科属：仙人掌科　裸萼球属　**学名：***Gymnocalycium damsii*　**别名：**蛇纹玉　小疣帝冠　**英文名：**Dams' chin cactus

丽蛇丸

形态 丽蛇丸植株娇小，呈陀螺状，外形颇似帝冠。有8~10棱，钝三角形分割，向上面绿色，背部为紫色，对称工整，对比鲜明，像是蛇身上的花纹。刺着生在角尖上，有弯曲的灰白色细刺6~8枚。花顶生，有白色、粉色或淡黄色，花期，春到夏季，如环境适宜、养护得当，可常年开花。

习性 丽蛇丸喜湿润、半日照、半遮阴的环境，不耐强光暴晒，忌水涝，适宜肥沃、疏松和排水良好的壤土栽植。

繁殖 ①播种。于春季进行，亦可随采随播，发芽适温，18~24℃。②嫁接。

病虫害 丽蛇丸病虫害较少，病害应防止根腐病的发生。虫害偶有红蜘蛛、介壳虫。

管护 春、秋季可适量浇水和施以薄肥；夏季少浇水，冬季保持盆土湿润即可；并放置在通风处，避免烈日暴晒。

应用 丽蛇丸属仙人掌科的珍贵稀有品种，小巧玲珑，花期长，极具观赏价值。适宜小型盆栽，用来布置厅堂、客室、书房的几案、窗台，平添几分娇媚。

产地与分布 南美巴西。

科属：龙舌兰科　丝兰属　**学名：***Yucca gloriosa*　**别名：**凤尾丝兰　厚叶丝兰　**英文名：**Spanish dagger

凤尾兰

形态 凤尾兰为常绿灌木，茎通常不分枝或分枝很少。叶片剑形，长40~70cm，宽3~7cm，顶端尖硬，螺旋状密生于茎上，叶质较硬，有白粉，边缘光滑或老时有少量白丝。圆锥花序，花朵杯状，下垂，花瓣6片，乳白色，花期8~10月。蒴果椭圆状卵形，长5~6cm。

习性 凤尾兰喜温暖、湿润和阳光充足的环境，耐寒、耐阴、耐干旱，适宜肥沃、疏松和排水良好的沙质土壤栽培。

繁殖 ①播种。于秋季或春季进行。②分株。将根部萌生小子株连根剥离另栽。③扦插。春、秋季挖取带叶茎干直接栽插。

病虫害 病害有褐斑病和叶斑病。虫害有介壳虫、粉虱和夜蛾。

管护 注意适当培土施肥，以促进花序的抽放，发现枯叶残梗，应及时修剪，保持株形整洁美观，适度浇水。

应用 凤尾兰常年浓绿，花、叶皆美，花期持久，幽香宜人，是良好的庭园观赏花卉，常植于花坛中央、建筑前、草坪中、池畔、台坡、路旁，供人们欣赏，美化环境。叶纤维洁白、强韧、耐水湿，可作缆绳。

产地与分布 北美东部及东南部。我国各地有栽培。

凤尾兰是塞舌尔国的国花。

花语：有“盛开的希望”之意。

科属： 龙舌兰科　龙血树属　**学名：** *Dracaena marginata*　**别名：** 剑叶铁　**英文名：** Hair iron

马尾铁

形态 马尾铁为常绿灌木或小乔木，茎干直立，有时分枝，株高可达4m，盆栽1.5~2m。叶宽线形，簇生，长30~40cm，宽3~6cm，长椭圆形或披针形，先端渐尖，基部抱茎，叶绿色，属于观叶植物。穗状花序腋生，花管状，先端裂，黄白色，具芳香，一般夜间开花，1年有2次花期，主花期5~6月，副开花期在年末。

习性 马尾铁喜温暖、湿润和阳光充足的环境，性耐旱，亦耐半阴，不耐寒，忌烈日暴晒，适宜肥沃、疏松且排水良好的沙质土壤栽植，生长适温20~28℃。

繁殖 马尾铁用扦插法来繁殖，于春夏季进行。

病虫害 病害主要有炭疽病和叶斑病。虫害有红蜘蛛、介壳虫。

管护 生长期保持盆土湿润，夏季对叶面及周围喷水增湿，冬季少浇水；生长期每月施1次稀薄肥；温度低于5℃进入休眠期，温度高于5℃将继续生长，冬季最好让其进入休眠状态，以便来年长势更加旺盛。

应用 马尾铁四季常绿，叶片形态优雅且生长繁茂，加之它能够吸收室内的有害气体，是深受人们喜爱的观叶植物。盆栽幼株可摆放于家庭的客厅卧室观赏。大型株适合摆放于会议室、宾馆大堂、候机楼、候车室等处。

产地与分布 北美洲。我国各地有栽培。

花语：有“可爱”“天真”“光明”“热烈”之意。

科属： 龙胆科　紫芳草属　**学名：** *Exacum affine*　**别名：** 紫星花　**英文名：** Persian violet

紫芳草

形态 紫芳草为一年生草本，株高约15~20cm，茎直立多分枝，似小灌木状。叶对生，卵形或心形，深绿色，具光泽且密生。花盘状碟形，紫色、蓝色或白色，雄蕊鲜黄色，并能散发浓郁的香气。花期10月至翌年5月。

习性 紫芳草喜温暖、湿润且阳光充足的环境，忌暴晒、耐半阴、怕涝、不耐寒；适宜疏松、肥沃且排水良好的土壤栽植。生长适温18~28℃。

繁殖 播种。于春季进行，发芽适温18~22℃。

病虫害 紫芳草病虫害较少，夏季高温高湿且通风不畅的情况下会发生根腐病。虫害偶有介壳虫危害。

管护 紫芳草植株较小，宜小口径盆栽种，盆土需经常保持一定的湿度，干旱会影响种子的成熟；夏季需要遮阴；花谢后立即将残花剪除，以促使新蕾发育开花；在生长旺期每20天施1次稀薄肥。

应用 紫芳草植株小巧玲珑，花繁叶茂，香气宜人，颇受人们的喜爱。露植可用于公园布置花坛、花境，亦可植于林缘下成片造景。盆栽可与仙客来、秋海棠混摆于窗台、阳台，十分可人。

产地与分布 非洲索科得拉岛及也门。我国各地有栽培。

花语：有“爱你”之意。

科属：龙胆科　草原龙胆属　学名：*Eustoma russellianum*　别名：龙胆花　英文名：Eustoma lisianthus

洋桔梗

形态 洋桔梗为一、二年生草本，茎直立，株高0.3~1m。叶对生，阔椭圆形至披针形，几无柄，叶基略抱茎；叶表灰绿色。花呈钟状，花瓣覆瓦状排列。花色红、粉、蓝、紫、白、黄等，有单色及复色、单瓣与双瓣等诸多品种。花期5~10月。

习性 洋桔梗喜温暖、湿润和阳光充足的环境，较耐寒，怕涝，适宜肥沃、疏松、排水良好、富含腐殖质的微酸性土壤生长。生长适温16~28℃。

繁殖 播种。于9~10月或1~2月盆播；洋桔梗种子细小，宜用细土，不必覆盖，压实保湿即可。发芽适温为22~24℃。

病虫害 洋桔梗主要病害有茎枯病、根腐病、灰斑病等。

管护 洋桔梗对水分的要求严格，水分不足或过量都会影响其生长，保持盆土湿润即可。在生长旺期每20天施1次复合肥。

应用 洋桔梗株形典雅，花色多且清新淡雅。盆栽用于点缀居室、阳台或窗台，呈现出浓厚的欧式情调。露植可布置花坛、花境。洋桔梗还是一种优良的切花材料。

产地与分布 美国南部地区。我国各地有栽培。

花语：有“美丽的”“漂亮的”“富感情”“感动”之意。

科属：兰科　兰属　学名：*Cymbidium ensifolium*　别名：四季兰　秋兰　英文名：Sword-leaf cymbidium

建兰

形态 建兰为多年生草本植物，根长，株高30~40cm。叶丛生，线状披针形，叶肥，多海绵质，暗绿色。总状花序，花葶从叶间抽出，花瓣较萼片稍小且色淡，唇瓣卵状长圆形，全缘，绿黄色，有红斑或褐斑，具浓芳香，花期7~11月。

习性 建兰喜温暖、湿润和半阴的环境，耐寒性差，越冬温度不低于3℃，怕强光暴晒，不耐水涝和干旱，适宜疏松、肥沃和排水良好的腐叶土栽植。

繁殖 一般用分株法繁殖，于春、秋季均可进行，将密集的假鳞茎丛株，用刀切开且将根部适当修整后分盆栽植。

病虫害 病害常有炭疽病、黑斑病。虫害有介壳虫。

管护 夏季要遮蔽强光，生长旺季要喷水保湿并保持良好通风，施肥宜淡，旺季喷施花朵壮蒂灵可促使花蕾强壮、花瓣肥大、花色艳丽、花香浓郁、花期延长。

应用 建兰植株雄健，花繁叶茂，苍绿挺拔，很有神采，适宜庭园或厅堂摆放，花开盛夏，兰香扑鼻，使人倍感清幽。是阳台、客厅、花架和小庭院台阶陈设佳品，清新高雅。叶可入药，有开胃解郁之功效。

产地与分布 中国、日本及东南亚地区。

花语：有“美好、高洁、贤德”之意。

科属：兰科 兰属 **学名：***Cymbidium hybrid* **别名：**西姆比兰 **英文名：**Cymbidium

大花蕙兰

形态 大花蕙兰为多年生常绿附生草本木，株高0.5~1.5m，假鳞茎粗壮，根多为圆柱状，肉质，粗壮肥大。叶丛生，带状长披针形，革质，色黄绿至深绿。花梗由假球茎抽出，每梗着花8~16朵，花大型，直径5~9cm，花色有白、黄、绿、紫红、翠绿或带有紫褐色斑纹的复色，花期早春。蒴果，种子十分细小。

习性 大花蕙兰喜温暖、湿润且阳光充足的环境，怕暴晒、积水，夏季花芽分化期需要冷凉的环境；适宜肥沃、疏松富含腐殖质的微酸性土壤栽植，生长适温10~25℃。

繁殖 由于种子细小且通常发育不健全，不易播种繁殖。多于春季开花后分株繁殖。

病虫害 病害有炭疽病。虫害有蛞蝓、叶螨。

管护 春季生长期要充分浇水，花后少浇水；夏季避阳光暴晒，应置于冷凉的环境中以利花芽分化；生长期每半月施1次充分发酵的液肥。

应用 大花蕙兰植株挺拔，花大色艳，品种多样，主要用作盆栽观赏。适用于室内花架、阳台、窗台摆放，更显典雅豪华，有较高品位和韵味。大型盆栽，适合布置宾馆、商厦、车站和空港的厅、堂。

产地与分布 中国西南地区。我国各地栽养的多为杂交品种。

花语：有“丰盛祥和、高贵雍容”之意。

科属：兰科 兰属 **学名：***Cymbidium goeringii* **别名：**双飞燕 兰草 **英文名：**Noble Orchid

春兰

形态 春兰为常绿草本，有肉质根及球状茎，叶丛生而刚韧，长约20~40cm，宽0.6~1.5cm，狭长顶部渐尖，边缘粗糙。花单生，少数2朵，花莛直立，有鞘4~5片，花直径4~5cm。花浅黄绿色，绿白色或黄白色，具芳香。

习性 春兰喜凉爽、湿润和通风良好的环境，忌酷热、干燥和阳光暴晒。适宜排水良好、富含腐殖质的微酸性土壤栽植。生长适温为15~25℃。越冬温度不低于5℃。

繁殖 ①分株。于春季或秋季进行。②播种。春兰的种子极小发芽率低，家庭养殖不用。③组织培养。

病虫害 病害有褐斑病、根腐病、叶斑病、白绢病、细菌性圆斑病、病毒病。虫害有蚜虫、蓟马、介壳虫、蝼蛄、红蜘蛛、地老虎及蜗牛等。

管护 夏季亦每天浇水一次，秋季以后尽量少浇水，忌施浓肥，每半月施1次稀薄肥。

应用 春兰叶片优美，花香为兰花之冠，是我国的著名的花卉品种之一，非常适宜家庭的客厅、书房摆放。

产地与分布 中国、日本及东南亚。我国多园艺栽培。

花语：有“高尚”“绝代佳人”之意。

科属：兰科　兰属　学名：*Cymbidium kanran*　英文名：Cold-growing cymbidium

寒兰

形态　寒兰为多年生草本植物，根长，株高30~40cm。叶片较细，尤以基部为甚，叶3~7枚丛生，直立性强，长40~70cm，宽1~1.7cm，全缘或顶部附近有细齿，略带光泽。花莛直立，花疏生，有花10余朵。瓣与萼片都较狭细，花色丰富，有黄绿、紫红、深紫等色，一般具有杂色脉纹与斑点，花期10~12月，正值严冬，故得名寒兰。

习性　寒兰喜温暖、湿润和半阴的环境，怕强光暴晒，不耐水涝和干旱，适宜疏松、肥沃和排水良好的腐叶土栽植。

繁殖　分株，将密集的假鳞茎丛株，用利刀切开并将根适当修整后分盆栽植即可。

病虫害　病害有白绢病、炭疽病。虫害有介壳虫。

管护　在保证不灼伤兰叶的前提下，适当多见阳光；浇水要做到盆土潮而不湿，干而不燥，保持周围通风良好且保持较高的空气湿度；每月可施1次稀薄的有机肥。

应用　株形修长健美，叶姿优雅俊秀，花色艳丽多变，香味清醇怡人，适宜庭园或厅堂摆放，是阳台、客厅、花架陈设的佳品，显得清新高雅。

产地与分布　中国日本及韩国。我国各地有栽培。

花语：有“清幽高雅”之意。

科属：兰科　兰属　学名：*Cymbidium sinense*　别名：报岁兰　英文名：Chinese cymbidium

墨兰

形态　墨兰为多年生草本植物，根为丛生须根系，株高30~70cm。叶丛生于椭圆形的假鳞茎上，叶片剑形，长30~50cm，宽2~3cm，深绿色，具光泽。花莛从叶丛中抽出，通常高出叶面，着花7~17朵，苞片小，基部有蜜腺，萼片披针形，淡褐色，有5条紫褐色的脉，花瓣短宽，唇瓣三裂不明显，先端下垂反卷；花具浓香，花期1~3月，亦有秋季开花的品种。

习性　墨兰喜温暖、湿润、较充足的散射光且通风良好的环境，耐半阴，忌暴晒和雨淋，适宜疏松、肥沃和排水良好的腐叶土栽植。

繁殖　①分株。于新芽未出土或花后休眠期进行，将假鳞茎分为2~3个另盆栽种。②组织培养。

病虫害　墨兰病害有根腐病、立枯病及白绢病。虫害有介壳虫、红蜘蛛。

管护　夏季要遮蔽强光，生长旺季要喷水保湿并保持良好通风，施肥宜淡，旺季喷施花朵壮蒂灵可促使花蕾强壮、花瓣肥大、花色艳丽、花香浓郁、花期延长。

应用　墨兰现已成为热门的兰花品种之一，用于室内环境布置客厅、卧室、书房等。墨兰是馈赠亲朋好友的主要礼仪盆花。花枝也可用于插花观赏。

产地与分布　中国、越南及缅甸。我国各地有栽培。

花语：有“娴静”“青春永驻”之意。

科属：兰科 蝴蝶兰属 **学名：***Phalaenopsis amabilis* **别名：**蝶兰 **英文名：**Moon orchid

蝴蝶兰

形态 蝴蝶兰为多年生附生草本，根丛生，具气生根，株高50~80cm。叶丛生，倒卵状长圆形。总状花序，花莛向上舒展呈弓形，着生花3~7朵，花有白、黄、粉红、紫红及各种复色。花期冬季，是年宵花。

习性 蝴蝶兰喜高温、高湿、通风透气的环境；不耐涝，耐半阴环境，忌烈日直射，怕积水，畏寒冷，生长适温为22~28℃，越冬温度不低于15℃。

繁殖 ①分株。取花梗上由腋芽发育成带根的子株进行栽植。②播种。

病虫害 病害有叶斑病、灰霉病、褐斑病和软腐病。虫害有介壳虫、蓟马、蛞蝓与蜗牛。

管护 蝴蝶兰生长期每半月施肥1次，生长期要经常在地面、叶面喷水，提高空气湿度，对茎叶生长十分有利。每年初夏花后换盆。

应用 多用于盆栽，最好将数个盆栽的蝴蝶兰搭配一盆则观赏效果更佳。是切花的重要花材；是贵宾胸花、新娘捧花的花材。

产地与分布 缅甸、印度洋各岛、南洋群岛、菲律宾以至我国台湾及低纬度热带海岛。

蝴蝶兰是台东市的市花。

花语：有“我爱你，幸福向你飞来”之意。红色代表“仕途顺畅，幸福美满”；红心代表“鸿运当头，永结同心”；条点代表“事事顺心，心想事成”；黄色代表“事业发达，生意兴隆”；白色代表“爱情纯洁，友谊珍贵”；迷你蝴蝶兰代表“快乐天使，风华正茂”。

科属：兰科 文心兰属 **学名：***Oncidium hybid* **别名：**金蝶兰 舞女兰 瘤瓣兰 **英文名：**Oncidium

文心兰

形态 文心兰为常绿丛生草本，株高30~50cm，假鳞茎扁卵圆形，较肥大。叶片1~3枚，椭圆状披针形。总状花序，腋生于假鳞茎基部，一个假鳞茎上只有一个花茎，着花几朵至数十朵，花色以黄色和棕色为主，还有绿色、白色、红色和洋红色等，花期因品种而异，有些品种可常年开花。

习性 文心兰喜温暖、湿润和半阴的环境，耐干旱；薄叶及剑叶型文心兰喜湿润、半阴及冷凉的环境；生长适温12~25℃。

繁殖 ①分株。于春、秋季进行，最好于春季新芽萌发前结合换盆进行。将带芽的假鳞茎剪下，直接栽于盆内，保持较高的空气湿度即可。②组织培养。

病虫害 病害应预防花叶病。虫害有蜗牛、介壳虫、白粉虱等。

管护 保持盆内的基质湿润，见干就要补充水分，冬季减少浇水，夏季应在植株周围喷水增加空气湿度且保持良好的通风、透气；每月施肥1次。

应用 文心兰是极具观赏价值的兰花，是世界上重要的切花品种之一；盆栽置于厅堂、居室、书房，像美丽的少女，裙摆飘飘、翩翩起舞、赏心悦目、令人陶醉。

产地与分布 墨西哥、美国、圭亚那及秘鲁。我国有栽培。

花语：有“隐藏的爱”之意。另有“快乐无忧”“乐不思蜀”之说。

科属：兰科 卡特兰属 学名：*Cattleya labiata* 别名：卡特利亚兰 英文名：Crimson cattleya

卡特兰

形态 卡特兰为多年生附生常绿草本，假鳞呈棍棒状或圆柱状，具1~3片长圆形革质厚叶。花1朵或数朵，着生于假鳞茎顶端，花大而美丽，色泽鲜艳而丰富，有白、粉、黄、绿、红、紫等多种颜色，具芳香，花期因品种不同而异。

习性 卡特兰喜温暖、湿润和半阴的环境，不耐寒、怕干旱、忌暴晒，适宜肥沃、疏松和排水良好的腐叶土栽植。生长适温15~30℃。

繁殖 ①分株。于早春发芽前或花后进行分株。②组织培养可规模化繁殖。

病虫害 卡特兰病害主要有黑腐病、灰霉病、炭疽病和细菌性软腐病。虫害有介壳虫、蓟马、蛞蝓、线虫、红蜘蛛和白粉虱等。

管护 卡特兰因属附生兰，根部需保持良好的透气，通常用蕨根、树皮碎块、苔藓等盆栽。生长时期需要较高的空气湿度，适当施肥和通风。

应用 卡特兰花大、雍容华丽，花色娇艳，品种繁多，花朵芳香，有“兰之王后”的美称。盆栽摆放于厅、堂、几案上供欣赏。卡特兰是喜庆宴会上的插花材料。

产地与分布 原种产于西印度洋群岛，现栽培的多为园艺培育品种。

卡特兰是巴西、阿根廷、哥伦比亚、哥斯达黎加等国的国花。

花语：有“敬爱、倾慕”之意。另有“清净”之说。

科属：兰科 兜兰属 学名：*Paphiopedilum insigne* 别名：拖鞋兰 英文名：Splendid slipper orchid

兜兰

形态 兜兰为多年生草本，附生、半附生或地生植物，茎甚短，株高30~45cm。叶基生、革质，叶片带形或长圆状披针形，绿色或带有红褐色斑纹。花莛从叶丛中抽出，花非常奇特，唇瓣呈口袋形，很像一只拖鞋故又名“拖鞋兰”，背萼极发达，有白、粉、浅绿、黄、紫红等各种艳色的花纹，花开放时间长达数周以上，有的品种可全年开花。

习性 兜兰喜温暖、湿润和半阴的环境，不耐寒、怕干旱、忌暴晒，适宜肥沃、疏松和排水良好的腐叶土栽植。生长适温15~30℃。

繁殖 ①分株。于花后休眠期或4~5月结合换盆进行。②播种。因种子发育不健全，较难发芽,不常用。③组织培育。

病虫害 病害，高温、高湿的情况下容易发生炭疽病及腐烂病。虫害有介壳虫。

管护 适宜在室内散射光环境中生长，忌阳光暴晒；生长期经常浇水并向植株周围喷水，休眠期少浇水；每半月施稀薄肥1次。

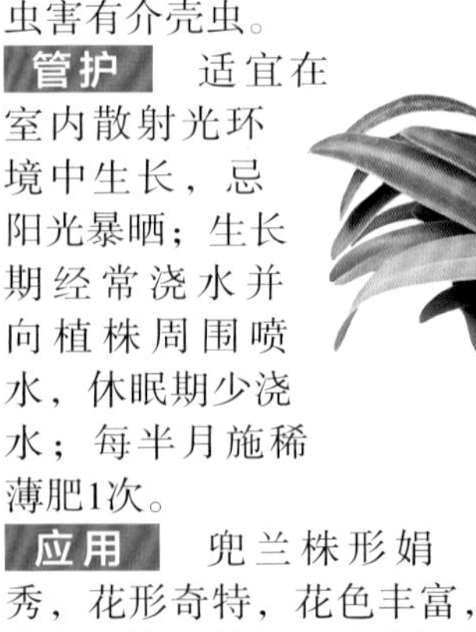

应用 兜兰株形娟秀，花形奇特，花色丰富，花大色艳，是极好的高档室内盆栽花卉品种，很适合于盆栽置于厅、堂、客室的几案上，以供观赏。

产地与分布 亚洲及大洋洲的热带及亚热带地区。

花语：有“变化无常”之意。另有“克勤克俭”之意。

科属：兰科 石斛属 **学名：***Dendrobium nobile* **别名：**石斛 石兰 **英文名：**Noble dendrobium

石斛兰

形态 石斛兰为附生常绿草本植物，茎直立、丛生，少分枝，具节，株高50~80cm，黄绿色。叶近革质，互生，长圆形。总状或伞形花序，花大，白色或淡紫色，花期3~6月。杂交培育的变种，花色繁多。

习性 石斛兰喜温暖、湿润、通风良好的环境，不耐寒，怕旱，忌阳光直射暴晒，适宜排水、透气良好的由蕨根、水苔、木屑、珍珠岩等混合而成的培养土栽植。

繁殖 ①分株。于休眠期进行，将大丛植株分割成每丛带有2~3个老枝的植株另栽。②组织培养。

病虫害 病害有叶斑病、黑斑病及病毒病。虫害有介壳虫。

管护 石斛兰对环境要求苛刻，要足够的光照且避强光暴晒，生长旺季浇水要充足，新芽成长期要施氮肥，待芽株长高后，改施磷肥以促使茎部膨大，再用钾肥促使开花。

应用 石斛兰盆栽置于厅、堂、客室彰显高雅气氛。是切花的重要花材。茎可入药，有宜胃生津、滋阴清热之功效。

产地与分布 亚洲及大洋洲的热带及亚热带地区。我国栽植的多为园艺品种。

石斛兰是父亲节之花。

花语：有“慈爱、勇敢、欢迎、祝福、纯洁、吉祥、幸福”之意。

科属：兰科 鹤顶兰属 **学名：***Phaius tancarvilleae* **别名：**红鹤兰 **英文名：**Common phaius

鹤顶兰

形态 鹤顶兰为多年生常绿草本，高70~80cm；假鳞茎圆锥状，粗短肥厚、肉质。叶互生，2~6枚，阔长圆状披针形，长30~50cm，宽6~12cm，纸质，具纵向折扇状脉。总状花序由假鳞茎基部或叶腋抽出，粗壮直立，花茎高60~110cm，着花5~20朵，花大，美丽，直径7~10cm，外部白色，内面赭红色或棕红色带白色条纹。花期春末夏初。蒴果，6棱，径约2cm。

习性 鹤顶兰喜温暖、湿润和半阴的环境，忌干旱，较耐寒冷，适宜肥沃、疏松和排水良好的腐殖土栽培。生长适温为18~25℃。

繁殖 ①分株。于休眠期结合换盆进行，每丛带3~5个假鳞茎。②播种。

病虫害 鹤顶兰病害有蕉尾病。虫害有吹绵蚧、粉虱等。

管护 夏季注意遮蔽强光；适当浇水，保持盆土湿润，不可积水；生长期每半月施1次稀薄的有机肥为佳；花后及时剪除残存花梗，冬季移入室内有阳光处。

应用 鹤顶兰花期长，具芳香，是极好的室内盆栽花卉。很适合于盆栽置于厅、堂、客室，以供观赏。鹤顶兰的假鳞茎可入药，具有清热止咳、活血止血之功效。

产地与分布 亚洲及大洋洲热带、亚热带地区。我国有栽培。

花语：有“飘逸雅致、超凡脱俗”之意。

科属：兰科　万代兰属　**学名：***Vanda sanderiana*　**英文名：**Sander's vanda

万代兰

形态 万代兰为常绿附生草本，植株直立向上，无假球茎，叶片互生于单茎的两边，有些长茎的品种还可分枝或攀缘。而叶片呈现带状，肉多质硬，多白色气生根。总状花序，花梗从叶腋抽出，每株可开3~20枝花，花瓣有圆形、长圆形和三角形等，花有白、黄、粉红、紫红、蓝及茶褐等颜色，花期因种类不同而异。

习性 万代兰生存能力极强，怕冷不怕热、能耐强光，怕涝不怕旱；适宜排水良好、透气性好的由蛇木屑、碎砖块、木炭等混合而成的土壤栽植，生长适温20~30℃。

繁殖 分株。选择气生根多的节或株基部蘖生的小苗，切开，切口消毒后栽插。

病虫害 万代兰不易受病虫危害，偶有炭疽病、疫霉病、软腐病、叶枯病。虫害有蜗牛和蛞蝓。

管护 万代兰需要较强的光照；必须保证充足的水分和空气湿度；可每10~15天施稀薄肥1次，不宜经常换盆。

应用 万代兰花形硕壮，花姿奔放，花色华丽，除了具备多种单色外，还有布满斑点或网纹的双色，是盆栽花卉的优良品种，宜置于厅堂供欣赏。

产地与分布 印度、东南亚、印度尼西亚、菲律宾、新几内亚、中国。

万代兰是新加坡的国花。

花语：有“有个性”之意。

科属：兰科　树兰属　**学名：***Epidendrum* spp.　**别名：**树仔兰　**英文名：**Tree orchid

树兰

形态 树兰为附生常绿灌木或小乔木，茎细长圆柱形，多分枝，着生灰色气根，嫩枝上覆盖有星状锈色鳞片。叶为奇数羽状复叶，倒卵形或者长椭圆形。总状花序，着生于花莛之顶，花鲜红色或黄色。花期从春到秋。

习性 树兰喜温暖、湿润和阳光充足的环境，忌烈日暴晒、怕严寒，适宜由树皮、碎砖块、木炭等混合的基质栽植。

繁殖 ①扦插。于6~8月进行。②压条。于5~8月进行。

病虫害 树兰在气温高、通风不良的环境下，常有蚜虫、红蜘蛛、介壳虫等害虫危害。

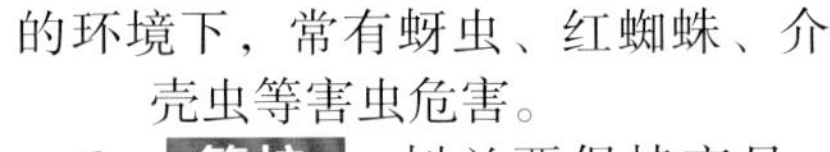

管护 树兰要保持充足的光照，夏季要遮蔽强光暴晒；保持盆土湿润，干燥季节要喷水保湿；每半月施1次稀薄肥，冬季防冻害。

应用 树兰可附于木柱上栽培，布置植物园有置身热带雨林的感觉。亦可盆栽，适合装饰客厅、卧室供欣赏。

产地与分布 美国的佛罗里达、墨西哥、阿根廷北部。我国引种栽培。

花语：有“平凡而清雅”之意。

科属：兰科 钻啄兰属 学名：*Hynchostylis gigantea* 别名：安诺兰 狐尾兰 英文名：Rhynchostylis

狐狸尾兰

形态 狐狸尾兰为多年生草本植物，兰茎粗短，株高50~100cm，叶片互生于单茎的两边，叶厚，肉质，常具数条浅色纵条纹，翠绿色。花序直立或下垂，具多数密集的花，花瓣比萼片小，唇瓣不裂或浅3裂，花色有蓝、粉红、白、红、橘红等，具芳香。

习性 狐狸尾兰生存能力极强，喜温暖、湿润且通风良好的环境，怕冷不怕热；适宜排水良好、透气性好的由蛇木屑、碎砖块、木炭等混合而成的土壤栽植。生长适温17~27℃。

繁殖 ①扦插。将长有气生根的健壮茎段连同顶芽一起剪下，另外栽植即可。②组织培养。

病虫害 狐狸尾兰不易受病虫危害，偶有炭疽病、疫霉病、软腐病、叶枯病。虫害有蜗牛和蛞蝓。

管护 夏天需适度遮阴，栽培介质应以通气性、透水性佳的介质为好；生长旺季可每日浇水，秋冬季少浇水或不浇水；旺季每半月施一次稀薄肥。

应用 狐狸尾兰开花数量多且花色艳丽，香气宜人，可吊挂亦可盆栽布置厅堂、客室，是极具热带风情、清雅与艳丽皆具的美丽花卉，供欣赏。

产地与分布 中国、亚洲亚热带地区。我国有栽培。

科属：兰科 白及属 学名：*Bletilla striata* 别名：羊角七 英文名：Chinese ground orchid

白及

形态 白及为多年生草本，地下部分具扁球形鳞茎，地上茎直立、粗壮，株高30~60cm。叶阔披针形，基部鞘状，叶片长30~45cm，平行脉突起，亮绿色。总状花序顶生，着花3~7朵，紫红色，唇瓣椭圆形，端三浅裂，花期4~6月。蒴果圆柱形，长3.5cm，直径约1cm，两端稍尖，具6纵肋。果期7~9月。

习性 白及喜温暖、湿润和半阴的环境，稍耐寒，忌强光暴晒，夏季高温干旱时叶片容易枯黄；适宜排水良好富含腐殖质的沙质壤土栽植。

繁殖 ①分株。于春季或晚秋进行，掘起老株，分割假鳞茎，每株需带顶芽进行分植。②播种。因种子细小，发育不全，不易发芽，很少用。

病虫害 白及病害有黑斑病。虫害有根结线虫。

管护 白及栽种前施足底肥；每周浇水1次；每月施薄肥1次。

应用 白及园林用于布置花坛、花境。盆栽适宜摆放于卧室、客厅的窗台，给人以典雅柔美的感觉。假鳞茎可入药，有收敛止血、消肿生肌的功效。球茎可提取淀粉、葡萄糖及挥发油。

产地与分布 中国、朝鲜、日本。我国各地有栽培。

花语：有“多福多寿”“医治创伤”之意。

科属：兰科 独蒜兰属 **学名**：*Pleione bulbocodioides* **别名**：一叶兰 **英文名**：Common pleione

独蒜兰

形态 独蒜兰为多年生草本植物，株高10~25cm，地生或附生；假鳞茎卵圆形或圆锥形，长2~3cm，形如蒜头，故得名独蒜兰。直立花序高15~25cm，花通常单朵，花后或开花同时长出1枚叶片，故又名一叶兰，花色有黄、淡紫或粉红，唇瓣上有多数暗紫红色的斑点。花期4~6月。

习性 独蒜兰喜凉爽、通风的半阴环境，较耐寒，冬季不休眠；适宜疏松、透气、排水良好的水苔，蕨根或腐殖土中栽植。

繁殖 ①播种。由于独蒜兰胚发育不健全，只能在无菌条件下播于培养基中，一般不用。②分株。于秋季进行。

病虫害 病害有叶枯病、炭疽病。虫害有介壳虫。

管护 盆栽基质要求疏松、透水和通气良好且保水力强的介质为好；生长旺季要保持较高的湿度，空气流通好；每半月施1次稀薄肥。

应用 独蒜兰其花朵很像卡特兰，色彩很丰富，品种也很多，是花卉爱好者颇为喜爱的小型盆栽花卉品种，适合摆放于厅堂、客室的几案供欣赏。假鳞茎可入药，有解毒的功效。

产地与分布 中国南方从喜马拉雅到台湾的高山地区。各地有栽培。

科属：夹竹桃科 鸡蛋花属 **学名**：*Plumeria rubra* **别名**：缅栀子 蛋黄花 **英文名**：Pagoda tree

鸡蛋花

形态 鸡蛋花为落叶灌木或小乔木，枝条粗壮、肉质茎、具丰富乳汁、绿色，小枝肥厚，株高2~4m，盆栽1.5~2m。叶大，厚纸质，有短柄，披针形，簇生于枝顶部，全缘，两端尖。花数朵聚生于枝顶，花冠筒状，花径约2~3cm，5裂，呈螺旋状散开，外面乳白色，中心鲜黄色，另有橙红或红色，具芳香。花期5~10月。

习性 鸡蛋花喜高温、高湿、阳光充足之环境，能耐干旱，惧寒冷、怕涝；适宜深厚肥沃、排水良好、富含有机质的酸性或中性沙质土壤栽植。生长适温23~30℃。

繁殖 鸡蛋花采用扦插法繁殖，于春、秋季进行，从分枝的基部剪取长30~40cm的枝条，放在阴凉通风处晾2~3天，待切口干后扦插。

病虫害 病害有白粉病、叶斑病、锈病。虫害有介壳虫、红蜘蛛。

管护 浇水掌握见干即浇，浇必浇透，不可积水的原则；生长旺季10~15天施1次淡薄的腐熟有机肥或含氮、磷、钾的复合肥；冬季做好防冻。

应用 鸡蛋花清香优雅，适合于公园、庭院、草地中栽植；亦可盆栽，置于厅堂、客室处观赏。花可入药，有解毒、润肺之功效。

产地与分布 美洲墨西哥。我国各地有栽培。

鸡蛋花是老挝的国花。鸡蛋花是肇庆市、济宁市的市花。

花语：有“孕育生命、复活、新生”之意。另有“平凡的人生，单纯的爱”之说。

科属：夹竹桃科 夹竹桃属 **学名：***Nerium oleander* **别名：**柳叶桃 **英文名：**Common oleander

夹竹桃

形态 夹竹桃为常绿灌木或小乔木，株高2~5m，无毛。叶革质，3~4枚轮生，在枝条下部为对生，窄披针形，全缘，长10~15cm，宽2~2.5cm，绿色，背面浅绿色。聚伞花序，花顶生，花有桃红、粉红、黄或白色，具芳香，花有单瓣及重瓣；花期夏至秋季。蓇葖果矩圆形，果期冬季，很少结果。

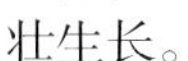

习性 喜温暖、湿润、阳光充足的环境，不耐寒、耐干旱，适宜肥沃且排水良好的土壤栽植，碱性土壤中也能健壮生长。

繁殖 ①扦插。于春、夏季进行，剪取健壮枝条，截成15~20cm的茎段，浸于清水中，出芽后栽植。②高枝压条。③分株。将基部蘖生枝芽带根割离另栽。

病虫害 病害有褐斑病。夹竹桃的顶芽易受蚜虫的危害。

管护 夹竹桃生性强健，栽培管理较粗放。盆栽须适时修剪，保持良好的株形；要勤浇水、喷水，保持盆土及环境湿润而不积水；每半月施1次稀薄肥。

应用 夹竹桃管理简单，开花期长，花色艳丽，是常见的花卉品种，北方多盆栽布置庭院，南方多用于公园、厂矿及行道绿化。夹竹桃各部位均有毒，注意防范。

产地与分布 印度、伊朗、阿富汗。我国各地广泛栽培。

夹竹桃与鸢尾同为阿尔及利亚的国花。

花语：有“深刻的友情”“谨慎”之意。另有“咒骂”“危险”“复仇”之说。

科属：夹竹桃科 天宝花属 **学名：***Adenium obesum* **别名：**天宝花 亚当花 **英文名：**Adenium

沙漠玫瑰

形态 沙漠玫瑰因原产地接近沙漠且花红如玫瑰而得名。单叶互生，革质，有光泽，倒卵形，顶端急尖，长8~10cm，宽2~4cm，腹面深绿色，背面灰绿色，全缘。总状花序，顶生，着花10多朵，喇叭状，长3~5cm，花冠5裂，有玫红、粉红、白及复色等。花期5~12月。种子有白色柔毛，可助其自播。

习性 沙漠玫瑰喜高温、干燥和阳光充足的环境，耐酷暑，不耐寒，忌水湿，适宜肥沃、疏松且排水良好的沙质土栽植。

繁殖 ①扦插。于夏季进行，剪取健壮枝条，截成15~20cm的茎段，浸于清水中洗掉黏液后插于苗床，出芽后栽植。②播种。于春季为佳，用点播法，以便于出苗后管理。播种前，要对基质进行消毒。

病虫害 病害有褐斑病。沙漠玫瑰的顶芽易受蚜虫的危害。

管护 保持充足的光照，见干再浇透水，春、夏季生长旺季每半月施1次稀薄肥。

应用 沙漠玫瑰盆栽置于厅堂、客室的阳台、窗台或厅堂的几案，呈现出一派喜气洋洋的气氛。南方可露植于庭院、公园，营造出古朴高雅、自然和谐的氛围。

产地与分布 非洲的肯尼亚。我国各地有栽培。

花语：有“爱情、忠贞不渝”之意。

科属：夹竹桃科 长春花属　学名：*Catharanthus roseus*　别名：雁来红 日日新　英文名：Vinca

长春花

形态 长春花为多年生草本半灌木植物，株高30~70cm。叶对生，长椭圆状，长3~4cm，宽1.5~2.5cm，全缘或微波状，叶柄短，两面光滑无毛，主脉白色明显。聚伞花序顶生，花序有花2~3朵，花有红、紫、白、蓝等。每长出一叶片，叶腋间即长出2~3朵花，因此它的花朵特多；花期从春到秋，所以又名“日日新”。

习性 长春花喜温暖、稍干燥和阳光充足环境，耐半阴、怕严寒、忌水湿。宜肥沃和排水良好的壤土栽植，生长适温18~24℃。越冬温度不低于10℃。

繁殖 ①播种。于春季进行，发芽适温为18~24℃，长出3片真叶后移植。②扦插。春季或初夏进行，春季或初夏剪取长8~10cm嫩枝，去下部叶，留顶端2~3对叶，插入苗床。③组织培养。

病虫害 病害常有叶腐病、锈病。虫害有根疣线虫。

管护 生长期必须有充足阳光，盆土浇水不宜过多，更不能积水，每半月施1次稀薄肥。

应用 长春花园林多用于花坛和岩石园观赏，如成片栽植，一片雪白、蓝紫或深红，形成壮阔的独特景观。盆栽置于厅堂、客室，每天有花看。

产地与分布 地中海沿岸、印度、中美洲。

长春花是2月14日和4月10日出生者的生日花。

花语：有“连绵不断”“友谊长存”“青春常驻”“愉快的回忆”之意。

科属：夹竹桃科 黄蝉属　学名：*Allamanda schottii*　别名：黄兰蝉　英文名：Bushy allemanda

黄蝉

形态 黄蝉是常绿直立或半直立灌木，高1~2m，具乳汁，另有软枝品种（见图）。叶3~5枚轮生，椭圆形或倒披针状矩圆形，全缘，长5~10cm，宽达3~4cm，被短柔毛，叶脉在下面隆起。聚伞花序顶生，花冠鲜黄色，花冠基部膨大呈漏斗状，中心有红褐色条纹斑。花期5~8月。蒴果球形，直径2~3cm，具长刺，果期10~12月。

习性 黄蝉生性强健，喜高温、多湿且阳光充足的环境，不耐寒、怕积水，适宜肥沃且排水良好的土壤栽植。生长适温20~30℃。

繁殖 ①播种。于春季进行，发芽适温18~20℃。②扦插。于春夏季进行，截取半成熟枝条进行扦插。

病虫害 病害有煤烟病。虫害有介壳虫。

管护 生长旺季保持土壤湿润，不可积水；每20天施1次稀薄肥，促其枝梢旺盛，花开不断。休眠期控制水分。

应用 黄蝉花大，开花期长，是优良的观花、观叶植物，非常适于园林种植或盆栽置于廊榭、庭院观赏。具有抗污染特性，更适合在工厂矿区作为绿化植物。植株的乳汁有毒，误食会使呼吸系统受阻、刺激心脏等，需特别注意。

产地与分布 南美巴西。南方多露植，北方多盆栽。

软枝黄蝉的花

科属：夹竹桃科 狗牙花属 **学名：***Tabernaemontana divaricata* 'Gouyahua' **别名：**马蹄香 狮子花 **英文名：**Gouyahua

狗牙花

形态 狗牙花为常绿灌木，株高0.5~1.5m，有的可达3m，多分枝，有乳汁。单叶，对生，长椭圆形，两端尖，叶全缘，坚纸质，亮绿色，背面淡绿色，长5~12cm，宽1.5~3.5cm。聚伞花序，腋生，花白色，花冠筒长达2cm，花萼5裂，有单瓣及重瓣，边缘有皱褶，具芳香，花期5~11月。蓇葖果叉开或弯曲，内有种子3~6粒，种子长圆形，果期秋季。

习性 狗牙花性喜温暖、湿润，不耐寒，宜半阴，对土壤适应性强，但适宜肥沃排水良好的微酸性土壤栽植。生长适温20~28℃。

繁殖 狗牙花主要是扦插，于夏季进行，温室可随时进行，选健壮枝剪取8~12cm长段，插入蛭石或沙土中，注意保湿遮阴，约半月可生根。

病虫害 狗牙花虫害有蓟马、蚜虫等。

管护 保持土壤湿润，夏季要对植株及周围喷水，增加空气的湿度。保持充足的光照，防止叶子发黄进而脱落，花期每半月施1次复合肥。

应用 适合公园、庭院美化，亦可盆栽观赏。叶可入药，有解暑、消肿之功效。

产地与分布 中国。我国各地都有栽培。

花语：有“清纯、善良”之意。

科属：夹竹桃科 文藤属 **学名：***Mandevilla sanderi* **别名：**双喜藤 文藤 双腺藤 **英文名：**Dipladenia sanderi

飘香藤

形态 飘香藤为多年生常绿蔓性藤本植物，蔓细长且柔软，蔓长可达数米。叶对生，全缘，革质，长卵圆形，先端急尖，叶面有皱褶，叶亮浓绿色。花腋生，花冠漏斗形，花有红、桃红、粉红等色，具芳香。花期主要为5~11月，如养护得法，可长年开花。

习性 飘香藤喜温暖、湿润及阳光充足的环境，亦较耐阴，忌涝，适宜富含腐殖质且排水良好的沙质土壤栽植，生长适温为20~30℃。

繁殖 ①扦插。于4~11月进行。②组织培养。

病虫害 飘香藤很少发生病虫害，有时会遭到蚜虫、粉介虫的侵害。

管护 保持充足的光照，以增加开花量及保持叶色亮绿；花后进行修剪，以促使新枝的萌发；保持土壤湿润，不可积水，冬季应减少浇水量；每半月施1次稀薄肥。

应用 飘香藤花大色艳且具芳香，株形美观，有“热带藤本皇后”之美誉。园林中多用于篱垣、廊架及庭院的美化；家庭盆栽需扎制椭球形或球形支架供飘香藤攀爬，也可制作吊盆悬挂观赏。

产地与分布 巴西。我国各地有栽培。

花语：有“爱情、美德”之意。

科属： 竹芋科 卧花竹芋属 **学名：** *Stromanthe sanguinea* **别名：** 红背竹芋 红裹蕉 **英文名：** Prayer plant

紫背竹芋

形态 紫背竹芋为多年生常绿草本植物，有肉质根状茎，株高0.6~1.5m。叶片宽披针形，长30~40cm，宽6~11cm，叶面橄榄绿色，有光泽，主脉淡绿色，沿中脉两侧有斜向的绿色条纹，叶背紫红色，也有绿条斑。圆锥花序，花白色，萼片橙红色，苞片为红色。

习性 紫背竹芋喜温暖、温润和半阴的环境。不耐寒，怕干旱，忌强光暴晒，适宜疏松、肥沃排水良好的沙质土壤中栽植。生长适温20~30℃。

繁殖 ①分株。于春季进行，沿地下根茎生长方向将丛生植株分切为数丛分别上盆栽植。②扦插。于夏季进行，利用抽长的带节茎叶进行扦插繁殖。

病虫害 病害主要有叶斑病和叶枯病。虫害极少，主要有介壳虫。

管护 生长季须给予充足的水分，空气干燥时，要向叶面及周围喷水，以保持较高的空气湿度，盆土不可积水，秋后保持盆土微湿即可；生长旺季每半月施1次液肥；忌阳光直射，亦不宜长期置于阴暗处，以免叶片变黄。

应用 紫背竹芋是优良的喜阴观叶植物，盆栽用于布置书房、客厅和卧室，在明亮的室内不需要直射阳光就可长年观赏。

产地与分布 巴西。我国各地有栽培。

花语：有“转身的奇迹”之意。

科属： 竹芋科 肖竹芋属 **学名：** *Czlathea zebrina* **别名：** 斑叶肖竹芋 绒叶竹芋 **英文名：** Zebra plant

天鹅绒竹芋

形态 天鹅绒竹芋为多年生常绿草本植物，植株具地下根茎，株高50~80cm。叶单生，长椭圆形，长30~40cm、宽10~20cm；叶片华丽，叶面呈天鹅绒状，深绿并微带紫色，具浅绿色带状斑块，叶背为深紫红色。

习性 天鹅绒竹芋喜温暖、湿润和半阴的环境，不耐寒，怕干燥、忌水涝，忌强光暴晒。适宜肥沃、疏松和排水良好的腐叶土栽植。生长适温18~28℃。

繁殖 ①分株。于春季进行，沿地下根茎生长方向将丛生植株分切为数丛分别上盆栽植。②组织培养。

病虫害 病害有叶斑病和叶枯病。虫害有粉虱。

管护 生长季节，须充分浇水，保持盆土湿润，但盆内不可积水，否则会引起烂根，空气干燥时，要向叶面及周围喷水，以保持较高的空气湿度；忌阳光直射，亦不宜长期置于阴暗处，以免叶片变黄，失去特有的色彩，植株变柔弱；每半月施1次稀薄肥。

应用 天鹅绒竹芋叶片宽阔，具有斑马状绿色条纹，清新悦目。盆栽适用装饰书房、客厅、卧室等处，亦可装点候机厅、候车室等，彰显高雅气氛。

产地与分布 巴西。我国各地有栽培。

花语：有“好运吉祥来”之意。

科属： 竹芋科　肖竹芋属　**学名：** *Calathea makoyana*　**别名：** 孔雀肖竹芋　**英文名：** Peacock plant

孔雀竹芋

形态 孔雀竹芋为多年生常绿草本，株高30~60cm。叶卵状椭圆形，长15~20cm，宽5~10cm，叶薄，革质，叶柄紫红色。绿色叶面上隐约呈现金属光泽，且明亮艳丽，沿中脉两侧分布着羽状、暗绿色、长椭圆形的茸状斑块，左右交互排列。叶背褐红色。穗状花序，花小，粉白色或紫红色，花期夏季。

习性 孔雀竹芋喜温暖、湿润、半阴的环境，惧阳光直射，不耐寒、怕旱，适宜肥沃、疏松、排水良好的微酸性土壤栽植。

繁殖 ①分株。于春末夏初结合换盆进行，将生长健壮的植株分切，使每丛有2 ~3个萌芽，另栽。②组织培养。

病虫害 病害有叶斑病。虫害有粉虱、蚜虫、红蜘蛛、介壳虫。

管护 春、夏生长旺盛，增加浇水并进行喷雾，提高湿度；生长季节，每2周施1次复合肥；冬季保持室温在15℃以上，可继续生长。

应用 孔雀竹芋叶茂密且华丽可人，又非常耐阴，且具有吸收甲醛等有害气体净化空气的功能，是理想的室内观叶花卉，非常适宜盆栽装饰书房、卧室、客厅等。亦可装点宾馆、车站、空港等公共场所。

产地与分布 巴西。我国各地有栽培。

花语：有“美的光辉”之意。

科属： 竹芋科　肖竹芋属　**学名：** *Calathea insignis*　**别名：** 红羽竹芋　奥氏栉花芋　**英文名：** Olive-blotch calathea

箭羽竹芋

形态 箭羽竹芋为多年生常绿草本，株高0.7~1m。叶片椭圆形至披针形，长30~40cm，宽5~10cm，叶缘具明显波纹，叶片向上呈直立式伸展。黄绿色叶面上，沿侧脉有规则的交互分布着大大小小、卵形至椭圆形的墨绿色斑块，如同蛇皮纹，叶背浓紫红色。穗状花序，花白色。花期1~12月。

习性 箭羽竹芋喜欢温暖、湿润和半隐蔽的环境，不耐寒冷和干旱，忌烈日暴晒和干热风，适宜肥沃、疏松、排水良好的土壤栽植。生长适温18~25℃。

繁殖 箭羽竹芋一般采用分株繁殖，于春末夏初时结合换盆进行，分株时将母株从盆内倒出，露出新芽和根系，用利刀沿地下根茎生长方向将植株分切，使每丛有2~3个萌芽，立即另盆栽种，浇水后置于阴凉处。

病虫害 箭羽竹芋病虫较少，病害有炭疽病，使叶面形成黄褐色的斑点。虫害，在通风不良、空气干燥的情况下，会有红蜘蛛危害。

管护 盆栽箭羽竹芋选用腐叶土，生长季节保持土壤湿润，但不可积水，夏季高温干燥天气，每天要向叶面及周围喷水2次，以提高空气湿度；生长季节每月施1次薄肥即可，施肥过多容易引起植株徒长；越冬温度不低于10℃。

应用 箭羽竹芋叶片舒展靓丽，是竹芋科中最为高大的观叶品种之一，盆栽适宜摆设于厅堂门口，走廊两侧、会议室等处。家庭可置于客厅、卧室观赏。

产地与分布 巴西、哥斯达黎加。我国各地有栽培。

科属：竹芋科　肖竹芋属　学名：*Calathea roseo-picta*　别名：红背卧龙竹芋　英文名：Red-margin calathea

七彩竹芋

形态　七彩竹芋为多年生常绿草本，具有肉质的根状茎，株高30~80cm。叶柄较短，叶长25~35cm，宽8~15cm，叶面暗绿色，有光泽，中脉淡绿色，沿中脉两侧有斜向上的绿色条斑，叶背紫红色并有绿色条斑。圆锥花序，苞片红色、蜡质，小花白色，花期春末至夏初。

习性　七彩竹芋喜温暖、湿润的环境，耐阴、不耐寒、忌阳光直射，适宜肥沃、疏松和排水良好的腐叶土栽植。

繁殖　七彩竹芋用分株繁殖，于春末夏初结合换盆进行。将植株倒出，沿地下根茎生长方向将丛生植株分切为数丛，分别栽植。

病虫害　病害有叶斑病和叶枯病。虫害有介壳虫。

管护　七彩竹芋生长旺季应充分浇水，保持盆土经常湿润，空气干燥时，须经常向叶面及周围喷水，提高空气湿度，盆内不可积水；生长季每月施1~2次液肥，避免阳光直射又不可长期置于阴暗处。

应用　叶片生长茂密、株形丰满，叶面色彩靓丽，叶背紫红色，形成鲜明的对比，是优良的室内喜阴观叶植物。用来布置卧室、客厅、办公室等处，彰显安静、庄重之气氛。

产地与分布　巴西。我国各地有栽培。

科属：竹芋科　肖竹芋属　学名：*Calathea rotundifolia*　别名：苹果竹芋　英文名：Round-leaf calathea

圆叶竹芋

形态　圆叶竹芋为多年生常绿草本，株高40~60cm，具根状茎。叶丛状，从根茎长出，柄绿色，叶片硕大，薄革质，卵圆形，新出叶翠绿色，成年叶青绿色，沿侧脉有排列整齐的银灰色宽条纹，叶缘呈波纹起伏状，先端钝圆。穗状花序。

习性　圆叶竹芋喜温暖、湿润的半阴环境，不耐寒冷和干旱，忌阳光暴晒和干热风，适宜肥沃、疏松、排水良好并富含腐殖质的微酸性土壤栽植，生长适温18~25℃。

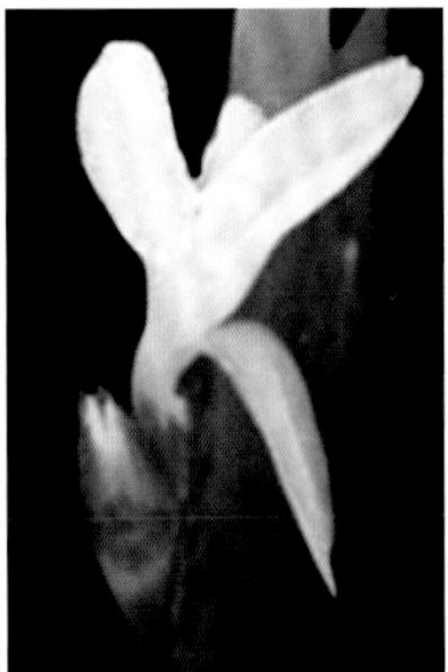

繁殖　圆叶竹芋用分株法繁殖，于春季结合换盆进行，分株时注意要使每一分割块上带有3~4片叶和完整健壮的根，将分割块另栽。

病虫害　病害有叶斑病和锈病。虫害有介壳虫、红蜘蛛。

管护　圆叶竹芋生长期应保持盆土湿润而不积水，每天对植株周围喷水，增加空气湿度；避免阳光直射且有较好的散射光；每20天施1次腐熟的稀薄肥；每隔一年换盆土1次。

应用　圆叶竹芋叶形浑圆、叶色清新宜人，喜阴，是人们喜爱的室内观叶花卉品种，适合装饰厅堂、居室。亦可用于布置宾馆、会议室、商场等。

产地与分布　美洲的热带地区。我国各地有栽培。

花语：有“纯洁的爱，真挚”及“平安”之意。

科属：竹芋科 肖竹芋属　学名：*Calathea rufibarba* 'Wavestar'　别名：浪星竹芋 剑叶竹芋　英文名：Wavestar calathea

波浪竹芋

形态 波浪竹芋为多年生常绿草本，株高25~50cm，茂密丛生。叶基稍歪斜，叶片倒披针形或披针形，长15~20cm，叶面绿色，富有光泽，叶缘呈波浪状，叶背、叶柄都为紫色，叶背上布满了微毛。花生于基部，黄色。

习性 波浪竹芋喜欢温暖、湿润和半荫蔽的环境，不耐寒冷和干旱，忌烈日暴晒和干热风，适宜在肥沃、疏松、排水良好的土壤中栽植，生长适温18~25℃。

繁殖 一般采用分株繁殖，于春末夏初时结合换盆进行，分株时将母株从盆内倒出，露出新芽和根系，用利刀沿地下根茎生长方向将植株分切，使每丛有2~3个萌芽，立即另盆栽种，浇水后置于阴凉处。

病虫害 波浪竹芋病害有茎基腐烂病。虫害有红蜘蛛。

管护 波浪竹芋生长旺季要保持盆土湿润，避免干燥或积水，过干易萎蔫，积水则烂根；避免阳光直射；每半月施稀薄肥1次。

应用 波浪竹芋直立高挑，十分美丽，是重要的观叶植物。盆栽适用于布置厅堂、客室、会议室、候机大厅、候车室等供观赏。

产地与分布 巴西。我国各地有栽培。

科属：竹芋科 水竹芋属　学名：*Thalia dealbata*　别名：水竹芋 水莲蕉　英文名：Hardy canna

再力花

形态 再力花为多年生挺水草本，茎直立，不分枝，株高1.5~2m，全株被有白粉。叶卵状披针形，浅灰蓝色，边缘紫色，长30~50cm，宽15~25cm，先端渐尖。复总状花序，花柄高出叶面，花小，紫色，花期夏季。

习性 再力花喜温暖、水湿、阳光充足的气候环境，不耐寒，耐半阴，怕干旱，适宜微碱性的土壤的水中栽植，生长适温20~30℃。

繁殖 分株。于初春进行，从母株上割下带有1~2个芽的根茎另栽。

病虫害 再力花生性健壮，一般很少有病虫害发生。病害有叶斑病。虫害有介壳虫和粉虱。

管护 定植前施足底肥，水质要好；如盆栽，一定要用口径较大且深的盆栽植，生长期保持土壤湿润，叶面上需多喷水；每月施肥1次；及时剪除基部枯损叶片，植株过密时要进行疏剪以利通风透光；盆栽可2年分盆1次。

应用 株形美观洒脱，叶色翠绿可爱，是水景美化的上品花卉，适宜公园水边、城市湿地、庭院水池等处栽植观赏。亦可盆栽置于庭院、大型商场、宾馆或居家客厅观赏。

产地与分布 墨西哥及美国东南部地区。我国各地有栽培。

花语：有“清新可人”之意。

科属：芍药科　芍药属　**学名：***Paeonia lactiflora*　**别名：**将离　余容　**英文名：**Chinese peoey

芍药

形态　芍药为多年生宿根草本，具纺锤形块根，株高0.6~1m。叶互生，小叶狭卵形，下部叶为二回三出复叶，披针形或椭圆形，边缘有小齿。花单生于枝顶，花大，花茎10cm左右，具芳香，花有白、粉、红、紫等色。花期4~5月。蓇葖果，果熟期8~9月。

习性　芍药喜冷凉、干燥的环境，既耐寒又耐阴且耐旱，忌积水，适宜肥沃、疏松、土层深厚的沙质土壤栽植。

繁殖　①播种。随采随播。②分株。于春季进行，可提前开花。③压条。④组织培养。⑤扦插。

病虫害　病害有灰霉病、褐斑病和红斑病。虫害有介壳虫、蚜虫及金龟子。

管护　见干浇水，不可积水；喜肥，生长旺季每半月施复合肥1次。

应用　芍药花大艳丽，品种丰富多样，在园林中常成片种植，景观效果极佳，芍药又是重要的切花材料，家庭可庭院栽植，亦可盆栽观赏；种子可榨取工业用油；根茎可入药，有镇痛、通经之功效。

产地与分布　朝鲜半岛、日本、蒙古、西伯利亚及中国。

花语：有“依依惜别，难舍难分”之意。另有“好事成双”之说。

科属：西番莲科　西番莲属　**学名：***Passiflora caerulea*　**别名：**百香果　鸡蛋果　**英文名：**Passion flower

西番莲

形态　西番莲为多年生常绿攀缘木质藤本植物，有卷须。单叶互生，具叶柄，叶片3~5深裂，边缘有锯齿，深绿色。聚伞花序，单生，碗状，花大，淡红色或白色，具微香，花期夏季。蒴果，室背开裂为肉质浆果。鲜果形似鸡蛋，果汁色泽类似鸡蛋蛋黄，故得别称“鸡蛋果”。

习性　西番莲喜温暖、湿润及阳光充足的环境，不耐严寒，怕水涝，适宜肥沃、疏松和排水良好的沙质土壤栽植。

繁殖　①扦插。于7~8月进行，用带2~3片叶的绿枝进行扦插，效果极佳。②播种。用播种法繁殖，开花迟，结果不匀，少用。

病虫害　西番莲的病害较少。病害有根腐病、疫霉病和炭疽病。虫害有咖啡木蠹蛾、白蚁、金龟子、果实蝇、介壳虫。

管护　西番莲是藤本植物，露栽须扎好棚架或篱架，盆栽可扎制球形架；保持土壤湿润及光照，每半月施1次稀薄肥。

应用　西番莲花形奇异，是既看花又观果、品果的植物，南方可植于庭院形成绿廊观赏，亦可盆栽。

产地与分布　美国东部。我国有栽培。

西番莲是6月27日出生者的生日花。

花语：有“信任”“诚意”“神圣”之意。

科属：伞形科 天胡荽属 **学名：***Hydrocotyle vulgaris* **别名：**南美天胡荽 铜线草 **英文名：**Mushroom and grass

香菇草

形态 香菇草为多年生草本挺水或湿生植物，具发达的地下匍匐茎，节处生根。叶圆伞形，有长长的叶柄，直径3~5cm，边缘有圆钝的锯齿，叶色翠绿富有光泽。伞形花序，花冠钟状，小花黄绿色，花期4~10月。蒴果，近球形，果期7~11月。

习性 香菇草适应性强，喜温暖、湿润和阳光充足的环境，耐半阴、耐水湿，适宜富含腐殖质且保水性能好的土壤栽植。

繁殖 ①播种。于秋到春季进行，发芽适温19~24℃。②扦插。于3~5月剪取匍匐茎扦插，很容易成活。③分株。于春季进行。

病虫害 香菇草病虫害较少。

管护 每天浇水1次，以保持盆土湿润；保持充足的光照；香菇草喜肥，可每10天左右施1次腐熟的稀薄液肥，冬季移至室内的阳台、窗台等光照充足的地方，越冬温度不低于5℃。

应用 香菇草清秀翠绿的叶片与修长的叶柄相得益彰，盆栽或水植于不同形状的玻璃器皿陈设于案头、几架等处，苍翠欲滴，有清爽宜人的感觉。亦可在园林中丛植，或在水体岸边片植，亦可用于庭院水面造景。

产地与分布 南美。我国广泛栽培。

花语：有“财源滚滚”之意。

科属：红豆杉科 红豆杉属 **学名：***Taxus chinensis* **别名：**观音杉 **英文名：**China yew

红豆杉

形态 红豆杉为常绿乔木，树高达20m，胸径达1m，树冠倒卵形或阔卵形。叶生于主枝上者为螺旋状排列，叶线形，平直或稍弯曲，表面深绿色。球花生于叶腋，淡红色。花期5~6月。种子卵形，成熟时紫褐色，有光泽，果熟期9~10月。

习性 红豆杉喜温暖、湿润和半阴的环境，较耐寒，怕水涝，耐修剪，生长缓慢，适宜肥沃且排水良好的沙质土壤栽植。

繁殖 ①播种。种子采摘后沙藏，于春季进行。②扦插。春季用嫩枝、秋季用硬枝扦插。③组织培养。

病虫害 病害有叶枯病、赤枯病及根腐病。

管护 红豆杉盆栽不易强光直射；见干或叶子出现萎靡则浇透水，生长旺季及干旱季节应对植株及周围喷水增湿；经常修剪，保持树形美观。

应用 红豆杉枝叶紧凑而不密集，舒展而不松散，红茎、红枝、绿叶、红豆使其具有观茎、观枝、观叶、观果的多重观赏价值。南方可植于公园、庭院。盆栽大型可摆放于会议室、大厅等处，较小盆可布置客厅书房观赏。红豆杉的茎、枝、叶、根均可入药，有抗癌、治疗糖尿病及心脏病的功效。

产地与分布 中国及亚洲温带地区、澳大利亚等。

红豆杉是1月13日和9月23日出生者的生日花。

花语：有“高尚”“高雅”和“悲伤”之意。

科属：防己科 千金藤属 **学名：***Stephania japonica* **别名：**千金藤 **英文名：**Tape vine

金线吊乌龟

形态 金线吊乌龟为常绿无毛藤本，块根肥厚，扁圆形，蔓长100~200cm。叶互生，三角状阔卵形至近圆形，中绿色，掌状脉5~9条。聚伞花序，花黄绿色。花期6~7月。果球形，成熟后紫红色，果期8~9月。

习性 金线吊乌龟喜凉爽、湿润和半阴环境气候，耐寒、怕水涝、干旱，忌强光暴晒，适宜富含腐殖质和排水良好的沙质土壤栽植。

繁殖 ①播种。于秋季随采随播，发芽适19~24℃。②分株。于春季进行。

病虫害 金线吊乌龟病虫害较少，主要预防尺蛾、蚜虫的危害。

管护 金线吊乌龟需保持盆土湿润，既不可干燥又不可积水；避免强光直射；生长季每半月施1次稀薄的复合液肥。

应用 金线吊乌龟蔓叶翠绿，果实累累，是极好的垂直绿化花卉品种，适宜在公园、庭院中作矮篱，也可盆栽作室内装饰。块根可入药有清热解毒、消肿止痛之功效。块根还是酿酒的原料。

产地与分布 中国。各地有栽培。

花语：有“幸福”“快乐”“希望”“心愿”之意。

科属：百合科 萱草属 **学名：***Hemerocallis middendorffi* **别名：**大苞萱草 **英文名：**Amur daylily

大花萱草

形态 大花萱草为多年生宿根草本，肉质根茎较短。叶基生，二列状，叶片线形，长约30~45cm，宽2~2.5cm，翠绿色。花茎高出叶片，上方有分枝，着花2~4朵，有芳香，花大，具短梗和大型三角状苞片，花冠漏斗状至钟状，裂片外弯，花色有黄、白、蓝，花期7~8月。蒴果，黑褐色，多棱形，有光泽。

习性 大花萱草喜温暖、湿润和阳光充足的环境，耐寒、耐旱亦耐半阴，适宜富含腐殖质，排水良好的土壤栽植。生长适温20~30℃。

繁殖 ①分株。于春季或秋季进行，每丛带2~3个芽。②播种。于春季或秋季进行。③组织培养。

病虫害 大花萱草适应性强，病虫害较少。病害有锈病、叶斑病。虫害有红蜘蛛、蚜虫。

管护 生长期见干浇水，遇涝及时排水；生长期中每2~3周施追肥1次；因花多且只开放1天，要及时剪除残花，以提高观赏效果。

应用 大花萱草花期长，花大色艳，十分显眼，景观效果极佳，可用来布置各式花坛、花境等，亦可利用其矮生特性做地被植物。盆栽可布置庭院、厅堂、客室。

产地与分布 中国、日本及西伯利亚。我国各地有栽培。

花语：有“爱的忘却”之意。

科属：百合科 萱草属 **学名：***Hemerocallis fulva* **别名：**忘忧草 **英文名：**Tawny daylily

萱草

形态 萱草为多年生宿根草本，具短根状茎和粗壮的纺锤形肉质根。叶基生、宽线形、对排成两列，宽2~3cm，长30~50cm，背面有龙骨突起，嫩绿色。聚伞花序，花顶生，花莛由叶丛抽出，细长坚挺，高约60~100cm，着花6~10朵，花大，漏斗形，直径10cm左右，橘红色，花期6~7月。蒴果，背裂，内有亮黑色种子数粒。

习性 性强健，喜温暖、湿润和阳光充足的环境，耐寒、耐旱亦耐半阴，适宜富含腐殖质，排水良好的土壤栽植。生长适温20~30℃。

繁殖 ①播种。于春季或秋季进行。②分株。于春季或秋季进行，每丛带2~3个芽。

病虫害 萱草病虫害较少，病害有锈病危害。

管护 生长期见干浇水，遇涝及时排水；生长期中每2~3周施追肥1次，喷施新高脂膜保肥保墒，入冬前施1次腐熟有机肥。

应用 花色鲜艳，栽培容易，且春季萌发早，绿叶成丛极为美观。园林中多丛植或于花境、路旁栽植，萱草耐半阴，又可做疏林地被植物。叶、根可入药，有利湿热、宽胸、消食的功效。

产地与分布 中国、日本及欧洲南部。我国各地有栽培。

萱草是世界的母亲花。

花语：有“遗忘的爱”“忘却一切不愉快的事”“放下他（她）放下忧愁”“隐藏起来的心情”之意。

科属：百合科 吊兰属 **学名：***Chlorophytum comosum* **别名：**挂兰 **英文名：**Bracketplant

吊兰

形态 吊兰为常绿草本植物，具簇生的圆柱形肉质根和短根状茎。叶基生，狭长柔软条形，顶端渐尖，长20~30cm、宽1~2cm；基部抱茎，着生于短茎上，叶丛中抽出走茎形成花梗，细长弯曲，超出叶上，长30~60cm，先端长出有气生根的小植株。总状花序，单一或分枝，花数朵一簇，散生在花梗旁。花小，白色，花期4~11月。果实成锐三角形，种子扁平或碟状。

习性 吊兰适应性强，喜温暖、湿润、半阴的环境，较耐旱，不耐寒，适宜肥沃、疏松且排水良好的沙质土壤中生长；生长适温15~25℃，越冬温度为10℃。

繁殖 ①分株。于4~10月结合换盆修根时进行。②扦插。剪取长有新芽5~10cm的匍匐茎或剪取花茎上带气根的幼株另栽，极易成活。③播种。于春季进行，发芽适温15~22℃。

病虫害 吊兰不易发生病虫害，但如盆土积水且通风不良，会发生根腐病。

管护 盆土易经常保持潮湿；生长季节每两周施一次液体肥；每年春季可翻盆一次，剪去老根、腐根及多余须根。

应用 吊兰是人们喜爱的花卉品种，适宜吊挂或上架观赏。全株可入药，有清热，去瘀，消肿，解毒之功效。

产地与分布 南非。我国各地均有栽培。

花语：有“无奈而又给人希望”之意。

科属：百合科 天门冬属 **学名：***Asparagus cochinchinensis* **别名：**三百棒 丝冬 **英文名：**Cochinchinese asparagi

天门冬

形态 天门冬为多年生长绿半蔓生草本，茎基部木质化，多分枝丛生下垂，分枝具棱或狭翘，长0.8~1.2m。叶丛状扁形似松针，绿色有光泽，通常3枚一簇，长0.5~0.8cm，宽0.1~0.2cm。花白色，花期6~8月。浆果球形，果实绿色，成熟后红色，球形种子黑色。

习性 天门冬喜温暖、湿润及半阴的环境，耐干旱和瘠薄，不耐寒，适应疏松、肥沃的沙质土壤栽植，生长适温24~28℃。越冬温度6℃以上。

繁殖 ①播种。于春季进行，发芽适温20~25℃。②分株。可春季结合换盆进行，每株有3~5枝带有根系的枝条，另栽。

病虫害 天门冬病虫较少。虫害有叶螨、红蜘蛛、介壳虫危害。

管护 见干后浇透水；生长期每月施稀薄肥一次；冬季保持6℃以上，可继续生长。

应用 家庭多盆栽置于卧室客厅观赏。园林多用于布置花坛、花台。块根可入药，有滋阴润燥、清火止咳之功效。

产地与分布 老挝、朝鲜、越南、日本以及中国。我国各地有栽培。

花语：有“刚毅，温馨，真挚，伟大的母爱”之说。

科属：百合科 天门冬属 **学名：***Asparagus setaceus* **别名：**云片竹 山草 **英文名：**Common asparagus fern

文竹

形态 文竹为多年生常绿藤本观茎植物，根部稍肉质，茎柔细、丛生、光滑，呈攀缘状，株高可达数米。叶退化成鳞片或小刺，绿色。花小，两性，白绿色，花期6~7月。浆果球形，成熟后紫黑色。

习性 文竹喜温暖、湿润及半阴的环境，不耐干旱，惧霜冻，适宜富含腐殖质、排水良好的沙质土壤栽培；生长适温为15~25℃；越冬温度为5℃。

繁殖 ①播种。一般于春季进行，发芽适温20~30℃，播后30天发芽，幼苗5cm高时可入盆另栽。②分株。于春季结合换盆时进行，分株后浇透水置于阴凉处。

病虫害 病害主要预防叶枯病。虫害有蚜虫及介壳虫。

管护 夏季时应远离强光直射，保持盆土湿润，每天向叶面喷1~2次水，盆内不可积水；每半月施1次薄肥；及时修剪过密的枝条，蘖根过多时应及时分盆。

应用 以盆栽为主，是颇受人们喜爱的观叶植物，可摆放或吊挂观赏。文竹能吸收二氧化硫、二氧化氮、氯气等有害气体，有净化空气的功能。根可入药，有凉血解毒、利尿通淋之功效。文竹可与微型奇石制成小型盆景观赏。

产地与分布 南非。我国各地有栽培。

花语：有“永恒”之意。

科属：百合科 百合属　学名：*Lilium brownii* var. *viridulum*　别名：强瞿 番韭　英文名：Brown lily

百合

形态 百合为多年生球根草本花卉，株高40~60cm，茎直立，不分枝，草绿色，茎秆基部带红色或紫褐色斑点。地下具鳞茎，鳞茎由阔卵形或披针形，白色，直径由6~8cm的肉质鳞片抱合成球形。单叶，互生，披针形，无叶柄，叶脉平行。花着生于茎顶，呈总状花序，簇生或单生，花冠较大，呈漏斗形喇叭状，花色有黄、白、粉、橙红及复色，有的具紫色或黑色斑点，极美丽。蒴果，长椭圆形。

习性 百合性喜湿润、凉爽阳光充足的环境，忌干旱、酷暑，适宜肥沃、富含腐殖质、土层深厚、排水良好的沙质土壤栽植。生长适温16~24℃。

繁殖 ①播种。于春季进行。②分小鳞茎法，秋季将小鳞茎分离沙藏，春季栽种。③鳞片扦插法，于秋季进行。

病虫害 病害有花叶病、茎腐烂病、斑点病、叶枯病等。虫害有蚜虫、蚂蚁、线虫、地老虎危害。

管护 生长期保持土壤湿润，花后控制浇水；花期增施磷钾肥；冬季要防冻。

应用 百合花色艳丽，是主要的切花材料，是婚庆不可或缺的花材。亦可盆栽置于厅堂、客室观赏。鳞茎是名贵食材。鳞茎又是常用药材，有清火、润肺、安神之功效。

产地与分布 中国、日本、北美及欧洲的温带地区。我国各地有栽培。

百合是福建省南平市、浙江省湖州市的市花。百合是智利国的国花。姜黄色百合是尼加拉瓜的国花。

花语：白色代表“百年好合、伟大的爱”；粉色代表“清纯、高雅”；黄色代表“财富、高贵”。

科属：百合科 百合属　学名：*Lilium lancifolium*　别名：虎皮百合 南京百合　英文名：Tiger lily

卷丹

形态 卷丹为多年生草本，茎直立，地下具白色广卵状球形鳞茎，球径3~8cm，株高0.6~1.5m。单叶互生，无柄，狭披针形，上部叶腋着生黑色珠芽。总状花序生于茎顶，花被橙红色，花被片向外反卷，内面具紫黑色斑点，花径达9~12cm，花期7~8月。果期8~10月。

习性 卷丹喜冷凉、阳光充足及干燥的环境，耐寒性强，喜半阴，适宜疏松、肥沃且排水良好的土壤栽培。

繁殖 ①播种。随采随播，发芽适温13~18℃。②分株。于春季进行，把母株挖出，把根系分开，用刀剖成2株或2株以上，使每一株都必须带根，另栽。

病虫害 病害有花叶病、茎腐烂病、斑点病、叶枯病等。虫害有蚜虫、蚂蚁、线虫、地老虎等。

管护 生长期保持土壤湿润，花后冬季控制浇水；花期增施磷钾肥；冬季要防冻。

应用 卷丹花色艳丽，花形奇特，是颇受人们喜爱的观赏花卉，也是主要的切花材料。盆栽可置于厅堂、客室、书房供观赏。卷丹花富含芳香油，可提取香精。鳞茎是名贵食材，又是常用药材，有清火、润肺、安神之功效。

产地与分布 中国、日本。我国各地有栽培。

卷丹是巨蟹座的守护花。

花语：有“百事合心”“百年好合”之意。

科属：百合科 玉簪属 学名：*Hosta plantaginea* 别名：玉春棒 玉泡花 白玉簪 英文名：Fragrant plantain lily

玉簪

形态 玉簪为多年生草本植物，根状茎粗壮，有多数须根。叶茎生，成丛，卵形或心脏形，长15~25cm，宽10~15cm，先端急尖。绿色，有光泽，主脉明显；叶柄长达20~30cm。总状花序，花茎从叶丛中抽出，高出叶面，着花9~15朵，色白如玉，未开时如簪头，故得名“玉簪”，有芳香，花期7~9月。蒴果窄长，长4~5cm，种子黑色，有光泽，边缘有翼，果期8~9月。

习性 玉簪属典型的阴性植物，喜半阴、湿润的环境，耐寒冷，忌烈日照射，适宜肥沃、湿润的沙壤土栽培。

繁殖 ①播种。于春季进行。②分株。于春或秋季进行，将根状茎分割两段，各带2~3个芽，进行分栽，每3~5年分株1次。

病虫害 玉簪病害有白绢病和炭疽病。虫害有蜗牛和蚜虫。

管护 玉簪为喜阴花卉，露栽植于林下或建筑物背面阴凉处；保持土壤湿润；施肥以淡肥勤施为宜。

应用 玉簪碧叶莹润，清秀挺拔，花洁白如玉，幽香四溢，是我国著名的传统香花。园林中成片种植玉簪，形成景观，亦可盆栽布置厅堂、客室内及走廊。花入药有利湿、调经止带之功效；根入药有清热消肿、解毒止痛之功效；叶入药有解毒消肿之功效。

产地与分布 中国和日本。我国各地均有栽培。

花语：有“恬静”“宽和”“高雅纯洁”之意。

科属：百合科 玉簪属 学名：*Hosta ventricosa* 别名：紫玉簪 英文名：Blue plantain lily

紫萼

形态 紫萼为多年生草本，根状茎粗达2cm，常直生；须根被绵毛，株高40~60cm，另有矮化品种。叶基生，多数，叶柄长10~20cm，槽状，宽7cm，叶面亮绿色，背面稍淡，卵形或菱状卵形，先端骤狭渐尖。总状花序，花莛直立，高40~60cm，绿色，圆柱形，着花10~17朵，花被淡青紫色，花期6~7月。蒴果黄绿色，下垂，三棱状圆柱形，果期9~10月。

习性 紫萼属典型的阴性植物，喜半阴、湿润的环境，耐寒冷，忌烈日照射，适宜肥沃、湿润的沙壤土栽培。

繁殖 ①播种。于春季进行。②分株，于春或秋季进行，将根状茎分割两段，各带2~3个芽，进行分栽，每3~5年分株1次。

病虫害 病害有白绢病和炭疽病。虫害有蜗牛和蚜虫。

管护 紫萼为喜阴花卉，露栽植于林下或建筑物背面阴凉处，夏季避免阳光暴晒；适当浇水，保持土壤湿润，不可积水；施肥以淡肥勤施为宜。

应用 紫萼园林中常用作林下地被。盆栽布置厅堂、客室内及走廊。其嫩芽及叶柄清香可口、滑而不黏可食用。紫萼可入药，有散瘀止痛、解毒之功效。

产地与分布 中国和日本。我国各地均有栽培。

花语：有“恬静”“宽和”之意。

科属：百合科　秋水仙属　**学名：***Colchicum autumnale*　**英文名：**Autumn crocus

秋水仙

形态　秋水仙为多年生草本球根花卉，地下具卵形鳞茎，茎极短，大部埋于地下。春天长出线形暗绿色叶子，叶披针形，长约30cm。叶于夏季枯萎，一段时间后，花莛从地下长出，每莛开花1~4朵，花蕾纺锤形，开放时漏斗形，淡粉红色或紫红色，直径约7~8cm，花期8~10月。蒴果，种子多数，呈不规则的球形，褐色。

习性　秋水仙喜湿润、多雨、炎热的环境，亦耐严寒，适宜肥沃、疏松且排水良好的沙质壤土栽植。

繁殖　①播种。②分株。入冬前挖出的鳞茎置于室内贮藏越冬，来年春季再种植。

病虫害　病害有立枯病和腐烂病。虫害有蛴螬、地老虎。

管护　秋水仙夏季土壤宜干燥，不可过湿，更不可积水；栽培前应对土壤进行严格消毒，防止病虫害的发生。

应用　秋水仙系20世纪70年代从国外引进花卉品种，开花时叶已枯萎，只有花没有叶，且花大色妖艳，被称为“不穿内衣的少女”，园林栽培及盆栽均受到人们的青睐。花及鳞茎可提取秋水仙碱，是治疗癌症的药物，有剧毒，家庭栽培时应特别注意。

产地与分布　欧洲和地中海沿岸。我国自20世纪70年代从国外引进。

秋水仙是8月6日出生者的生日花。

花语：有“单纯”之意。

科属：百合科　郁金香属　**学名：***Tulipa gesneriana*　**别名：**洋荷花　草麝香　**英文名：**Garden tulip

郁金香

形态　郁金香为多年生球根草本植物，鳞茎扁圆锥形或扁卵圆形，长约2cm，外被淡黄色纤维状皮膜。茎、叶光滑具白粉。叶长椭圆状披针形或卵状披针形，长10~21cm，宽1~6.5cm。花单生茎顶，大形直立，杯状，基部常黑紫色，花莛长35~55cm；花有杯形、碗形、卵形、球形、钟形、漏斗形、百合花形等，有单瓣也有重瓣；花色有白、粉红、洋红、紫、褐、黄、橙、复色等，花期3~5月。蒴果3室，室背开裂，种子多数，扁平。

习性　郁金香喜冬季温和、夏季凉爽、稍干燥的环境，喜光，亦耐半阴，适宜富含腐殖质且排水良好的沙质土壤栽培。生长适温17~22℃。

繁殖　①分株。分球繁殖为主，入夏将休眠鳞茎掘起，晾干燥贮藏，秋天栽种。②播种。于秋季进行。

病虫害　郁金香常见病害有霉病、腐朽菌核病、腐烂病、灰霉病。虫害有刺足根螨。

管护　郁金香见干浇水，不可积水，现花蕾后适量增加浇水；栽种前施足底肥，花莛抽出时追施含磷、钾的稀薄肥；冬季置于室内有阳光处。

应用　是园林布置花坛、花境的优良花卉，片植可形成花海，有极强的震撼力；亦可盆栽置于厅堂、客室观赏。根及鳞茎可入药，有清热、除燥之功效。

产地与分布　中国、土耳其。我国各地有栽培。

花语：有“爱、慈善、名誉、美丽、祝福、永恒、爱的表白、永恒的祝福”之意。黄色代表“高雅、珍贵、财富”；粉色代表“美人、热爱、幸福”；紫色代表“无尽的爱”，红色代表“爱的宣言、喜悦、热爱”；黑色代表“神秘、高贵”；双色代表“美丽的你、喜相逢”；羽毛郁金香代表“情意绵绵”；野生郁金香代表“贞操”。

科属：百合科　风信子属　**学名：***Hyacinthus orientalis*　**别名：**洋水仙　五色水仙　**英文名：**Common hyacinth

风信子

形态　风信子为多年生草本，鳞茎球形或扁球形，植株高15~20cm，叶似短剑，肥厚无柄，4~6片。总状花序，花莛从鳞茎抽出，高出叶面，周围密布20~30朵小花，每花6瓣，钟形，由下至上逐段开放，具芳香，有单瓣和重瓣，花色有紫、玫瑰红、粉红、黄、白、蓝等色，花期3~4月。

习性　风信子喜冬季温暖湿润、夏季凉爽稍干燥且阳光充足的环境，耐半阴，忌积水，适宜肥沃、疏松及排水良好的沙壤土栽植。生长适温12~25℃。

繁殖　①分球。于初夏进行，把鳞茎挖出后，将大球和子球分开另栽。②播种。于秋季播入苗床中的培养土内，翌年春萌发。

病虫害　病害有软腐病、菌核病、灰霉病和病毒病。虫害有蓟马。

管护　生长期保持盆土湿润；盆栽花前施1~2次稀薄肥，以促进种球的生长；冬季置于有阳光处。

应用　风信子花色丰富，花姿美丽，色彩绚丽，叶色鲜绿，恬静典雅，是主要球根花卉之一，

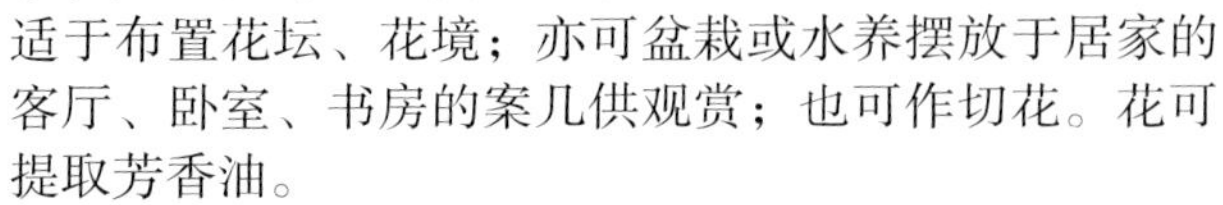

适于布置花坛、花境；亦可盆栽或水养摆放于居家的客厅、卧室、书房的案几供观赏；也可作切花。花可提取芳香油。

产地与分布　南欧和小亚细亚一带。我国各地有栽培。

花语：有"喜悦、竞赛、赌注、游戏、悲哀、悲伤的爱情、永远的怀念"之意。在西方国家为"只要点燃生命之火，便可同享丰盛人生"之意。

科属：百合科　葡萄风信子属　**学名：***Muscari botryoides*　**别名：**蓝壶花　串铃花　**英文名：**Common grape hyacinth

葡萄风信子

形态　葡萄风信子为多年生草本植物，鳞茎卵圆形，植株矮小，株高15~20cm。叶基生，线形，稍肉质，边缘内卷，深绿色。总状花序，花茎从叶丛中抽出，小花顶端簇生20~30朵小坛状花，花下垂，花多为蓝色，另有白、浅粉、淡蓝及重瓣品种，花期3~5月。

习性　葡萄风信子性喜温暖、凉爽气候，喜光亦耐半阴，较耐寒，适宜疏松、肥沃、排水良好的沙质壤土栽植，生长适温15~30℃。

繁殖　①播种。于秋季进行，翌年春天发芽，实生苗3年后开花。②分球。于初夏进行，把鳞茎挖出后，将大球和子球分开另栽。

病虫害　葡萄风信子病害有软腐病、菌核病、灰霉病和病毒病。虫害有蓟马。

管护　葡萄风信子生长期保持盆土湿润；盆栽花前施1~2次稀薄肥，以促进种球的生长；冬季置于有阳光处。

应用　葡萄风信子植株低矮，花色明丽，花期长，是园林绿化优良的地被植物，园林常用于花境、草坪中的成片或镶边种植，也用于岩石园作点缀丛植；家庭宜盆栽用于庭院美化，彰显高雅、幽静的氛围；如配以高档小花盆置于客厅、卧室、书房的几案上，亦有良好的观赏效果。

产地与分布　欧洲中南部的德国、法国及波兰。我国各地有栽培。

花语：有"悲伤""妒忌""忧郁的爱"之意。

科属：百合科 百子莲属 **学名：***Agapanthus africanus* **别名：**紫穗兰 百子兰 **英文名：**African lily

百子莲

形态 百子莲为多年生常绿草本，有根状茎，株高50~60cm。叶线状披针形，近革质，深绿色，长25~35cm。花茎直立，高出叶面，高可达60cm。伞形花序，有花20~50朵，花漏斗状，深蓝色或白色；花期7~8月。

习性 百子莲喜温暖、湿润和阳光充足的环境，不耐寒、耐半阴、忌强光暴晒及积水；适宜疏松、富含有机质且排水良好的沙质壤土栽植。

繁殖 ①播种。发芽适温14~25℃，播后15天左右发芽，4~5年方可开花。②分株。于春季或秋季结合换盆进行，将母株以每株2~3丛分开另栽，分株后翌年开花。

病虫害 百子莲病害常见有叶斑病、红斑病。

管护 盆栽宜放在半阴通风处，夏季防暴晒；浇水以湿润为度，见干见湿，夏季要充分浇水而不积水，干旱季节对周围喷水增湿；生长旺季每半月施肥1次；越冬温度不低于8℃。

应用 百子莲叶色浓绿，光亮，花形秀丽，在南方用于公园、庭院美化，置于半阴处栽培，亦可作岩石园和花境的点缀植物。家庭适于盆栽布置庭院及摆放于厅堂、客室观赏。

产地与分布 南非。我国各地有栽培。

百子莲是巨蟹座的守护花。

花语：有“爱慕”“爱情降临”“恋爱的造访”“恋爱的通讯”之意。

科属：百合科 铃兰属 **学名：***Convallaria majalis* **别名：**山谷百合 **英文名：**Valley lily

铃兰

形态 铃兰为多年生草本植物，高约20~30cm。有2片或3片宽大呈长椭圆形的绿叶，直立，有光泽，长可达20cm，宽可达10cm，叶脉为弧形。总状花序，花莛从基部抽出并向一侧弯曲，悬垂响铃形状的白色花6~10朵长在一根花莛上，花期4~5月。浆果，成熟期7~10月，果为红色，内有2~6 颗种子。

习性 铃兰喜凉爽、湿润及半阴的环境，耐寒冷、忌炎热，适宜富含腐殖质、湿润而排水良好的中性或微碱性沙质壤土栽植。生长适温16~26℃。

繁殖 ①分株。于秋季进行，将母株带芽的根状茎切段栽种，亦可将根基部生出的蘖芽割下来进行分栽。②播种。

病虫害 有茎腐病及褐斑病。

管护 盆栽置于阴凉处避免强光暴晒，夏季应对周围喷水降温；保持土壤湿润但不可积水；当出现花梗及秋季落叶后施液肥1次，花茎抽出后不再施肥。

应用 铃兰莹洁高贵，香韵浓郁，通常用于花坛、花境、花台，亦可作地被植物；可作切花，叶是插花的配材；是一种优良的盆栽观赏植物，可用于布置厅堂、客室、书房等。铃兰可入药有强心利尿之功效。铃兰的花体、浆果、茎叶均有毒，家庭养殖需特别注意。

产地与分布 欧洲。我国有栽培。

铃兰是芬兰、瑞典和前南斯拉夫的国花。

花语：有“幸福再来”之意。

科属： 百合科　提灯花属　**学名：** *Sandersonia aurantiaca*　**别名：** 宫灯百合　提灯花　**英文名：** Chinese-lantern lily

灯笼百合

形态 灯笼百合为攀缘性多年生球根草本，半蔓性，株高0.6~1m。叶披针形，无柄，中绿色。灯笼百合开金黄色的铃状花，它能适应较宽幅度温度和光照的变化，因此在温带和亚热带地区，室内外均可正常生长。从种植到开花需9~12周；从种植到收获种球需21~25周。

习性 灯笼百合喜冬暖夏凉、湿润且阳光充足的环境，不耐寒，忌积水及干旱，畏酷暑，适宜肥沃、疏松的土壤栽培。生长适温18~28℃。

繁殖 ①播种。因种子表皮坚硬，需要进行破壳处理才能生长，发芽适温18~24℃。②分株。于秋冬季进行。

病虫害 灯笼百合病害有灰霉病、叶斑病、根腐病等。虫害主要有根螨及蚜虫。

管护 生长期保持土壤湿润，花后冬季控制浇水；花期增施磷钾肥；冬季要防冻。盆栽需作支架。

应用 灯笼百合开花时犹如一串串金色灯笼挂满花枝，凸显于绿叶之间，柔美多姿，极富特色。南方可栽植于棚架、篱架或窗前，给人以赏心悦目的感觉。是重要的切花材料，瓶插寿命可达2~3周。亦可盆栽用来布置厅堂、客室、书房，以供观赏。根状茎含秋水仙碱，有剧毒，应注意预防中毒。

产地与分布 南非。我国各地有栽培。

花语：有“可爱”“灵气”之意。

科属： 百合科　贝母属　**学名：** *Fritillary cirrhosa*　**英文名：** Fritillaria

贝母

形态 贝母为多年生草本植物，鳞茎圆锥形，茎直立，高15~40cm。叶常对生，少数在中部有散生或轮生，披针形至线形，先端稍卷曲或不卷曲，无柄。花单生茎顶，钟状，下垂，每花具狭长形叶状苞片3枚，花被片6，通常紫色，较少黄绿色，花期5~7月。蒴果具6纵翅，果期8~10月。贝母家族按产地和品种的不同，可分为川贝母、浙贝母和土贝母三大类。

习性 贝母喜凉爽、湿润、阳光充足的环境，夏季怕热、冬季较耐寒冷，忌高温酷暑，适宜肥沃、土壤湿润、富含腐殖质且排水良好的壤土栽植。夏天当气温高于25℃或冬天气温低于5℃时，贝母将处于休眠状态。

繁殖 ①播种。需用新高脂膜拌种，以提高种子发芽率。将种子均匀撒入土中，覆盖薄层细土，稍压，浇水，覆膜保湿。②栽培鳞茎，于初夏进行，将鳞茎均匀撒播，播后覆土3cm，保湿但不可积水。

病虫害 贝母易受锈病、灰霉病为害。

管护 养殖贝母宜选较大盆，盆土以富含腐殖质的沙壤土为好；保持土壤湿润而不积水；夏季置于阴凉处；生长期每半月施1次稀薄肥。

应用 贝母的株形、花形奇特，园林片植形成景观，亦可盆栽置于庭院、客室观赏。贝母是重要的中药材，有清热润肺、化痰止咳之功效。

产地与分布 中国四川、云南、甘肃、浙江等地。

花语：有“忍耐”之意。

科属：百合科 鲨鱼掌属 **学名**：*Gasteria maculata* **别名**：大理石元宝 孖宝 **英文名**：Mario

墨牟

形态 墨牟为多年生常绿草本，植株幼年期无茎，老株有明显的茎，株高30~70cm。叶舌状，肉质，坚硬，排成两列，但叶片数较少，先端尖，长16~20cm，宽4.5~5cm，基部厚、先端薄，叶缘角质化，表面深绿色，上有星散的白斑，叶面光滑、有光泽。总状花序，花莛高40~70cm，小花向一侧下垂，色粉红有绿尖。

习性 墨牟喜温暖且阳光充足的环境，忌强光暴晒，耐旱，适宜肥沃排水良好的沙质土栽植，生长适温18~28℃。越冬温度12℃。

繁殖 墨牟用基部蘖芽进行扦插繁殖。

病虫害 墨牟病虫害较少，偶有根腐病及叶斑病发生，应注意防范。

管护 见干浇水，不可积水；春、秋、冬季可接受全光照，夏季应避免暴晒；每月施1次稀薄肥；冬季不低于12℃可继续生长。

应用 墨牟是稀有的较珍贵的小型肉质观赏植物，适宜盆栽摆放于家庭的窗台、阳台、案几、写字台等；亦是布置多肉类专业园不可或缺的品种。

产地与分布 南非。

科属：百合科 十二卷属 **学名**：*Haworthia fasciata* **别名**：雉鸡尾 蛇尾兰 **英文名**：Zebra haworthia

条纹十二卷

形态 条纹十二卷为多年生肉质草本植物，株高14~16cm。肉质叶排列成莲座状，叶片三角状披针形、渐尖，稍直立，叶面扁平，叶背凸起，呈龙骨状，墨绿色，具较大的白色疣状突起，排列呈横条纹，形似雉鸡尾上的羽毛，故又名“雉鸡尾”。总状花序，花筒状至漏斗状，白色，中肋褐红色，花期6~8月。

习性 条纹十二卷喜温暖、阳光充足的环境亦耐半阴，耐干旱，怕强光、忌积水，适宜肥沃、疏松及排水良好的沙壤土栽培，生长适温16~30℃，越冬温度12℃。

繁殖 ①分株。于春季结合换盆进行，把母株从花盆倒出，抖掉盆土，把根分开，用刀把母株剖成两株或更多，使每株都要带有尽量多的根另栽。②组织培养。

病虫害 病害主要有褐斑病。虫害有介壳虫、粉虱等。

管护 耐半阴环境，但不能长期置于荫蔽处；见干浇水，不可积水；生长旺季每10天施1次稀薄肥；冬季做好防冻。

应用 条纹十二卷，清新高雅，深绿叶上的白色条纹对比强烈，形态精致秀丽，小巧玲珑，且十分耐阴，是理想的室内小型盆栽花卉，适合家庭摆放于阳台、客厅的案几、书房的书桌等处观赏。

产地与分布 南非亚热带地区。我国各地有栽培。

科属：百合科 十二卷属 **学名：***Haworthia cymbiformis* ‘Variegata’ **别名：**宝草 **英文名：**Ieightonii

水晶掌

形态 水晶掌为多年生常绿肉质植物，植株矮小，株高一般6~8cm。叶片互生，紧密排列为莲座状，肉质肥厚，长圆形或匙状，生于极短的茎上，叶翠绿色，叶肉呈半透明状，叶面有暗褐色条纹，有细锯齿。顶生总状花序，花莛细而长，不能直立，花极小。

习性 水晶掌喜温暖而湿润及半阴的环境，耐干旱，忌炎热，不耐寒，怕水涝。适宜疏松、肥沃且排水良好的沙质土壤栽培。生长适温为20~25℃；冬季保持室温10℃以上，可继续生长。

繁殖 以分株法繁殖为主，将母株分切为带根的几部分，分盆栽植即可。

病虫害 生长环境良好时，几乎无病虫害。病害，偶有根腐病和褐斑病；虫害偶有粉虱和介壳虫。

管护 选精美小型瓷盆栽培；见干浇水；生长季每月施1次稀薄肥；冬季室内要求冷凉，以不低于12℃为宜。

应用 水晶掌形态奇特，株体晶莹剔透，清新高雅，是珍贵的小型观赏品种，可配以造型美观的盆钵，装饰桌案、几架、窗台，十分有趣，深得花卉爱好者的青睐。

产地与分布 南非。

科属：百合科 十二卷属 **学名：***Haworthia truncate* **别名：**碧绿玉扇草 截形十二卷 **英文名：**Clipped window plant

绿玉扇

形态 绿玉扇为多年生常绿多肉植物，无茎，株高5~8cm。肉质叶左右排成两列呈扇形，叶片直立，稍向内弯，顶部呈截面形且中部略凹陷，表面略显粗糙，绿色至暗绿褐色，半透明，有小疣状突起，新叶的截面部分透明，呈灰白色。总状花序，花细筒状，白色，中肋绿色，花期6~10月。

习性 绿玉扇喜温暖而湿润及半阴的环境，耐干旱，忌炎热，不耐寒，怕水涝。适宜疏松、肥沃且排水良好的沙质土壤栽培。生长适温为20~25℃；冬季保持室温10℃以上，可继续生长。

繁殖 ①分株。于春季结合换盆进行。带根切取母株基部萌生的蘖株另盆栽植即可。无根的蘖株可先扦插于沙床，保持湿润，待长出根后可上盆。②扦插。于春末夏初进行，割取基部半木质化的叶片另盆扦插。

病虫害 病害偶有根腐病和褐斑病危害。虫害偶有粉虱和介壳虫危害。

管护 宜选精美小型瓷盆栽培；见干浇水；生长季每月施1次稀薄肥；冬季室内以不低于10℃为宜。

应用 绿玉扇形态奇特，株体似玉雕般的晶莹剔透，清新高雅，是珍贵的小型观赏品种，可配以造型美观的盆钵，装饰桌案、几架、窗台。另有吸甲醛、防辐射、净化空气之功效。

产地与分布 属培育品种。我国各地有栽培。

科属： 百合科 十二卷属 **学名：** *Haworthia cooperi var. pilifera* **英文名：** Gyokuro

玉露

形态 玉露为多年生肉质草本植物，植株初为单生，以后逐渐呈群生状。肉质叶呈紧凑的莲座状排列，叶片肥厚饱满，翠绿色，上半段呈透明或半透明状，有深色的线状脉纹，在阳光较为充足的条件下，其脉纹为褐色。总状花序，花莛细且长，呈匍匐状，小花白色。

习性 玉露喜温暖而湿润及半阴的环境，耐干旱，忌炎热，不耐寒，怕水涝。适宜疏松、肥沃且排水良好的沙质土壤栽培。生长适温为20~25℃；冬季保持室温10℃以上，可继续生长。

繁殖 ①分株。于春季结合换盆进行，将母株旁边的幼株带根挖出另盆栽植；如挖取的幼株无根，则需要晾1~2天，等伤口干燥后再种植，亦可生根成活。②播种。随采随播，家庭栽培须通过人工授粉方可获取成熟的种子。

病虫害 病害偶有根腐病和褐斑病；虫害偶有粉虱和介壳虫。

管护 宜选精美小型瓷盆栽培；见干浇水；生长季每月施1次稀薄肥；冬季室内要求以不低于12℃为宜。

应用 玉露植株玲珑小巧、种类丰富、晶莹剔透、清新典雅、富于变化，有如有生命的玉雕工艺品，非常可爱，是近年来人气较旺的小型多肉植物品种之一，可配以造型美观的盆钵，装饰条案、几架、窗台、写字台，十分招人喜爱。

产地与分布 属培育品种。我国各地有栽培。

科属： 百合科 火炬花属 **学名：** *Kniphofia uvaria* **别名：** 火炬花 火仗 红火棒 **英文名：** Red-hot poker

火把莲

形态 火把莲为多年生宿根草本，茎直立，高0.6~1.2m。叶线形，基部丛生。总状花序长约30cm，着生数十乃至上百朵圆筒状小花，呈火炬形，花冠橘红色，花期5~7月。

习性 火把莲喜温暖、湿润、阳光充足的环境，耐半阴、较耐寒、忌水涝，适宜肥沃、排水良好且土层深厚的沙质土壤栽种。

繁殖 ①播种。随采随播。②分株。于秋季进行，将植株挖起，由根颈处将2~3个萌蘖芽切下，至少带2~3条根，另盆栽植。

病虫害 病害主要有锈病危害叶片及花茎。虫害有金龟子咬食花朵。

管护 火把莲栽植前应施适量基肥和磷、钾肥；当花莛抽出时，需追施2~3次稀薄肥；保持盆土湿润，开花前要增加灌水量，花谢后停止浇水。

应用 火把莲是优良庭园花卉，挺拔的花茎高高擎起火炬般的花序，壮丽可观。可丛植于草坪之中或植于假山石旁，用作配景。盆栽可布置庭院或置于厅堂、客室，供欣赏。可作切花。

产地与分布 非洲。全国各地有栽培。

火把莲是狮子座和龙年出生者的幸运花。

花语：有“热情”“光明”“有干劲”“能传达信息”“思念之苦”之意。

科属： 芦荟科 芦荟属　**学名：** *Aloë vera*　**别名：** 库拉索芦荟　**英文名：** Barbados aloe

芦荟

形态 芦荟为多年生肉质常绿草本，植株单生或丛生，茎直立，株高30~50cm。肉质叶披针形，轮状互生，边缘有尖齿状刺。花序为伞形、总状、穗状、圆锥形等，色呈红、黄或具赤色斑点，花瓣6片、雌蕊6枚，花被基部多连合成筒状，花期冬末至初春。

习性 芦荟喜温暖、干燥和阳光充足的环境，不耐寒，耐干旱和半阴，适宜肥沃和排水良好的沙质土壤栽植。芦荟的生长适温15~30℃。

繁殖 芦荟用扦插法繁殖，于4~5月进行，以采自主茎长出的具有4~6片叶、高6~10cm的分枝作播穗，亦可以主茎顶端切下10~15茎段作插穗，一般在剪穗后放置3~5天，待切口充分干缩后再插植。

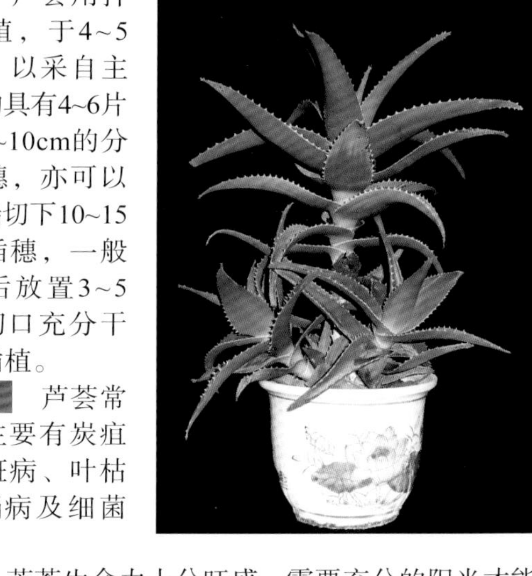

病虫害 芦荟常见病害主要有炭疽病、褐斑病、叶枯病、白绢病及细菌性病害。

管护 芦荟生命力十分旺盛，需要充分的阳光才能生长；要尽量使用发酵的有机肥；一般每星期浇水1次；冬季注意防寒。

应用 芦荟适宜盆栽置于室内观赏。叶片可食用。叶片入药，有清热、通便、美容、杀虫之功效。

产地与分布 非洲。我国各地有栽培。

花语：有“洁身自爱，不受干扰”“自尊又自卑的爱”“合作”之意。

科属： 芦荟科 芦荟属　**学名：** *Aloë variegata*　**别名：** 翠花掌 斑叶芦荟　**英文名：** Partridge-breasted aloe

千代田锦

形态 千代田锦为多年生肉质草本，株高30cm甚至更高，茎极短。叶自根部长出，旋叠状，三角剑形，但叶正面深凹，长12~15cm、宽3.5~5cm，叶缘密生短而细的白色肉质刺，叶深绿色，有不规则横向排列的银白色斑纹。松散的总状花序，花顶生，花莛从叶腋抽出，小花20~30朵，花筒状，花筒长3.5~4.5cm，橙黄至橙红或鲜红色，花期冬春。三裂蒴果很大，形状奇特，种子草帽形有翅。

习性 千代田锦喜干燥、温暖和阳光充足的环境，不耐寒、耐半阴及干旱，适宜肥沃、疏松和排水良好的沙质土壤栽培，越冬温度8℃。

繁殖 ①播种。随采随播，发芽适温18~22℃。②分株。于春末夏初进行。

病虫害 千代田锦常见病害主要有炭疽病、褐斑病、叶枯病、白绢病及细菌性病害。

管护 千代田锦春、秋季及初夏是植株生长的旺盛期，保持盆土湿润而不积水；每半月施1次腐熟的稀薄液肥或复合肥；冬季放在阳光充足的室内，10℃以上可继续浇水，并酌情施些薄肥，使植株继续生长。

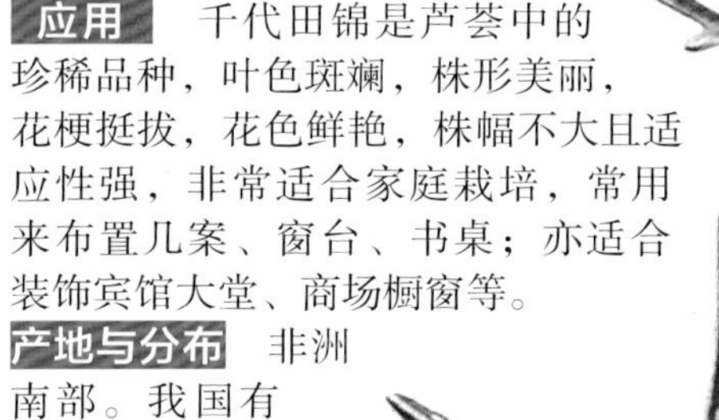

应用 千代田锦是芦荟中的珍稀品种，叶色斑斓，株形美丽，花梗挺拔，花色鲜艳，株幅不大且适应性强，非常适合家庭栽培，常用来布置几案、窗台、书桌；亦适合装饰宾馆大堂、商场橱窗等。

产地与分布 非洲南部。我国有栽培。

科属： 忍冬科 忍冬属 **学名：** *Lonicera japonica* **别名：** 忍冬 金银藤 银花 二色藤 **英文名：** Japan honeysuckle

金银花

形态 金银花为多年生半常绿藤本灌木，小枝细长，中空，藤为褐色至赤褐色。单叶对生，卵形或卵状长椭圆形，深绿色，枝叶被密生柔毛和腺毛。双花着生于叶腋，花两性，花冠初为白色，后变为黄色，具芳香，花冠筒细而长。花期4~6月。浆果，球形，果熟期8~10月。

习性 金银花喜温暖、湿润和阳光充足的环境，耐旱、耐半阴，适宜肥沃、疏松和排水良好的土壤栽植。生长适温15~25℃。

繁殖 ①播种。于秋季或春季进行。②扦插。于夏季割取半成熟枝进行扦插。③压条。于夏季进行。

病虫害 病害有褐斑病、白粉病、炭疽病、锈病。虫害有蚜虫、天牛、尺蠖、叶蜂。

管护 盆栽宜使用较大口径花盆，要搭好支架供其藤蔓攀爬；见干浇透水；生长期每月施1次稀薄的复合肥。

应用 适合林缘、建筑物阴面等处做地被栽培；金银花还可以绿化矮墙；亦可以利用其缠绕能力制作花廊、花架、花柱以及缠绕假山石等。花可入药，有清热解毒之功效。

产地与分布 中国、日本。我国各地有栽培。

金银花是6月30日出生者的生日花。金银花是白羊座守护花。

花语：有“厚道”“真诚的爱”“鸳鸯成对”“牵挂”之意。

科属： 忍冬科 忍冬属 **学名：** *Lonicera maackii* **别名：** 金银忍冬 马氏忍冬 **英文名：** Amur honeysuckle

金银木

形态 金银木为落叶小乔木，常丛生成灌木状，株形圆满，小枝中空，株高3~6m。单叶对生，叶卵状椭圆形至披针形，先端渐尖，叶两面疏生柔毛。花成对腋生，二唇形花冠，花开初为白色，后变为黄色，故得名“金银木”，花期5~6月。浆果球形亮红色，果熟期8~10月。

习性 金银木喜温暖和阳光充足的环境，耐半阴，耐旱，耐寒，耐贫瘠，适宜肥沃、湿润、深厚的土壤栽植。

繁殖 ①播种。干藏种子于翌年春季播种。②扦插。于秋季进行，取当年生壮枝，剪成长10cm左右的插条进行扦插。

病虫害 金银木病虫害较少，虫害应预防蚜虫及桑刺尺蛾的危害。

管护 金银木适应性极强，管理亦较粗放，见干浇水；栽植前施足底肥，生长期每月施1次稀薄肥；金银木的枝条繁茂，应经常进行修剪，保持良好的株形以增强观赏效果。

应用 金银木枝条繁茂、叶色深绿、秋天红果累累。春末夏初层层开花，金银相映，观赏效果颇佳。植于公园、居民区或庭院，春天赏花闻香，秋天观红果。

产地与分布 朝鲜、中国东北地区。我国各地有栽培。

科属：忍冬科 荚蒾属 **学名：***Viburnum macrocephalum f.keteleeri* **别名：**聚八仙花 蝴蝶花 **英文名：**Wild chinese viburnum

琼花

形态 琼花为半常绿灌木，枝广展，树冠呈球形。叶对生，卵形或椭圆形，边缘有细齿，背面疏生星状毛。聚伞花序生于枝端，花序周围有8朵白色大型的不孕花，花大如盘，洁白如玉，中部是可孕的两性小花。花期4~5月。核果椭圆形，鲜红色，果期10~11月。

习性 琼花喜温暖、湿润和阳光充足的环境，较耐寒、耐半阴，萌蘖力强，适宜肥沃、湿润且排水良好的土壤中栽植。

繁殖 ①播种。采摘种子沙藏，于翌年春季播种。②压条。于春季高枝压条。

病虫害 琼花极少有病虫害。

管护 浇水不要过多，多雨季节要排水防涝，盆栽保持湿润而不积水。种植前需施足底肥，开花前后需各施1次薄肥。每年秋后入室前要进行修剪，剪去过密枝、枯枝。

应用 琼花集看叶、赏花、观果于一体，系名贵花木，适宜公园、风景区栽植，亦可盆栽观赏。枝、叶、果均可入药，具有通经活络、解毒止痒之功效。

产地与分布 中国。我国江苏、四川、甘肃、河南、山东等地有栽培。

琼花是江苏省扬州市、昆山市的市花。

花语：有“美丽”“浪漫”“完美的爱情”之意。

科属：忍冬科 锦带花属 **学名：***Weigela florida* **别名：**文官花 **英文名：**Oldfashioned weigela

锦带花

形态 锦带花为落叶灌木，幼枝有柔毛，枝条多而舒展，株高1.5~3m。叶椭圆形或卵圆状椭圆形，深绿色，背面青白色，长5~10cm，先端锐尖，基部圆形至楔形，缘有锯齿，表面脉上有毛，背面尤密。花冠漏斗状钟形，花径约3cm，花色有玫瑰红、粉红、粉白等色，裂片5，花期5~6月。蒴果，柱状，种子细小，果熟期10月。

习性 锦带花喜凉爽、湿润和阳光充足的环境，耐阴，耐寒；对土壤要求不严，能耐瘠薄土壤，适宜深厚、湿润而腐殖质丰富且排水良好的沙质土壤栽植。

繁殖 ①分株。于春季挖取根部的蘖株另栽。②压条。于夏初进行。③扦插。于夏季截取半成熟枝条进行扦插。

病虫害 锦带花少有病虫害，偶有蚜虫及红蜘蛛为害。

管护 锦带花生长季节注意浇水，保持土壤湿润；盆栽施足底肥，生长旺季追施1~2次复合肥；锦带花萌蘖能力极强，应经常进行修剪，避免枝条过密影响生长。

应用 锦带花枝叶茂密，花色艳丽，花期可长达2个多月，适宜庭院、公园、湖畔群植；也可丛植点缀于假山、坡地。

产地与分布 亚洲东部。我国各地有栽培。

花语：有“灿烂好似锦”“含蓄之美”“留住美丽”之意。

科属：苏铁科 苏铁属 **学名：***Cycas revoluta* **别名：**铁树 凤尾蕉 避火蕉 **英文名：**Cycas

苏铁

形态 苏铁为常绿棕榈状木本植物，茎干圆柱状，全株呈伞形，株高1~8m，不分枝，但当生长点破坏后，能在伤口下萌发出丛生的枝芽，呈多头状。叶从茎顶部长出，一回羽状复叶长0.5~2m，厚革质而坚硬，羽片条形，小叶线形，初生时内卷，长成后挺直刚硬，深绿色、有光泽。苏铁不易开花，数年到数十年开花1次，生长环境好，亦可年年开花，花顶生，雌雄异株，雄球花圆柱形，黄色，雌球花头状扁球形，花期6~8月。种子倒卵形，棕红色，果熟期10月。

习性 苏铁喜温暖、干燥和阳光充足且通风良好的环境，不甚耐寒，稍耐半阴，适宜肥沃、湿润、疏松和微酸性的土壤栽植，生长适温20~30℃。苏铁生长缓慢，寿命可达200年以上，甚至更长，每年自茎顶抽生出一轮新叶。

繁殖 ①播种。于春季进行。②分株。于夏季进行，将子株割下，剪去叶子，晾干伤口后栽植。

病虫害 病害有斑点病、萎缩病。虫害有介壳虫和苏铁球蚧。

管护 随着植株的成长每2~3年需要换盆1次；生长期适当增加浇水量；保持良好光照及通风。

应用 适宜盆栽置于花坛中心、门厅两边、大型会议室、宾馆大厅、庭院及宽敞的客厅摆放观赏。种子可入药，有止咳、止血之功效。

产地与分布 中国、日本。我国各地有栽培。

雄花

雌花

花语：有“坚贞不屈”“坚定不移”“长寿富贵”“吉祥如意”之意。

科属：苏铁科 泽米铁属 **学名：***Zamia furfuracea* **别名：**美叶凤尾蕉 南美苏铁 鳞秕苏铁 **英文名：**Cardboard palm

美叶苏铁

形态 美叶苏铁为多年生常绿灌木，株高0.4~1.5m，丛生。偶数羽状复叶簇生于茎顶，小叶，革质，椭圆形或倒长卵形，浅翠绿色，有光泽。雌雄异株，雄花序松球状，雌花序掌状，花期夏季。

习性 美叶苏铁喜温暖、湿润、通风良好和阳光充足的环境，较耐寒，又耐旱，适宜肥沃、疏松且排水良好的土壤栽植。生长适温20~25℃，越冬温度不低于2℃。

繁殖 ①播种。于春季进行，发芽适温22~24℃。②分株。于4~5月进行，将主茎旁蘖生芽切下，待切口晾干后栽于沙床保湿。

病虫害 美叶苏铁病虫害较少。常见的病害有叶斑病。虫害有介壳虫、根疣线虫。

管护 盆栽必须选疏松透气、排水好的壤土；夏季生长旺盛期，除浇水外每天给叶面喷水2~3次，增湿降温；避免强光暴晒，放半阴处；每月施1次稀薄肥；冬季搬入室内，剪去老叶和枯叶。

应用 美叶苏铁叶片浓郁、叶色靓丽，是优良的观叶植物，多用于园林、绿地，可植于山石旁、池边，亦适合布置庭院或盆栽布置厅堂、客室观赏。

产地与分布 原产墨西哥、哥伦比亚。我国各地有栽培。

科属：苏木科　羊蹄甲属　学名：*Bauhinia blakeana*　别名：红花羊蹄甲　英文名：Hong Kong Orchid tree

洋紫荆

形态 洋紫荆为常绿乔木，小枝细长且下垂，被毛；株高7~10m，甚至更高。单叶互生，革质，阔心形，长9~13cm，宽9~14cm。先端2裂深约为全叶的1/3左右，似羊的蹄甲，故又名“红花羊蹄甲”。总状花序，花大如掌，5片花瓣，略带芳香，红色或粉红色，花期冬春季节。

习性 洋紫荆喜暖热、湿润和阳光充足的环境，不耐寒，耐贫瘠，适宜肥沃、湿润且排水良好的微酸性土壤栽植。

繁殖 多用扦插繁殖。于春夏季进行，剪取长10~15cm 1年生健壮枝条，进行扦插。

病虫害 病害有灰斑病、角斑病、煤烟病。虫害有蚜虫、绿刺蛾。

管护 洋紫荆适应性强，管理粗放。要保持阳光充足；适时浇水，保持土壤湿润；植前施足底肥；冬季做好防寒，越冬温度5℃以上。

应用 洋紫荆终年常绿繁茂，颇耐烟尘，适宜做广场、公园、庭院及道路两旁栽植。树皮含单宁，可用作鞣料和染料；树根、树皮和花朵还可以入药，有活血、消肿、解毒之功效。

产地与分布 中国南方地区。我国各地有栽培。

洋紫荆是湛江、珠海市的市花，是香港特别行政区区花。

花语：有“兄弟和睦”“家业兴旺”“亲情”“团结”“合睦”之意。

科属：豆科　紫藤属　学名：*Wisteria sinensis*　别名：朱藤　招藤　招豆藤　藤萝　英文名：Chinese wisteria

紫藤

形态 紫藤为落叶攀缘缠绕性藤本植物，干皮深灰色，嫩枝暗黄绿色密被柔毛，藤长数米至十数米。奇数羽状复叶，互生，小叶对生，有小叶7~13枚，卵状椭圆形，先端渐尖或突尖，小叶柄被疏毛。侧生总状花序，长达30~35cm，呈下垂状，总花梗、小花梗及花萼密被柔毛，花紫色或深紫色，花期4~5月。果扁圆条形，长达10~20cm，种子扁球形、黑色，果熟期8~9月。

习性 紫藤对气候和土壤环境的适应性强，喜光照、较耐阴，亦较耐寒，适宜土层深厚、排水良好的土壤栽植。

繁殖 ①扦插。于春季进行，剪取15cm长的1~2年生的健壮枝条作插穗，插入苗床保湿，极易成活，是常用的繁殖方法。②播种。③高枝压条。④分株。⑤嫁接。

病虫害 紫藤病害有软腐病和叶斑病。虫害有介壳虫、蜗牛、白粉虱。

管护 紫藤适应性极强，管理粗放，只要有充足的阳光，见干浇水，略施薄肥，可年年枝繁花茂。

应用 紫藤常用于园林、庭院布置花廊、棚架，春季紫花烂漫，花后结出豆荚形的果实，悬挂枝间，别有情趣。亦可盆栽观赏。花可食用。茎、叶可入药，有止痛、杀蛲虫之功效。

产地与分布 中国。我国各地有栽培。

花语：有“醉人的恋情”“依依的思念”“沉迷的爱”“热恋”“欢迎”之意。另有“阿谀奉承”之说。

科属：豆科　合欢属　**学名：***Albizia julibrissin*　**别名：**夜合　绒花树　马缨花　**英文名：**Persian acacia

合欢

形态　合欢为落叶乔木，树皮灰褐色，小枝带棱角，株高可达16m。二回羽状复叶互生，羽片4~12对；小叶10~30对，镰刀状长圆形。头状花序，多数，伞房状排列，腋生或顶生；花萼筒状，5齿裂；花冠漏斗状，5裂，淡红色；雄蕊多数而细长，花丝基部连合，花期6~7月。荚果扁平，长椭圆形，长9~15cm，果熟期9~10月。

习性　合欢喜温暖、湿润和阳光充足的环境，耐干旱、怕水涝，耐贫瘠、不耐修剪，适宜肥沃、排水良好的沙质土壤栽植。

繁殖　以播种为主，于春季或秋季进行，播前需浸种，浅盆穴播，覆土1~2cm，发芽适温15~20℃。

病虫害　病害有溃疡病。虫害有天牛和木虱。

管护　合欢的种植技术简单，管理粗放，见干浇水，不可积水；生长期需肥不多，施稀薄液肥2~3次即可。

应用　合欢株形舒展，开花时节绿叶红花十分醒目，是城市绿化、美化的优良树种，适于园林、行道栽植供人们观赏。嫩叶可食用。干花及树皮可入药，有解郁安神、滋阴补阳、理气开胃、活络止痛、驱虫之功效。

产地与分布　中亚、东亚、非洲。我国各地有栽培。

花语：有“夫妻相爱”“合家欢乐”“友爱”“吉祥”“幸福”之意。

科属：豆科　含羞草属　**学名：***Mimosa pudica*　**别名：**知羞草　呼喝草　**英文名：**Bashfulgrass

含羞草

形态　含羞草为豆科多年生草本，株高20~50cm，全株具刚毛和皮刺。叶互生二回羽状复叶，总叶柄长3~4cm，小叶长圆形，具钩刺及倒生刺毛，叶片一旦被触动即闭合且下垂，由此得名“含羞草”。头状花序腋生，花小，花冠４裂，粉红色，花期3~10月。荚果，宽卵圆形，果期5~11月。

习性　含羞草适应性强，喜温暖、湿润且阳光充足的环境，不耐寒，耐半阴，适宜肥沃、疏松的土壤栽植。生长适温20~28℃。

繁殖　含羞草一般常用直接播种方法繁殖，于早春进行。如需移栽应在幼苗期进行，否则不易成活。

病虫害　含羞草一般很少有病虫害，常见的虫害是蛞蝓。

管护　含羞草喜欢阳光，最好放置在有阳光的阳台上或窗户边；经常保持盆土湿润，夏天每天浇水1次，不要让土壤变干，经常向植株周围喷水，增加湿度，冬季减少浇水量；含羞草1个月施肥1次即可。

应用　含羞草多作室内盆栽观赏，由于其叶子一触动即闭合且下垂的特性，受到人们的追捧。全株可入药，有清热利尿、化痰止咳、安神止痛、解毒、散瘀、止血、收敛等之功效。

产地与分布　中南美洲热带地区。我国各地有栽培。

含羞草是6月15日出生者的生日花。

花语：有“害羞”之意。

科属：豆科 紫荆属 学名：*Cercis chinensis* 别名：满条红 苏芳花 紫株 英文名：Chinese redbud

紫荆

形态 紫荆为落叶乔木或灌木，树干挺直丛生。单叶互生，全缘，近圆形，顶端急尖，基部心形，长6~12cm，宽5~11cm，两面无毛，叶脉掌状，叶深绿色。花于老干上簇生或成总状花序，先于叶或和叶同时开放，花桃红色。荚果扁平，狭长，椭圆形，沿腹缝线处有狭翅；种子扁，数颗。

习性 紫荆喜温暖、湿润和阳光充足的环境，较耐寒、忌水涝、萌蘖性强、耐修剪，适宜肥沃且排水良好的微酸性沙质土壤栽植。

繁殖 ①播种。采种后沙藏于翌年春季播种。②分株。于秋季进行，将基部蘖芽带根与母株割离后另栽，易成活。③压条。于生长期进行。④嫁接。于春季至夏季用枝接的方法进行。

病虫害 病害有角斑病、枯萎病、叶枯病。虫害有蚜虫、绿刺蛾等。

管护 紫荆适应性极强，管理粗放，旱季浇水，雨季注意排涝，生长期间，可剪去根蘖及过密枝条，及时清除病残枝叶。

应用 紫荆花形似蝶，盛开时枝条上、老干上，满树都是花，花团锦簇，适合庭院、公园、广场、草坪、街头游园、道路两旁栽植，也可盆栽观赏。

产地与分布 中国。我国各地有栽培。

花语：有“念故情”“守住、手足亲情”“团结”“和睦”“合作”之意。

科属：豆科 黧豆属 学名：*Mucuna birdwoodiana* 别名：白花油麻藤 雀儿花 英文名：White mucuna

禾雀花

形态 禾雀花为大型木质藤本，嫩枝褐色或绿色，柔软细长；老枝表皮龟裂，间有红褐色纵向条纹，攀爬的本领极强。三出复叶互生，新叶嫩绿色，老叶灰绿色，叶椭圆形、卵形或倒卵形。总状花序自老茎长出，下垂，吊挂成串，每串有9~30朵花，其花形酷似雀鸟，故得名“禾雀花”；花多白色，亦有粉、紫、紫黑等色。花期3~4月。荚果，木质，秋季成熟。

习性 禾雀花喜湿润和阳光充足的环境，忌荫蔽；适宜肥沃、湿润和排水良好的沙质土壤栽植。

繁殖 ①播种。于秋、冬或早春进行。②扦插。于春季萌芽前进行，选健壮枝条作插穗，30天后生根。③压条。于生长季进行。

病虫害 禾雀花病虫害较少。

管护 禾雀花盆栽上盆时施加有机肥料，生长期每1个月施稀薄肥1次；浇水以保持土壤湿润而不积水为原则；需扎制花架以利攀爬。

应用 禾雀花花形奇特，有极高的观赏价值。可用于公园、庭院的棚架、绿亭、花廊美化。鲜禾雀花味道甘甜可口，煎、炒、炖均可。干禾雀花可入药，有降火清热之功效。

产地与分布 亚洲热带地区。我国南方有栽培。

花语：有“脱俗的爱”之意。

科属：豆科 栗豆树属　**学名：***Castanospermum australe*　**别名：**澳洲栗 绿宝石 元宝树 开心果　**英文名：**Black bean tree

栗豆树

形态 栗豆树为常绿阔叶乔木，株高可达10m。奇数羽状复叶，小叶互生或近对生，叶披针状长椭圆形，长约8~12cm，全缘，革质，翠绿色，有光泽。种球，即栗豆树子叶，自基部萌发，大如鸡卵，形似两个“元宝”，饱满圆润，绿色，有光泽，在幼苗期宿存于盆土表面长达1年后即萎缩消失。圆锥花序生于枝干上，小花，橙色，花期春夏季。

习性 栗豆树喜温暖、湿润且通风良好的环境，耐半阴、怕干旱，适宜疏松、肥沃且排水良好的沙质壤土栽植。生长适温为22~30℃。

繁殖 栗豆树常用播种繁殖，于春季或秋季进行。

病虫害 栗豆树常见病害有黑斑病和炭疽病。

管护 栗豆树幼株在盛夏要适当遮阴；盆栽不宜过湿，水分管理为不干不浇，浇则浇透，宁少勿多；控制施肥，生长季每月施1次复合液肥。

应用 栗豆树的幼株可单苗或数株盆栽用来布置客厅、卧室、书房等，其基部2个宿存长达1年元宝状的子叶是主要的观赏点。成株适合作庭园观赏植物或行道树。

产地与分布 澳大利亚。我国各地有栽培。

花语：有“大吉大利”“生意兴隆”“财运滚滚来”之意。

科属：豆科 刺桐属　**学名：***Erythrina variegata*　**别名：**象牙红 海桐　**英文名：**Erythrina indica

刺桐

形态 刺桐为高大落叶乔木，树皮灰棕色，枝淡黄色，密被灰色茸毛，株高可达20m。叶互生或簇生于枝顶，小叶阔卵形至斜方状卵形，长10~15cm，先端渐尖而钝。总状花序生于枝梢顶部，花冠碟形，大红色，花期3月。荚果串珠状，球形，暗红色，果期8月。

习性 刺桐喜温暖、湿润、阳光充足的环境，耐旱也耐湿，不甚耐寒，对土壤要求不严，适宜肥沃、排水良好的沙壤土栽植。

繁殖 ①扦插。于春季进行，剪取12~20cm健壮枝条作插穗，插入沙土中保湿，极易生根成活。②播种。

病虫害 病害有叶斑病、烂皮病。虫害有姬小峰。

管护 刺桐盆栽管理较为粗放，保持充足光照，盛夏可稍遮阴；浇水以见干见湿为原则；抽出新梢后，每半月施1次饼肥水。

应用 刺桐适合单植于草地或建筑物旁，亦可供公园、绿地及风景区美化用，亦是优良的行道树。叶、树皮和树根可入药，有解热利尿之功效。

产地与分布 亚洲热带印度、马来西亚。我国各地有栽培。

刺桐是阿根廷的国花。刺桐是通化、泉州等市的市花。

花语：有“红红火火”“吉祥富贵”之意。

科属：豆科 凤凰木属 学名：*Delonix regia* 别名：红花楹树 凤凰树 火树 英文名：Flame tree

凤凰木

形态 凤凰木为落叶大乔木，树形广阔，分枝多而舒展，树皮灰褐色，小枝被短茸毛并有明显的皮孔，株高10~20m，胸径可达1m。二回羽状复叶互生，长20~60cm，有羽片15~20对，对生；有小叶20~40对；小叶密生，长椭圆形，全缘，顶端钝圆，薄纸质，青绿色，中脉明显，两面被绢毛。总状花序伞房状，顶生或腋生，花大，直径7~15cm，花萼和花瓣皆5片，花瓣红色，花期5~8月。花萼内侧深红色，外侧绿色。荚果，微弯曲呈镰刀形，果熟期11月。

习性 凤凰木喜高温、多湿且阳光充足的环境，不耐干旱和瘠薄，惧寒冷，抗强风，抗污染，适宜肥沃、富含有机质且排水良好的沙质土壤栽植。

繁殖 凤凰木用播种方法繁殖，于春季进行，播种前需用90℃热水浸种5~10分钟或用温水浸泡1天再播种，可提高发芽率。

病虫害 凤凰木病害较少，虫害有夜蛾类的幼虫啃食凤凰木叶片，危害极大。

管护 凤凰木要栽植于阳光充足的地方；栽植前需施足底肥；土层宜深厚，且排水良好、不积水。

应用 凤凰木树冠高大，花期花红叶绿，满树红似火，富丽堂皇，是著名的热带观赏树种，为城市绿化、美化和香化环境的风景树。可入药，有平肝潜阳之功效。

产地与分布 马达加斯加。我国南方各地有栽培。

凤凰木是汕头市市花。凤凰木是厦门、攀枝花及台南市的市树。凤凰木是马达加斯加的国花。

花语：有“离别”“思念”之意。

科属：芸香科 金橘属 学名：*Fortunella margarita* 别名：金弹 金柑 英文名：Kumquat

金橘

形态 金橘为常绿灌木或小乔木，株高可达3m。叶长圆状披针形或椭圆形，中绿色，厚且硬，两端尖，长5~10cm，叶柄具狭翅。花单生于叶腋，白色，花瓣5枚，具芳香。果小，径2.5~3cm，多为球形至椭圆球形，金黄色，有光泽。

习性 金橘喜湿润、温暖和阳光充足的环境，不耐寒，稍耐阴，耐旱，适宜肥沃、疏松和排水良好的微酸性沙质壤土栽植。

繁殖 嫁接。用枸橘、酸橙或播种的实生苗为砧木。春季用枝接；夏秋用芽接；梅雨季节或盆栽多用靠接。

病虫害 金橘病害有溃疡病、炭疽病。虫害有黄凤蝶。

管护 光照应充足；浇水要适度，保湿而不积水；剪枝须得法，春季发芽前剪去枯枝、病虫枝、过密枝，每枝只留基部2~3个芽；生长期每半月施1次薄肥。

应用 果实金黄、具清香，挂果时间较长，是极好的观果花卉，宜作盆栽观赏，是粤、港居民春节喜爱的花卉品种，或自家摆放，或馈赠亲朋好友。同时，其果味道酸甜可口，可与皮同食，有理气、化痰、解渴、避臭之功效。南方成片露栽，作商品果树。

产地与分布 中国南方。我国各地有栽培。

花语：有“大吉大利”“招财进宝，来年发财致富”之意。

科属：芸香科　柑橘属　**学名：***Citrus medica* var. *sarcodactylis*　**别名：**九爪木　五指橘　佛手柑　**英文名：**Fingered citron

佛手

形态　佛手为常绿小乔木或灌木，幼枝略带紫红色，老枝灰绿色，株高可达2m。单叶互生；叶柄短，叶片革质，长椭圆形或倒卵状长圆形，长5~16cm，先端钝，有时微凹，基部近圆形或楔形，边缘有浅波状钝锯齿。花单生，或簇生于叶腋，白色，边缘具紫晕，具芳香，花期4~5月。柑果卵形或长圆形，先端分裂如拳状，或张开似指尖，其裂数代表心皮数，表面橙黄色，粗糙，果肉淡黄色，果熟期10~12月。

习性　佛手喜温暖、湿润和阳光充足的环境，不耐严寒、怕霜冻及干旱，耐阴，耐贫瘠，耐涝，适宜肥沃、土层深厚、疏松且富含有机质的酸性土壤栽植。生长适温20~28℃，越冬温度5℃。

繁殖　①扦插。于夏季剪取17~20cm健壮枝条扦插，易成活。②嫁接。在春、秋两季进行，用香橼或柠檬作砧木。③压条。于梅雨季节进行。

病虫害　病害有炭疽病。虫害有红蜘蛛、介壳虫、潜叶蛾、锈壁虱。

管护　生长期要有充足的光照；保持土壤湿润，干旱季节每天浇水1次；生长期每半月施复合肥1次；冬季室温不可低于5℃。

应用　佛手花朵洁白、香气扑鼻，果实状如人手，颜色金黄，十分惹人喜爱，是看叶、赏花，尤其是观果的优良花卉品种，适宜盆栽观赏。佛手可入药，有理气、化痰之功效。

产地与分布　亚洲南部。我国各地有栽培。

花语：有"敬爱、倾慕"之意。另有"清净""佛法无边""福寿""甘于奉献"之说。

科属：芸香科　柑橘属　**学名：***Citrus limon*　**别名：**益母果　柠果　黎檬　**英文名：**Lemon

柠檬

形态　柠檬为常绿小乔木，树枝较舒展，小枝针刺多，嫩梢常呈紫红色，株高可达3~6m。叶片长椭圆形或卵状长椭圆形，叶柄短，翼叶不明显，边缘具波状细锯齿，深绿色。花单生或3~6朵成总状花序，花蕾淡紫色，花白色，边缘带紫，略有香味，花期4~5月。果黄色有光泽，椭圆形或倒卵形，顶部有乳头状突起，皮不易剥离，味酸，瓢瓣8~12，连接紧密不易分离，果期9~11月。

习性　柠檬喜温暖、湿润和阳光充足的环境，耐热、耐贫瘠，较耐阴、惧寒冷，忌积水，适宜肥沃、疏松和排水良好的微酸性沙质土壤栽植。

繁殖　柠檬常用嫁接繁殖，用酸橙、粗柠檬和枳橙作砧木，选优良单株接穗，于春季用单芽切接；秋季用小芽复接。

病虫害　病害有柑橘流胶病、炭疽病。虫害有潜叶蛾、红蜘蛛、锈螨等。

管护　保持阳光充足；浇水要适当，保湿而不积水；合理修剪，做到春梢萌发前去除枯枝、病害枝，生长期剪去徒长枝、过密枝，新梢有6~8节时要摘心以诱发较多的夏梢；生长期每半月施1次稀薄肥。

应用　柠檬是优良的园林树种，叶、花、果均有较高的观赏价值，近年来广泛用来盆栽观赏。果实可食用，亦是西餐中不可或缺的食材。果实、叶及果皮可入药，有祛痰止咳、扩张血管、降低血压之功效。

产地与分布　中国西南和缅甸西南部。我国各地有栽培。

花语：有"开不了口的爱"之意。

科属：芸香科 柑橘属 | 学名：*Citrus aurantium* var. *amara* | 别名：回青橙 玳玳 | 英文名：Flos citri aurantii

代代花

形态 代代花为常绿灌木或小乔木，枝疏生短刺，嫩枝有棱角。叶革质，椭圆形至卵状椭圆形，长5~10cm，宽2.5~5cm；叶柄具宽翅，长2~2.5cm，叶翼倒心形。花单生或数朵簇生于叶腋，花洁白，极具芳香，花期5~6月。果实呈橙黄色，次年夏季果又变青，故又名“回青橙”；果实扁圆形，直径7~8cm。

习性 代代花喜温暖、湿润和通风良好、光照充足的环境，较耐寒，喜肥，对土壤要求不很严，适宜肥沃、疏松富含有机质且排水良好的微酸性沙质土壤栽植。生长适温10~25℃。

繁殖 ①播种。种子成熟沙藏于翌年春季播种。②嫁接。

病虫害 代代花病害有叶斑病。虫害有吹绵蚧。

管护 保持充足阳光，酷暑季节要遮阳；浇水以土壤湿润为准，既不能过湿，亦不可过干；生长期每半月施稀薄肥1次；春季发芽前剪除病、残枝及过密枝。

应用 代代花橙黄色的美丽果实，压满树枝，在绿叶丛中可存留时间长，且花果同存，美观别致，是庭院或室内盆栽的优良花卉。花可入药，有理气宽胸、开胃止呕之功效。

产地与分布 中国浙江。我国各地有盆栽。

花语：有“期待你的爱”之意。

科属：苋科 青葙属 | 学名：*Celosia cristata* | 别名：鸡髻花 老来红 芦花鸡冠 | 英文名：Cockscomb

鸡冠花

形态 鸡冠花为一年生草本，茎直立粗壮，株高40~90cm。叶互生，长卵形或卵状披针形。肉穗状花序顶生，有扇形、肾形、扁球形，呈鸡冠状，故得名“鸡冠花”，花多为红色，亦有白、橙红、淡黄、金黄及复色；花期夏、秋至霜降。胞果卵形，种子黑色有光泽。

习性 鸡冠花喜温暖干燥的气候，怕干旱，喜阳光，不耐涝，对土壤要求不严，适宜疏松、肥沃和排水良好的土壤栽植。

繁殖 常用种子繁殖，于春季播种。

病虫害 病害有轮纹病、疫病、斑点病、立枯病、茎腐病。虫害有蚜虫、斜纹夜蛾及红蜘蛛。

管护 花生长期要有充足的光照；花前宜少浇水，花期宜保持盆土湿润；生长期每半月施薄肥1次，种子成熟期施磷肥1次。

应用 鸡冠花其花形状奇特、色彩艳丽，有较高的观赏价值，适用于布置花境、花坛。是切花材料，瓶插能保持7~10天。亦可盆栽观赏。花可入药，有收敛、止血、止泻之功效；种子有清肝明目、祛风止痒之功效。

产地与分布 非洲、美洲的热带地区及印度。我国各地有栽培。

绒球鸡冠

鸡冠花是处女座的守护花。

花语：有“真挚的爱情”“爱打扮”“趾高气昂”“爱美”“矫情”“不死”“我引颈等待”之意。

科属：苋科 千日红属 **学名：***Gomphrena globosa* **别名：**千年红 火球花 杨梅花 **英文名：**Globe amaranth flower

千日红

形态 千日红为一年生直立草本花卉，茎直立，上部多分枝，全株被白色硬毛，高约15~60cm。单叶对生，纸质，椭圆形或矩圆状倒卵形，长5~10cm，宽2~3cm，顶端钝或近短尖，基部渐狭，全缘，绿色。头状花序球形，1~3个着生于枝顶，圆球形或椭圆状球形，有长总花梗，花小密生，膜质苞片有光泽，有紫红、粉红、乳白等色，干后不凋，色泽不退，花期从夏到秋。胞果不开裂。

习性 千日红喜温暖、干燥和阳光充足的环境，性强健，适宜疏松、肥沃且排水良好的土壤栽植，生长适温20~30℃。

繁殖 ①播种。于春季进行，发芽适温16~25℃，播后7~10天发芽。②扦插。于6~7月剪取长6~8cm，即3~4个节的健壮枝梢，去掉下部叶子，插入苗床保湿。

病虫害 千日红病害有叶斑病、猝倒病、病毒病。虫害主要有蚜虫。

管护 千日红适应性强，对肥水、土壤要求不严，管理简便，一般苗期施1~2次淡液肥；生长期间保持土壤湿润而不积水；花期追施磷、钾肥2~3次；花谢后及时作干花剪掉，促使新枝萌发，于晚秋再次开花。

应用 千日红用于布置花坛、花境，同时也适宜作切花及干花。花序入药，有祛痰止咳、平肝明目之功效。

产地与分布 巴西、巴拿马和危地马拉。我国各地有栽培。

花语：有“永恒的爱”“不朽的恋情”“不朽”“不夭”之意。

科属：芭蕉科 芭蕉属 **学名：***Musa basjoo* **别名：**绿天 **英文名：**Japanese banana

芭蕉

形态 芭蕉为多年生草本，具匍匐茎，假茎绿或黄绿，略被白粉，植株高2.2~4m。叶片大，长椭圆形，基部圆形，浅绿色。穗状花序下垂，苞片红褐色或紫红色。果肉质，熟食黄色。

习性 芭蕉喜温暖、湿润和阳光充足的环境，不耐寒，耐半阴，适宜疏松、肥沃、土层深厚和排水良好的土壤栽植。

繁殖 ①播种。随采随播，发芽适温21~24℃。②分株。于春季进行，用吸芽分株。

病虫害 芭蕉病害有叶斑病、花叶心腐病。虫害有卷叶虫、蚜虫。

管护 保持足够光照；及时浇水且不积水；生长旺季施肥宜充足；及时清理烂叶及烂果。

应用 芭蕉植株优美、叶片阔大、花形奇特，南方植于庭院的角隅、亭台、假山石旁或草坪边，形成浓郁的热带风情。亦可盆栽置于大堂、大厅作室内的绿色主体，情趣特别、气派十足。花序可用于插花。根、茎、花蕾可入药，有清热解毒、利尿消肿、凉血之功效。

产地与分布 日本。我国南方各地有栽培。

花语：有“不坚定”“感情反复无常”“不开心”之意。

科属：芭蕉科 地涌金莲属 | 学名：*Musella lasiocarpa* | 别名：地金莲 地涌莲 千瓣莲花 | 英文名：Hairyfruit musella

地涌金莲

形态 地涌金莲为多年生丛生草本，地上由叶鞘层层重叠、形成螺旋状排列的假茎，株高0.7~1m。叶大型，长椭圆形，顶端尖，叶长30~50cm，宽15~20cm,浓绿色，被白粉。花序直立，生于假茎顶端之上，密集成球穗状，苞片黄色，宿存，下部的花为两性花或雌花，上部花为雄花。浆果。

习性 地涌金莲喜温暖、湿润和阳光充足的环境，稍耐干旱，不耐寒，耐半阴，适宜疏松、肥沃、土层深厚和排水良 好的土壤栽植。

繁殖 ①分株。于春季或秋季进行，将根部分蘖成长的幼株，连同地下匍匐茎从母株上割离另行种植。②亦可播种繁殖。

病虫害 地涌金莲病虫害较少，主要有介壳虫、红蜘蛛、白蜘蛛。

管护 地涌金莲栽前施足底肥，生长旺季每月施1~2次稀薄肥水；生长季节浇水宜干湿相间，秋季以后应少浇水；烈日下适当遮阴；越冬温度在6℃以上；每年春季换盆土。

应用 地涌金莲花期长达七八个月以上，花奇特，可盆栽置于庭院、厅堂观赏；南方植于公园、风景区，可使景观魅力大增。可入药，有止血、止带之功效。

产地与分布 原产中国云南。现我国多地有栽培。

花语：有“高贵”“神圣”“朴实高雅”之意。

科属：金缕梅科 檵木属 | 学名：*Lorpetalum chindense* var. *rubrum* | 别名：红桎木 红檵花 | 英文名：Redrlowered loropetalum

红檵木

形态 红檵木为常绿灌木或小乔木，多分枝，嫩枝暗红色，密被星状毛。叶互生，全缘，革质，卵形，老叶暗红色。花顶生，呈头状或短穗状花序，4~8朵簇生于总状花梗上，花瓣4枚，淡紫红色，带状线形，花期4~5月。蒴果木质，倒卵圆形；种子长卵形，黑色，光亮，果期9~10月。

习性 红檵木喜温暖，喜光照，稍耐阴，耐寒冷，耐干旱，萌发力强，耐修剪，适宜在肥沃、湿润的微酸性土壤中生长。

繁殖 ①扦插。于3~9月进行。②嫁接。以白檵木为砧木于春季进行切接；于秋季进行芽接。

病虫害 红檵木抗病虫害的能力较强，有时会遭遇蜡蝉、天牛的危害。

管护 红檵木栽植前，宜选腐熟有机肥为基肥，生长期每月施1~2次稀薄液肥；保持土壤湿润而不积水；酷暑季节对植株周围喷水降温；及时修剪整形，提高观赏效果。

应用 红檵木枝繁叶茂，树态多姿，开花期长且抗病虫害能力强，是花叶俱美的观赏树木，适宜公园、庭院、道路两旁栽种。是制作树桩盆景的好材料。花、根、叶可入药有抗菌、消炎、止血之功效。

产地与分布 中国及印度北部地区。我国各地有栽培。

红檵木是株洲市的市花。

花语：有“热烈”“豪放”“红颜如火”之意。

科属：金莲花科 金莲花属 **学名：***Tropaeolum majus* **别名：**旱荷 金莲花 **英文名：**Nasturtium

旱金莲

形态 旱金莲为一年生或多年生蔓性草本植物，茎肉质中空。叶圆盾形，全缘波状，似莲叶，叶柄细长，可攀缘。花梗细长，自叶腋抽出，单花顶生，有黄、红、赭、乳白及复色，亦有花叶品种，花期5~9月。

习性 旱金莲喜温暖、湿润及阳光充足的环境，耐半阴，不耐干旱，不耐寒，忌水涝，适宜肥沃且排水良好的土壤栽植。生长适温18~24℃，越冬温度10℃以上。

繁殖 ①播种。于8~10月进行，先将种子在温水中浸泡24小时，播后保持18~20℃，播种7~10天即可出苗，于翌年5月定植盆中或露植。②扦插。于4~6月进行，选嫩茎作插穗，去除下部叶片，插后遮阴保湿。

病虫害 病虫害较少，主要害虫为潜叶蛾。

管护 保持阳光充足；浇水要小水勤浇；生长期每隔3~4周施肥1次，施肥后要及时松土，改善通气性，以利根系发展；旱金莲茎蔓生，盆栽须立支架。

应用 旱金莲叶肥花美，养护得当全年均可开花，一朵花可维持8~9天，全株可同时开出几十朵花，香气扑鼻，颜色艳丽，赢得了人们的喜爱。可园林露地栽培观赏，亦可盆栽布置庭院、客厅或卧室摆放于窗台观赏。全株可入药，有清热解毒之功效。

产地与分布 玻利维亚及哥伦比亚。我国各地有栽培。

旱金莲是4月30日出生者的生日花。

花语：有"清高""爱国心""战利品""孤寂之美"之意。

科属：鸢尾科 香雪兰属 **学名：***Freesia refracta* **别名：**香雪兰 小菖兰 洋晚香玉 **英文名：**Freesia

小苍兰

形态 小苍兰为多年生草本，具球茎，卵形或卵圆形；茎柔弱，有分枝。叶基生，剑形或条形，绿色。穗状花序，顶生，着花5~10朵，花窄漏斗状，有黄、白、橙红、粉红、雪青、紫、红等色，花期12月至翌年4月。蒴果，卵形，果期6~9月。

习性 小苍兰喜凉爽、湿润和阳光充足环境，不耐寒、怕酷暑、忌干旱，秋凉生长，春天开花，入夏休眠，不能露地越冬。适宜肥沃、疏松且排水良好的土壤栽植；适宜生长温度为15~25℃。

繁殖 ①播种。于春季或秋季进行，发芽适温13~18℃。②分株。于休眠期挖出蘖生的小球茎贮藏，于秋季栽种。

病虫害 小苍兰病虫害较少，但需要预防蚜虫的危害。

管护 盆土要保持湿润而不积水；每两周施1次有机液肥或适量施用复合肥；夏季为休眠期置放于半阴处；当花茎抽出时要搭架支护。

应用 小苍兰花色鲜艳、形态绮丽、香气浓郁，花期正值元旦、春节颇受人们喜爱，适于盆栽布置厅房、客室；也可切花瓶插供欣赏。

产地与分布 非洲南部好望角一带。我国各地有栽培。

小苍兰是水瓶座的守护花。小苍兰是8月20日出生者的生日花。

花语：有"单纯""天真""清香"之意。白色代表"纯情"；鹅黄色代表"迷人且引人遐思"。

科属： 鸢尾科 射干属 **学名：** *Belamcanda chinensis* **别名：** 扁竹 交剪草 **英文名：** Blackberrylily

射干

形态 射干为多年生草本，茎直立，根茎鲜黄色，须根多数，株高0.6~1.2m。叶互生，2列，扁平，嵌叠状排列，剑形，长25~60cm，宽2~4cm，绿色，被白粉，先端渐尖，叶脉平行，基部抱茎。总状花序顶生，叉状分枝，每枝着生花数朵，花橙红色，着紫褐色斑点，花被6片椭圆形，花期6~8月。蒴果椭圆形，果期8~10月。

习性 射干喜温暖、湿润和阳光充足的环境，耐干旱和寒冷，对土壤要求不严，适宜肥沃、疏松、排水良好的中性或微碱性沙质土壤栽植。

繁殖 ①播种。于春季进行，发芽适温21~27℃。②分株。于春季进行。

病虫害 射干病虫害较少，重点预防锈病的发生。

管护 射干耐旱，见干浇水，不可积水；施肥应侧重磷、钾肥，以促使根茎膨大。

应用 射干花形飘逸，有趣味性，适用于公园、居民区、庭院做花境，亦可盆栽观赏。根茎可入药，有清热解毒、散结消炎、消肿止痛、止咳化痰之功效。

产地与分布 中国、印度、日本。我国各地有栽培。

花语：有“诚实，相信者的幸福”之意。

科属： 鸢尾科 鸢尾属 **学名：** *Iris tectorum* **别名：** 蓝蝴蝶 **英文名：** Swordflag

鸢尾

形态 鸢尾为多年生宿根性直立草本，根状茎匍匐多节，粗而节间短，浅黄色，株高30~50cm。叶基生，为渐尖状剑形，宽2~4cm，长30~45cm，呈二纵列交互排列，基部互相包叠，质薄，淡绿色。总状花序，花莛自叶丛抽出，花莛1~2枝，每枝着花2~3朵，花蝶形，花冠蓝紫、紫白、黄、白、淡红等色，直径约10cm，花期4~6月。蒴果长椭圆形，有6棱，果期6~8月。

习性 鸢尾喜温暖、湿润阳光充足的环境，较耐寒，亦耐半阴，不择土壤，而适宜富含腐殖质、略带碱性的黏性土壤栽植。

繁殖 ①分株。于春季或秋季进行。②播种。

病虫害 鸢尾常见病害有白绢病、叶斑病。

管护 鸢尾适应性强，一般管理便能旺盛生长。栽植前应施入腐熟的堆肥，亦可用油粕、草木灰等为基肥，生长期可追施复合肥1次；浇水以保持土壤湿润为好，不可积水；北方冬季株丛上应覆盖厩肥或树叶等防寒。

应用 鸢尾花型大而美丽，用于花境、水岸、假山旁及庭院美化。亦可盆栽观赏。根茎入药，有活血祛瘀、祛风利湿、解毒、消积之功效。

产地与分布 中国、日本。我国各地有栽培。

鸢尾是阿尔及利亚、法国的国花。

花语：有“优美”之意。白色代表纯真；黄色代表友谊永固、热情开朗；蓝色代表暗中仰慕；紫色则寓意爱意、吉祥……

科属： 鸢尾科 鸢尾属　**学名：** *Iris pseudacorus*　**别名：** 水烛 黄鸢尾　**英文名：** Yellow-swordflag

黄菖蒲

形态 黄菖蒲为多年生草本，根状茎粗壮，节明显，黄褐色；须根黄白色。基生叶灰绿色，宽剑形，长30~60cm，宽3~5cm，顶端渐尖，基部鞘状，灰绿色，中脉较明显。花茎粗壮，高60~70cm，上部分枝，茎生叶比基生叶短而窄，花黄色，花期5月。果期6~8月。

习性 黄菖蒲适应性强，喜湿润、温暖和阳光充足的环境，亦耐半阴，耐旱也耐湿，适宜水边沙壤土及黏土栽植；生长适温15~30℃。

繁殖 主要用播种和分株繁殖。①播种。于6~8月种子成熟即采即播，成苗率较高。②分株。分株繁殖，于春、秋季进行，将根茎挖出，用利刀切成4~5cm长的段，每段具2个芽进行栽植。

病虫害 黄菖蒲病虫害较少，夏、秋季节注意预防锈病危害。

管护 黄菖蒲栽种场所要通风、透光；土壤要保持湿润，高温期间应向叶面喷水；生长期间应施熟饼肥或花卉复合肥2~3次；盆栽每2年换盆土1次。

应用 黄菖蒲花姿秀美，如金蝶飞舞，观赏价值极高。适宜公园、庭院、居民区栽植，亦可盆栽观赏。根茎可入药，有镇痛、止泻、调经之功效。

产地与分布 欧洲。我国各地有栽培。

花语：有“信者之福”之意。

科属： 鸢尾科 唐菖蒲属　**学名：** *Gladiolus gandavensis*　**别名：** 菖兰 剑兰扁 竹莲　**英文名：** Breeders gladiolus

唐菖蒲

形态 唐菖蒲为多年生草本，茎粗壮直立，不分枝或少有分枝，球茎扁圆球形，外包有棕色或黄棕色的膜质包被，株高60~150cm。叶基生或在花茎基部互生，剑形，长40~60cm，宽2~4cm，顶端渐尖，嵌迭状排成2列，灰绿色。花茎高出叶上，花冠筒呈膨大的漏斗形，花色有红、黄色、紫、白色、蓝或复色等，花期7~9月。蒴果，种子深褐色，扁而有翅，果期8~10月。

习性 唐菖蒲喜温暖、湿润及阳光充足的环境，忌寒冻，夏季喜凉爽、怕酷暑，忌水涝，适宜肥沃、土层深厚且排水良好的沙质土壤栽植，生长适温20~25℃。

繁殖 ①分株。将球茎连根带芽分割晾干切口分栽。②播种。于春季进行。

病虫害 病害有枯萎病、灰霉病、疮痂病、立枯病危害。虫害有蓟马、蚜虫危害。

管护 栽种前应施用足够富含磷、钾的基肥，生长期间每月施追肥1次；土壤保持湿润且不浇水；夏季防暴晒。

应用 唐菖蒲园林中成片栽种可形成五彩缤纷、鲜艳夺目的景色，亦可在公园、庭院丛植观赏。唐菖蒲是最重要的鲜切花之一。

产地与分布 南非及地中海沿岸。我国各地有栽培。

唐菖蒲是3月22日出生者的生日花。

花语：有“节节高升”“用心”“热恋”之意。

科属： 鸢尾科　番红花属　**学名：** *Crocus sativus*　**别名：** 西红花　藏红花　**英文名：** Saffron

番红花

形态 番红花为多年生草本，球茎扁圆球形，直径约3cm，外有黄褐色的膜质包被，株高15~20cm。叶基生，9~15枚，条形，灰绿色，长15~20cm，宽0.3~0.5cm，边缘反卷。花茎甚短，不伸出地面；花1~2朵，日开夜闭，淡蓝色、红紫色、白色或黄色，有香味，花被裂片6，二轮排列，裂片为倒卵形，花期10月下旬。蒴果，椭圆形，长约3cm。

习性 番红花喜冷凉、湿润和半阴环境，较耐寒，适宜富含腐殖质且排水良好的沙质土壤栽植。

繁殖 ①分株。于秋季进行，花后割取从基部形成的新球另栽。②播种。由于种子不易获得，且播种后需3~4年方能开花，故很少使用。

病虫害 番红花病虫害极少，注意预防菌核病危害。

管护 番红花需保持土壤湿润而不积水；光照宜充分但不可暴晒；花后追施1~2次以含磷、钾为主的复合肥，以促进球根生长。

应用 番红花可盆栽观赏；是名贵药材，有活血化瘀、散郁开结、解郁安神之功效。

产地与分布 欧洲中西部。我国各地有温室栽培。

番红花是摩羯座的守护花。番红花是1月3日出生者的生日花。

花语：有“柔中有刚”“快乐、喜悦、期望、青春之乐”“不可欢喜过多”之意。紫花代表“高兴”；黄花代表“请相信我”“青春的喜悦”；红花代表“无悔的青春”“担心过分爱我”；白花代表“我虽然相信你，但依旧不放心”。春季花寓意“青春之喜悦”；秋季花寓意“幸福已消失，过度的惊吓”。

科属： 虎耳草科　绣球属　**学名：** *Hydrangea macrophylla*　**别名：** 绣球　草绣球　紫阳花　**英文名：** Largeleaf hydrangea

八仙花

形态 八仙花为落叶灌木，茎常于基部发出多数放射枝，枝粗壮，紫灰色至淡灰色，株高0.4~1m。叶对生，纸质或近革质，倒卵形或阔椭圆形，长6~15cm，宽5~12cm，先端骤尖，叶鲜绿色，叶背黄绿色，基部钝圆或阔楔形，边缘于基部以上具粗齿。伞房状聚伞花序近球形，直径8~20cm，花密集，多数不育，花初始白色，后渐渐变为蓝色或粉红色，花期4~8月。

习性 八仙花喜温暖、湿润和半阴的环境，不耐干旱，亦忌水涝，不耐寒，适宜在肥沃、排水良好的酸性土壤中栽植。

繁殖 ①分株。于早春萌芽前进行，将带根的枝条与母株分离，直接盆栽。②压条。春季进行。③扦插。在梅雨季节进行，剪取顶端嫩枝扦插。

病虫害 病害有萎蔫病、白粉病和叶斑病。虫害有蚜虫和盲蝽。

管护 盆栽植株在春季萌芽后注意充分浇水；4~8月开花期间，每半月施复合肥1次；盛夏适当遮避强光；花后摘除花茎，促使产生新枝；每年春季换盆1次。

应用 八仙花花大色美，是著名观赏植物，园林中可配置于稀疏的树荫下或林荫道旁或于庭院栽植；亦可盆栽观赏；可作切花。花及叶可入药，有清热抗疟之功效。

产地与分布 日本及中国。我国各地有栽培。

八仙花是双子座的守护花。八仙花是7月之花。

花语：有“无情的”“残忍地”“自私”“骄傲的家伙”“你很冷淡”之意。

科属：虎耳草科 虎耳草属 **学名：***Saxifraga stolonifera* **别名：**金丝荷叶 老虎草 **英文名：**Creeping rockfoil

虎耳草

形态 虎耳草为多年生草本，根纤细，匍匐茎细长，紫红色，全身被毛，株高10~40cm。单叶，基部丛生，叶互生或对生，具长柄，柄长3~10cm；叶片肉质，圆形或肾形，直径4~10cm，基部心形，边缘有浅裂片和不规则细锯齿，上面绿色，常有白色斑纹，下面紫红色圆锥状花序，花茎高达25cm，花多数，花瓣5，白色或粉红色，下方2瓣特长，椭圆状披针形，花白色，具黄色或紫色斑点，花期5~8月。蒴果卵圆形，果期7~11月。

习性 虎耳草喜凉爽、半阴环境，对土壤要求不严，但以疏松、肥沃的沙壤土为宜。生长适温15~25℃。

繁殖 ①分株。多用分株法，于春末至秋初进行，将匍匐茎上的小植株剪下分栽。②播种。于春季进行。

病虫害 病害有灰霉病、叶斑病、白粉病和锈病。虫害有粉蚧和粉虱。

管护 虎耳草适应性强，盆栽可用腐叶土、泥炭土和细沙土混合；盆土保持湿润而不积水；春秋凉爽季节为虎耳草生长旺季，每半月左右施1次有机液肥；夏季温度过高时需对植株周围喷水增湿降温。

应用 园林多植于林下阴湿处；亦可盆栽观赏。全草入药，有祛风清热、凉血解毒之功效。

产地与分布 中国及日本。我国各地有栽培。

虎耳草是4月12日出生者的生日花。

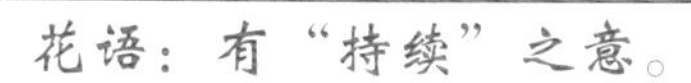

花语：有“持续”之意。

科属：苦苣苔科 大岩桐属 **学名：***Sinningia speciosa* **别名：**落雪泥 **英文名：**Gloxinia

大岩桐

形态 大岩桐为多年生草本，地下块茎扁球形，地上茎极短，全株密被白色茸毛，株高15~25cm。叶对生，肥厚而大，卵圆形或长椭圆形，缘具钝锯齿，暗绿色。花顶生或腋生，花梗自叶间长出，花冠钟状，花色有粉红、紫蓝、红、白、复色等，另有重瓣，花期5~10月。蒴果，种子褐色，小而多。

习性 大岩桐冬暖夏凉、湿润及半阴的环境，忌暴晒和水涝，适宜肥沃、疏松、富含腐殖质且排水良好的土壤栽植。生长适温15~25℃。

繁殖 ①播种。于春季进行，发芽适温15~21℃。②扦插。于春季或夏季用叶片或嫩枝扦插。③分球。春季切割带芽的球茎另栽。

病虫害 大岩桐的病虫害主要有叶枯性线虫病、尺蠖、红蜘蛛等。

管护 大岩桐冬季要暖，夏季需凉爽；浇水要适量，保湿而不积水，叶面不可着水；生长期每周施1次腐熟的稀薄有机液肥，花芽形成后需增施磷肥。

应用 大岩桐叶片肥厚、花大色彩艳丽，适宜盆栽装饰厅堂、客室，以供欣赏。

产地与分布 巴西。我国各地有栽培。

大岩桐是处女座的守护花。

花语：有“欲望”“一见钟情”“美丽的形体”之意。

科属：苦苣苔科 非洲紫苣苔属 学名：*Saintpaulia ionantha* 别名：非洲紫罗兰 英文名：African violet

非洲堇

形态 非洲堇为多年生草本，无茎或具极短的地上茎，全株被毛，株高15~20cm。叶卵圆形，全缘，灰绿色，叶柄粗壮肉质。花梗自叶腋抽出，花1朵或数朵在一起，淡紫色，栽培品种繁多，有单瓣、重瓣，花色有紫红、白、蓝、粉红和复色等，花期全年。

习性 非洲堇喜温暖、湿润和半阴环境，夏季怕强光和高温。适宜肥沃、疏松排水良好的土壤栽植。生长适温为18~24℃。

繁殖 ①播种。于春季或秋季进行，发芽适温19~24℃。②扦插。于夏季取健壮的带2cm叶柄的叶片进行扦插。③组织培养。

病虫害 病害有枯萎病、白粉病和叶腐烂病。虫害有介壳虫和红蜘蛛。

管护 室内栽培要放置在明亮处，夏季防暴晒；浇水以保持盆土湿润而不积水，禁止对叶面喷水；生长期10~20天补充液肥1次，花期应补充磷钾肥。

应用 非洲堇由于其花期长、较耐阴，株形小巧玲珑，花色斑斓，极富诗意，是国际上著名的盆栽花卉，可布置窗台、客厅、案几。

产地与分布 非洲坦桑尼亚。我国各地有栽培。

花语：有“永恒的美”之意。另有“惹人怜爱”之说。

科属：苦苣苔科 芒毛苣苔属 学名：*Aeschynanthus speciosus* 别名：翠锦口红花 英文名：Lipstick plant

美丽口红花

形态 美丽口红花为多年生附生常绿草本植物，枝条匍匐下垂。肉质叶对生，卵状披针形，顶端尖，具短柄。伞形花序生于茎顶或叶腋间，小花管状，弯曲，橙黄色，花冠基部绿色，柱头和花药常伸出花冠之外，花期7~9月。

习性 美丽口红花喜温暖、潮湿而光照明亮的环境，亦耐半阴，忌强阳光直射，怕干旱，不耐寒，忌酷暑，适宜疏松、肥沃、富含腐殖质且排水良好的微酸性土壤栽植。生长适温20~30℃。

繁殖 扦插繁殖，可随时进行，春季易成活；剪取枝顶部10~15cm长的枝条作插穗，插于河沙或蛭石中保湿，30天后生根，50天后移植上盆。

病虫害 美丽口红花的病虫害较少，夏季要预防炭疽病的发生。

管护 美丽口红花光照要适当，光照不足，不易开花，光照过强叶会变成红褐色；每隔2周施1次腐熟的液肥；保持盆土湿润而不积水。

应用 美丽口红花及毛萼口红花株形优美，茎叶繁茂，花色艳丽，花形奇特，可摆放于几案，也可悬挂垂吊观赏，是家庭养花之时尚佳品。

产地与分布 印度尼西亚爪哇岛。我国各地有栽培。

毛萼口红花

花语：有“美丽的容颜”之意。

科属： 苦苣苔科 金鱼草属 **学名：** *Mina lobata* **别名：** 袋鼠花 金鱼吊兰 **英文名：** Lobate goldfishflower

金鱼花

形态 金鱼花为多年生草本，茎纤细，分枝蔓生，无毛，茎长2~5m。叶对生，3裂或全缘，叶面浓绿色，背面靠主脉处红色。二歧蝎尾状聚伞花序，花单生于叶腋，花冠管状，略弯，具棱，初为红色，渐转为淡黄色至白色，花朵好似小金鱼，故得名“金鱼花”，花期3~5月。

习性 金鱼花喜高温、高湿、阴凉且通风良好的环境，怕干旱忌严寒，适宜肥沃、湿润的微酸性腐叶土栽植，生长适温为18~28℃。

繁殖 金鱼花常用扦插繁殖，可全年进行，以夏季为好，剪取10cm长顶枝或茎段扦插。

病虫害 金鱼花的虫害主要有红蜘蛛和介壳虫。

管护 盆栽要求基质富含腐殖质；生长期要有充足的水分，盆土须经常保持湿润，并对周围喷水提高空气湿度；生长期每2周施1次液肥，盛花期须增施磷、钾肥。

应用 金鱼花耐阴性好，花形奇特，开花时间长达20余天，开花时枝蔓上缀满了红艳艳的“金鱼”，招人喜爱；花蔓低垂飘逸，饶有风趣，适宜厅堂、客室、书房置于花架或吊盆，以供观赏。

产地与分布 美洲热带地区。我国各地有栽培。

花语：有“自由自在”之意。

科属： 雨久花科 凤眼莲属 **学名：** *Eichhornia crassipes* **别名：** 水葫芦 水浮莲 **英文名：** Water hyacinth

凤眼莲

形态 凤眼莲为多年生宿根浮水草本植物，浮生于水面或生于泥土中，因多浮于水面生长，又名“水浮莲”，蘖枝匍匐于水面。叶莲座状，圆形至卵圆形，全缘，鲜绿色，有光泽，叶柄基部膨大成葫芦状又得名“水葫芦”。穗状花序，着花6~12朵，花淡蓝至紫色，有一花瓣较大且有似凤眼的图案。

习性 凤眼莲喜温暖、湿润和阳光充足的环境，耐碱性，喜肥，适宜富含有机物质的静止水面或潮湿肥沃的边坡湿地栽植。生长适温25~35℃。

繁殖 以分株繁殖为主，于春季进行，将匍匐茎切割成段或带根切割腋芽，投入水中即可成活。亦可播种。

病虫害 凤眼莲病虫害极少，有时会遭到菜青虫类的害虫啃食嫩叶。

管护 凤眼莲适应性极强，无需特别管理便可生长。

应用 南方常用作园林水景中的造景材料。凤眼莲还具有很强的吸收污水中有害物质的能力，目前人们喜爱用盆栽凤眼莲，亦有很好的观赏效果。全草可入药，有清热解暑、散风发汗、利尿消肿之功效。凤眼莲繁殖极快，不控制可泛滥成灾。

产地与分布 巴西。我国南方水面多生长，各地有用水缸或水盆栽培。

花语：有“此情不渝”之意。

科属：雨久花科 梭鱼草属 学名：*Pontederia cordata* 别名：海寿花 英文名：Pickerelweed

梭鱼草

形态 梭鱼草为多年生挺水或湿生草本植物，地下茎粗壮，根茎为须状不定根，地上茎丛生，株高0.8~1.5m。叶基生，广心形，端部渐尖或倒卵状披针形。花莛直立，通常高出叶面，穗状花序顶生，长5~20cm，小花密集50~200朵以上，蓝紫色带黄斑点，花期7~9月。种子椭圆形，果期8~10月。

习性 梭鱼草喜温暖、湿润和光照充足的环境，喜肥、怕风不耐寒，适宜静水及水流缓慢的浅水域中栽植，生长适温18~35℃。

繁殖 ①分株。于春、夏两季进行，植株基部带根切开另栽。②播种。随采随播。种子发芽适温21~24℃。

病虫害 梭鱼草抗病力强，主要害虫为蚜虫。

管护 梭鱼草适应性强，可粗放管理，栽培基质需肥沃；对水质没有特别的要求，但必须没有污染。

应用 梭鱼草叶色翠绿，花色迷人，花期较长，适宜园林美化，栽植水池、池塘边缘；亦可盆栽观赏。

产地与分布 北美洲。我国各地有栽培。

梭鱼草是双鱼座的守护花。

花语：有“纯洁”“高雅”之意。

科属：雨久花科 雨久花属 学名：*Monochoria korsakowii* 别名：蓝花菜 蓝鸟花 英文名：Monochoria

雨久花

形态 雨久花为多年生挺水或湿生草本，全株光滑无毛，具短根状茎，株高50~90cm。叶互生，广卵状心形，具短柄，长6~14cm，宽5~12cm，先端急尖或渐尖，全缘，基部心形，抱茎，亮绿色。总状花序，顶生，花梗长5~10cm，花被片6，蓝紫色，花期7~8月。蒴果，卵状三角形，种子短圆柱形，深棕黄色，具纵棱，果期9~10月。

习性 雨久花喜温暖、湿润和阳光充足的环境，耐半阴，不耐寒，适宜肥沃的黏土栽植。

繁殖 ①播种。于春季进行，发芽适温15~18℃。②分株。于春季进行，将母株带根分割成2~3份另栽。

病虫害 雨久花不易患病，亦较少有害虫为害。

管护 雨久花适合种植在池塘边缘的浅水处，水深不超过20cm；生长旺季每2周追肥1次，花期追施磷、钾肥1次；越冬温度不宜低于4℃。

应用 雨久花与其他水生花卉搭配栽植，亦可水养布置窗台、案儿，素雅悦目。可入药，有清热、祛湿、定喘、解毒之功效。

产地与分布 日本、朝鲜、东南亚及中国。我国各地有栽培。

花语：有“天长地久”之意。

科属：秋海棠科　秋海棠属　**学名：***Begonia × semperflorens*　**别名：**玻璃翠　瓜子海棠　**英文名：**Bedding begonia

四季海棠

形态 为多年生草本或木本，茎直立，稍肉质，绿色，节部膨大多汁，株高15~30cm。叶互生，卵圆形或心形，叶色有纯绿、红绿、紫红、深褐等色。聚伞花序，花顶生或腋生，有白、粉、红等色，花期常年。

习性 四季海棠喜温暖、湿润和阳光充足的环境，稍耐阴，怕寒冷，忌酷暑及水涝，适宜湿润、疏松、富含腐殖质且排水良好的沙质土壤栽植。

繁殖 ①播种。于春季或秋季进行，发芽适温13~18℃。②扦插。可常年进行，剪取枝条扦插，易成活。

病虫害 病害有立枯病、白粉病、细菌性立枯病。虫害有蚜虫、介壳虫、红蜘蛛、金龟子的幼虫等。

管护 四季海棠春季、秋季开花多，浇水宜充分，冬季少浇水；生长期每隔10~15天施1次复合肥；及时剪除残花败叶，适时摘心可增加分枝多开花；夏季要遮蔽阳光，冬季在室内宜放在有阳光处。

应用 四季海棠叶片晶莹翠绿，叶片色彩多样，花朵艳丽，适宜盆栽点缀居室、厅堂、卧室、书房，十分清新幽雅；亦可作吊盆栽植，悬挂室内，别具情趣；园林可片植布置城市广场、公园的花坛。

产地与分布 南美巴西。我国各地有栽培。

花语：有“相思”“呵护”“诚恳”“单恋”“苦恋”之意。花箴言：自信是成功的首要条件，相信自己才可以冲破困难。

科属：秋海棠科　秋海棠属　**学名：***Begonia × xaelatior*　**别名：**玫瑰海棠　**英文名：**Rieger begonias

丽格海棠

形态 丽格海棠为多年生草本，茎枝肉质、多汁，株高20~30cm。单叶互生，心形，叶缘为重锯齿状或缺裂，掌状脉，叶表面光滑具有蜡质，叶色为浓绿色。花形多样，重瓣具多，花色有红、粉、橙、黄、白及复色等，花期冬季。

习性 丽格海棠喜湿润、温暖且通风良好的环境，宜散射光照、惧酷暑、怕水涝，适宜肥沃、疏松且排水良好的微酸性土壤栽植。生长适温18~24℃。

繁殖 由于丽格海棠是杂交品种，不结种子，繁殖以扦插为主。①扦插。②组织培养。

管护 盆土应保持湿润且不积水；冬季为开花季，温度不可低于15℃，夏季超28℃需降温。

应用 丽格海棠枝叶翠绿，花色丰富，花期长，株型丰满，是四季观花植物的主要品种，适宜盆栽点缀居室、厅堂、卧室、书房，十分清新幽雅。

产地与分布 热带及亚热带地区。我国各地有栽培。

花语：有“和蔼可亲”之意。

科属：秋海棠科 秋海棠属 学名：*Begonia maculata* 别名：慈姑秋海棠 英文名：Spotted begonia

竹节海棠

形态 竹节海棠是多年生披散状亚灌木或小灌木，茎直立，茎节肥厚，呈明显的竹节状，故得名，株高30~70cm。叶互生，叶为偏歪的长椭圆形，叶表面绿色，边缘波状，有白色斑点，背面紫红色。花小，鲜红色或粉红色，成簇下垂，花期6~11月。

习性 竹节海棠喜湿润及散射光照，夏季怕直射阳光，怕干旱，忌水涝，适宜肥沃、疏松排水良好的土壤栽植。

繁殖 ①播种。种子极小，与细沙混合撒播，发芽适温18~22℃。②扦插。选择生长健壮的枝条扦插。③分株。于春季结合换盆时进行，将母株带芽切割分株栽植。④组织培养。

病虫害 病害有茎腐病、花叶病、白粉病。

管护 浇水以盆土保持湿润为宜，干旱与盛夏需喷水增湿降温；植株周围要通风良好，有较好散射光；生长季节，每7~10天施1次稀薄有机液肥，花期增施磷、钾肥，以促使花繁多且艳丽；植株高大时需搭架支护。

应用 竹节海棠，姿态优美，犹如彩蝶飞舞，是人们颇为喜爱的盆花之一。适宜盆栽，或布置庭院，或点缀居室、厅堂、卧室、书房，十分清新幽雅。全株可入药，有散瘀、利水、解毒之功效。

产地与分布 巴西。我国各地有栽培。

花语：有“清高”之意。

科属：秋海棠科 秋海棠属 学名：*Begonia masoniana* 别名：马蹄秋海棠 斑叶秋海棠 英文名：Iron cross begonia

铁十字秋海棠

形态 铁十字秋海棠为多年生草本簇生植物，具粗肥肉质根茎，株高约20~30cm。叶阔卵形至圆心形，叶缘具浅锯齿，基部心形，掌状5~7出脉，叶面密生红色纤毛，并密布如尖锥状之小突起，具紫褐色之粗脉条，叶脉红色，并具长柄。聚伞花序，蜡质花瓣，淡绿白色，花期3~5月。

习性 铁十字秋海棠喜温暖、湿润和半阴的环境，不耐高温，怕强光直射，惧严寒，怕酷暑，适宜疏松、富含腐殖质且排水良好的土壤栽植。

繁殖 ①播种。随采随播。发芽适温18~24℃。②扦插，于5~7月进行，用叶片扦插。③分株。于春季结合换盆进行。

病虫害 铁十字秋海棠病害有灰霉病、白粉病和叶斑病。虫害有蓟马。

管护 铁十字秋海棠生长季节要充分浇水但不积水；生长季每半月施1次复合肥，切记不可将肥水溅在叶面上，避免叶面溃烂；冬季宜多见阳光。

应用 铁十字秋海棠黄绿色叶面嵌有红褐色十字形斑纹，十分秀丽，且耐阴性好，是秋海棠中较为名贵的品种，适宜盆栽用于宾馆、厅堂、客室、橱窗、窗台摆设点缀。

产地与分布 中国和马来西亚及新几内亚。我国各地有栽培。

花语：有“亲切”“诚恳”“相思”“苦恋”之意。另有“真挚的友谊”之说。

科属：姜科 山姜属 **学名：***Alpinia zerumbet* 'Variegata' **别名：**彩叶姜 斑纹月桃 **英文名：**Color-leaf butterfly ginger

花叶艳山姜

形态 花叶艳山姜为多年生常绿草本，根茎肉质，横生，株高0.9~1.6m。叶革质，有短柄，矩圆状披针形，两端渐尖，叶长40~60cm，宽8~15cm，叶面绿色，有不规则金黄色的条纹，叶背淡绿色，边缘有短柔毛。圆锥花序下垂，花期6~7月。

习性 花叶艳山姜喜高温、多湿及阳光充足的环境，不耐寒，耐半阴，怕霜冻，适宜肥沃且保湿性良好的土壤栽植。生长适温为22~28℃。

繁殖 常用分株繁殖，于早春进行，将母株带根切割成数株分株栽植。

病虫害 花叶艳山姜病害有叶枯病、褐斑病。虫害有蜗牛吞食叶片。

管护 花叶艳山姜盆栽需保持盆土湿润而不积水，夏秋季经常给叶面喷水降温保湿；生长期每月施磷、钾肥1次；2~3年换盆1次，去除部分旧老根重栽；夏季避免强光直射，冬季置于光线明亮处。

应用 花叶艳山姜叶色秀丽，花姿雅致，花香诱人，地下块茎亦具芳香，适宜盆栽布置会议室、客厅、卧室、书房、宾馆大堂。室外露栽常布置公园、居民区，亦可点缀庭院、池畔或墙角处，以供观赏。可作切花。

产地与分布 南亚热带地区。我国各地有栽培。

科属：姜科 姜花属 **学名：***Hedychium gardnerianum* **别名：**美丽姜花 **英文名：**Golden gingerlily

金姜花

形态 金姜花为多年生草本植物，地下根茎发达，横向呈匍匐生长，粗壮，淡黄色，株高0.5~1.5m。叶长椭圆状披针形，全缘，光滑，顶端渐尖，基部渐狭；叶柄短，绿色。穗状花序顶生，苞片绿色，卵形或倒卵形，先端圆形或渐尖，小花密生，边缘浅黄色，心部金黄色，花期6~11月。

习性 金姜花喜湿润、半阴的环境，耐高温，适宜肥沃、疏松、排水良好的沙质土壤栽植。

繁殖 ①主要靠分割块茎繁殖，切取带芽的块茎栽植。②播种。成熟种子极少，故少用。③组织培养，可批量繁殖。

病虫害 金姜花抗病虫能力强，主要预防钻心虫、斜纹夜蛾、蝼蛄的危害。

管护 金姜花生长期需充足的光照；适应性强，管理粗放，保持土壤湿润；每月施1次复合肥。

应用 金姜花其花色金黄，香味幽远，叶色碧绿，园林中可成片种植或条植、丛植于路边、庭院、溪边等。亦可盆栽观赏。是切花的好材料。其花可食，是一种新兴的绿色保健食用蔬菜。

产地与分布 印度、马来西亚等地。我国各地有栽培。

花语：有“信赖”“高洁”“清雅”之意。

科属：姜科　姜黄属　学名：*Curcuma alismatifolia*　别名：泽泻叶姜黄　英文名：Siam tulip

姜荷花

形态　姜荷花为多年生球根草本花卉，根茎纺锤形或圆球形，株高30~80cm。因花序形似荷花而得名“姜荷花”。叶基生，叶片为长椭圆形，中肋紫红色，叶片长度约30cm，宽度约5cm。穗状花序，花梗上端有7~9片半圆状绿色苞片，接着为9~12片卵形粉红色苞片，这些苞片形成似荷花的花冠，花期6~10月。

习性　姜荷花适应性强，喜高温，怕水涝，适宜肥沃、土层深厚且排水良好的沙质土壤栽植。

繁殖　姜荷花常用分球法繁殖。种球的萌芽最适温度为26~30℃。

病虫害　病害有赤斑病、炭疽病、疫病。虫害有切根虫、夜蛾、蝼蛄。

管护　保持土壤湿润而不积水；环境温度需保持30℃左右；花前追施磷、钾肥。

应用　姜荷花叶片阔大碧绿，花形美，是花叶俱佳的花卉品种，常用于园林、庭院置景；亦可盆栽观赏；可作切花。

产地与分布　泰国。我国各地有栽培。

花语：有“信赖”“高洁”“清雅”之意。

科属：姜科　姜黄属　学名：*Curcuma aromatica*　别名：玉金　英文名：Aromatic turmeric

郁金

形态　郁金为多年生宿根草本，根粗壮，末端膨大成长卵形块根，块茎卵圆状，侧生，根茎圆柱状，株高0.8~1m。叶基生，具叶柄，叶片长椭圆形，长15~35cm，宽10~15cm，先端急尖，基部圆形或三角形。穗状花序，长12~20cm；总花梗长7~15cm，具鞘状叶，基部苞片阔卵圆形，小花数朵，生于苞片内，不规则3齿裂，花冠管呈漏斗状，裂片3，粉白色，花期4~6月，亦有少数秋季开花的品种。

习性　郁金喜温暖、湿润和阳光充足的环境，怕严寒，忌干旱，怕水涝，适宜肥沃、土层深厚的沙质土壤栽植。

繁殖　郁金用根茎繁殖，于春季进行，栽种前将大的根茎纵切成两半或小块，每块具2个以上的芽。

病虫害　病害有黑斑病。虫害有地老虎、蛴螬、姜弄蝶及玉米螟等。

管护　郁金生长期需充足的光照；生长前期宜施人粪尿或硫酸铵等氮肥，中后期以磷、钾肥为主；干旱及块根形成膨大期要充分浇水，不可积水。

应用　郁金叶片阔大碧绿，极具观赏价值，适宜公园、庭院栽植观赏，亦可在药用植物园栽植。地下块茎入药，有行气化瘀、清心解郁、利胆退黄之功效。

产地与分布　中国。我国各地有栽培。

科属：姜科 闭鞘姜属 **学名：***Costus speciosus* **别名：**水蕉花 **英文名：**Canereed spiralflag

闭鞘姜

形态 闭鞘姜为多年生草本植物，顶部常分枝，基部近木质，株高1~3m。叶长圆形或披针形，长15~20cm，6~10cm，顶端渐尖，基部近圆形，叶背密被绢毛。穗状花序顶生，椭圆形或卵形，苞片卵形，革质，红色，小苞片淡红色，花萼革质，红色，花冠管短，裂片长圆状椭圆形，白色或顶部红色，唇瓣宽喇叭形，纯白色，花期7~9月。蒴果稍木质，果期9~11月。

习性 闭鞘姜喜温暖、湿润和阳光充足的环境，耐寒，忌水涝，不择土壤，适宜肥沃且排水良好的壤土或沙质壤土栽植，生长适温为20~30℃。

繁殖 ①播种。于春季进行。②分株。于春季进行，挖取地下根茎，以1~2个株芽连根茎分开种植。③扦插。剪取老熟的枝茎条，每段保留2~3个节斜插于苗床。

病虫害 闭鞘姜抗病性强，病虫害少，主要预防毛虫、毒蛾类为害叶片。

管护 闭鞘姜管理粗放，干旱时充分浇水而不积水；生长期每半月施复合肥1次。

应用 闭鞘姜叶秀花美，适于小区、公园、庭院栽植，亦可盆栽观赏。是优良的鲜切花及干花品种。根状茎可入药，有利水消肿、解毒止痒之功效。

产地与分布 中国及亚洲热带地区。我国各地有栽培。

科属：美人蕉科 美人蕉属 **学名：***Canna generalis* **别名：**红艳蕉 美人蕉 **英文名：**Largeflower canna

大花美人蕉

形态 大花美人蕉为多年生草本植物，具肉质而粗壮的根状茎，株高0.5~2m。叶大型，互生，呈长椭圆形，叶柄鞘状，全缘，叶有深绿、亮绿、粉绿、古铜、黄脉等色。总状花序顶生，常数朵簇生在一起，萼片3枚，绿色，较小，花被3片，基部直立，先端向外翻。花有乳白、黄、橘红、粉红、大红、紫及复色等，花期6~10月。蒴果椭圆形，外被软刺，种子圆球形黑色。

习性 大花美人蕉喜温暖、湿润且阳光充足的环境，耐湿，但忌积水，怕强风，不耐寒，适宜肥沃、疏松且排水良好的土壤栽植。

繁殖 ①分株。于春季进行，将母株带芽分割成3~5株另栽。②播种。于秋季或春季进行，播种前需要浸种，发芽适温21~24℃。

病虫害 病害有花叶病、锈病、黑斑病、褐斑病等。虫害有焦苞虫、地老虎等。

管护 浇水适度，干热季宜充分浇水而不积水；种前施足底肥，花期宜多施磷、钾肥；及时剪除残花败叶，以提升观赏效果。

应用 大花美人蕉叶片翠绿，花朵艳丽，宜作花境背景或在花坛中心栽植，也可成丛植于林缘、草地边缘。矮生品种可盆栽或作阳面斜坡地被植物供欣赏。

产地与分布 美洲热带地区。我国各地有栽培。

大花美人蕉是处女座的守护花。

花语：有“多福多寿”“子孙绵延”“一切都令人快乐”之意。红花代表“真诚地追求”；黄花代表“嫉妒”；紫花代表“信任”。

科属：茜草科　六月雪属　学名：*Serissa japonica*　别名：满天星　碎叶冬青　白马骨　英文名：Junesnow

六月雪

形态 六月雪为常绿小灌木，分枝多而密，嫩枝绿色有微毛，老茎褐色，有明显的皱纹，株高60~90cm。叶对生或成簇生小枝上，长椭圆形或长椭圆状披针形，长0.7~1.5cm，全缘，厚革质，深绿色，有光泽。花单生或多朵簇生，白色带红晕或淡粉紫色，花冠漏斗状，花期6~7月。小核果近球形，果期8~9月。

习性 六月雪喜湿润、阳光充足的环境，惧烈日酷暑，较耐阴，对土壤要求不严，适宜肥沃、疏松富含腐殖质的微酸性土壤栽植。越冬温度0℃以上。

繁殖 ①扦插。春季及初夏用嫩枝扦插，夏季用半成熟枝扦插。②压条。于春季进行。

病虫害 病害有根腐病。虫害有蜗牛、蚜虫、介壳虫。

斑叶六月雪

管护 浇水的原则，不干不浇，浇则浇透；施肥要勤而薄，花期停止施肥；夏季需遮阳，避暴晒。

应用 六月雪适应性强，耐修剪，叶小枝密，花洁白如雪，易绑扎成型，是制作盆景的上好品种；亦可盆栽布置庭院、厅堂、客室；园林宜作花坛、花篱。全株可入药，有疏风解表、清热利湿、舒筋活络之功效。

产地与分布 中国及日本。我国各地有栽培。

花语：有“错怪”“心寒”“希望”之意。

科属：茜草科　栀子属　学名：*Gardeniaja sminoides*　别名：黄栀子　英文名：Capejasmine

栀子花

形态 栀子花为常绿灌木或小乔木，小枝绿色，老枝灰色，株高0.6~2m。单叶对生或主枝三叶轮生，叶片呈倒卵状长椭圆形，有短柄，叶片革质，表面翠绿色有光泽。花单生枝顶或叶腋，具短梗，花白色，具芳香，呈6瓣，另有重瓣品种，花期5~8月。浆果卵状至长椭圆状，果熟期10月。

习性 栀子花喜温暖、湿润、光照充足且通风良好的环境，忌强光暴晒，惧严寒，耐半阴，怕积水，萌蘖力强，耐修剪，适宜在疏松、肥沃、排水良好的酸性轻黏性土壤栽植。

繁殖 ①扦插。春季用嫩枝扦插，夏季用成熟枝扦插。②播种。于春季进行，发芽适温19~24℃。③压条。④分株。

病虫害 病害有黄化病、叶斑病、煤烟病、叶斑病、腐烂病。虫害有蚜虫、刺蛾、介壳虫、跳甲虫和粉虱。

管护 浇水以保持土壤湿润为宜；勤施腐熟薄肥；勤修剪，保持株形优美。

应用 栀子花枝繁叶茂，花雅且具清香，是盆栽优质花卉。全株可入药，有清热利尿、凉血解毒之功效。

产地与分布 中国、日本。我国各地有栽培。

栀子花是内江、常德、汉中、岳阳等市的市花。
栀子花是3月19日出生者的生日花及6月之花。

花语：有“纯洁幸福”“我很幸福”“闲雅”“清净”“和平”“友好”之意。

科属：茜草科　五星花属　**学名：***Pentas lanceolata*　**别名：**星形花　雨伞花　五星花　**英文名：**Star-cluster

繁星花

形态　繁星花为宿根性多年生草本，茎直立，枝条绿褐色，有细白茸毛。叶对生，长卵圆形或长披针形，顶端渐尖，全缘，有叶柄，纸质，绿色，叶面有明显凹痕，粗糙，羽状脉。聚伞花序，顶生，小花星形，筒状，由20~30朵星形小花组成花球，有红、紫、粉红、白等色，花期春秋。蒴果膜质，种子细小。

习性　繁星花喜温暖、湿润和半阴的环境，耐旱、耐高温，不耐寒，怕积水，适宜富含腐殖质且排水良好的土壤栽植。生长适温25~30℃。

繁殖　①播种。于春季进行，发芽适温16~18℃。②扦插。可全年进行，但以春、秋两季最佳。

病虫害　病害有褐斑病、灰霉病。虫害有红蜘蛛、白粉虱和蚜虫等。

管护　保持光照充分；浇水以保持土壤湿润为宜，不可积水；生长期每半月施一次复合肥，花期施磷、钾肥。

应用　繁星花数十朵聚生成团，艳丽悦目，常作盆栽布置庭园、花坛或装饰厅堂、客室等。亦可作切花、插花材料。

产地与分布　非洲马达加斯加。我国各地有栽培。

花语：有“团结”之意。

科属：茜草科　龙船花属　**学名：***Ixora chinensis*　**别名：**仙丹花　英丹花　**英文名：**China ixora

龙船花

形态　龙船花为常绿小灌木，小枝初时深褐色，有光泽，老时呈灰色，株高0.6~1m。叶对生或4枚轮生，薄革质，长圆状披针形至长圆状倒披针形，顶端钝或圆形，基部短尖或圆形。聚伞花序顶生，多花，具短总花梗，花细长高脚蝶状，花叶秀美，花多红或橙色亦有黄、白、双色等。花期3~12月。果近球形。

习性　喜温暖、湿润和阳光充足的环境，耐半阴、不耐寒，惧强光、怕水涝，适宜肥沃、疏松且良好的酸性沙质土壤栽植。生长适温15~25℃。

繁殖　①扦插。于夏季用半成熟枝扦插。②播种。于春季进行，发芽适温22~24℃。③压条。于夏季进行。

病虫害　病害有叶斑病和炭疽病。虫害有蚜虫、介壳虫。

管护　龙船花生长期需光照充足；生长期需充分浇水，保持盆土湿润而不积水；每半月施1次复合肥，花期施磷、钾肥。

应用　龙船花株形美观，开花密集，终年有花可赏，是重要的盆栽木本花卉，特别适合宾馆大堂、客厅、窗台、阳台摆放。亦适合公园、庭院栽植观赏。根、茎、叶可入药，有散瘀止血、调经、降压之功效。

产地与分布　中国南部地区和马来西亚。我国各地有栽培。

龙船花为缅甸的国花。

花语：有“团结”“早生贵子”之意。另有“争先恐后”之说。

科属： 茜草科　玉叶金花属　**学名：** *Mussaenda pubescens*　**别名：** 白纸扇　**英文名：** Jadeleaf and goldflower

玉叶金花

形态　玉叶金花为攀缘灌木，常攀爬在其他植物上，小枝灰褐色，初有贴伏疏柔毛，皮孔明显。叶对生或轮生，薄纸质或革质，椭圆形至椭圆状卵形，长5~8cm，宽2~3cm，先端渐尖，基部楔形，两面散生短柔毛。聚伞花序，顶生，密集多花，5枚萼片中一枚变形为叶片状，形成白色的阔椭圆形花叶，花冠金黄色，花星形，花期6~7月。

习性　玉叶金花适应性强，喜温暖、湿润阳光充足的环境，耐热、不耐寒，适宜肥沃、疏松、湿润排水良好土壤栽植。

红玉叶金花

繁殖　①扦插。于春季进行，剪取健壮的嫩枝作插穗进行扦插。②播种。种子不易获得，出芽成活率低，一般少用。

病虫害　病害有叶斑病和白粉病。虫害主要是介壳虫。

管护　生长期光照宜充分；保持土壤湿润而不积水；苗期注意多施复合肥，花蕾期追施磷、钾肥；适时进行修剪及摘心控制枝蔓过长生长。

应用　株形舒展，花形奇特，花期长，园林常栽植于林下、假山旁观赏，亦可盆栽布置庭院、厅堂。茎、根可入药，有清热解暑、凉血解毒之功效。叶、茎晒干后可泡水饮用，有清凉解渴之功效。

产地与分布　中国南方。我国各地有栽培。

科属： 柳叶菜科　倒挂金钟属　**学名：** *Fuchsia hybrida*　**别名：** 吊钟海棠　吊钟花　灯笼海棠　**英文名：** Fuchsia

倒挂金钟

形态　倒挂金钟为多年生灌木状草本植物，枝细长，粉红或紫红色，老枝木质化，株高0.3~1.5m。叶对生或轮生，卵形至卵状披针形，叶缘具疏齿。花生于枝上部叶腋处，具长梗而下垂，有单瓣、重瓣，花有白、粉红、橘黄、紫等色，花期1~3月。

习性　倒挂金钟喜凉爽、湿润环境，怕高温和强光，适宜肥沃、疏松、富含腐殖质且排水良好的微酸性土壤栽植。

繁殖　①播种。于春季进行，发芽适温15~24℃。②扦插。春季取嫩枝扦插，夏季取半成熟枝扦插。

病虫害　病害有根腐病、灰霉病、白粉病、锈病等。虫害有粉虱、红蜘蛛、蚜虫。

管护　倒挂金钟浇水要见干即浇，浇而透，切忌积水；生长期间要掌握薄肥勤施；每年萌芽之前需翻盆一次。

应用　倒挂金钟垂花朵朵，如悬挂的彩色灯笼，观赏性强，适宜盆栽布置客室、厅堂；亦可瓶插观赏。全株可入药，有行血去瘀、凉血祛风之功效。

产地与分布　墨西哥、秘鲁、智利、阿根廷、波利维亚等国。我国各地有栽培。

倒挂金钟是5月22日和11月22日出生者的生日花。

花语：有“尝试”“很热心”“美丽而冷淡”“警告”“诚实”之意。红色花代表“热情”；白色花代表“仰慕”。

科属：柳叶菜科 月见草属 学名：*Oenothera speciosa* 别名：白花月见草 晚樱草 英文名：Evening primrose

美丽月见草

形态 美丽月见草为多年生草本植物，多作1~2年生栽培，茎直立，株高50~80cm。叶对生，叶线形或披针形，边缘有疏细锯齿，两面被白色柔毛。花单生于枝端叶腋，排成疏穗状，花白、黄及粉红色，具芳香，花径达8cm以上，花傍晚见月开放，故得名"月见草"，花期5~10月。蒴果。

习性 美丽月见草喜光，耐寒，忌积水，耐半阴，抗风力差，适宜肥沃、排水良好的沙质土壤栽植。

繁殖 播种。美丽月见草具有自播能力，亦可随采随播。

病虫害 美丽月见草抗病虫害能力强，但水量过多易得腐烂病。

管护 美丽月见草见干浇水，不可积水；生长期每月施1次复合肥，花期可追施磷、钾肥；植株过高易倒伏，需要防范。

应用 美丽月见草花大、美丽、花期长，是受人们喜爱的草本花卉，可植于公园、广场、庭院，亦可盆栽观赏。

产地与分布 美洲温带地区。我国各地有栽培。

花语：有"默默的爱""不屈的心""自由的心"之意。

科属：柳叶菜科 送春花属 学名：*Godetia amoena* 别名：送春花 英文名：Satin flower

古代稀

形态 古代稀为1~2年生草本，茎直立，多分枝，株高30~60cm。叶互生，条形至披针形，中绿色，常有小叶簇生于叶腋。穗状花序，花单生或数朵簇生在一起成为简单的穗状花序，花芽直立，花色有粉红、白、紫、洋红及复色等，花期6~10月。硕果，种子细小。

习性 古代稀喜冷凉、稍干燥和阳光充足的环境，忌酷热、怕严寒，适宜肥沃、排水良好的沙质土壤和夏季凉爽的地区种植。

繁殖 多用播种繁殖，于春季或秋季进行；发芽适温15~18℃。

病虫害 古代稀抗病能力强，少有病害发生。虫害易受红蜘蛛、蚜虫的危害。

管护 见干浇水，不可积水；生长期每月施1次复合肥，花期可追施磷钾肥；植株过高易倒伏，需要防范。

应用 古代稀是花形大、花色艳丽、品种繁多的花卉，园林中可成片种植于花坛、花境。亦可盆栽，适合布置厅堂、客室、会议室供观赏。高茎品种是切花的好材料。

产地与分布 美国加利福尼亚州北部沿海。我国有栽培。

花语：有"虚荣"之意。

科属：草海桐科 草海桐属 **学名：***Scaevola aemula* **别名：**蓝扇花 **英文名：**Fan flower

紫扇花

形态 紫扇花为多年生宿根草本花卉，常作一年生栽培，全株密被细柔毛，株高15~25cm。叶互生或丛生枝端，线状椭圆形或倒披针形，全缘或三浅裂，叶绿色至蓝绿色。总状花序，花腋生，花紫色或蓝色，由5片蓝紫色长椭圆形花瓣组成的半圆形花冠，犹如展开后的一把把折扇，故得名“紫扇花”，花期4~8月。

习性 紫扇花喜凉爽、湿润和阳光充足的环境，耐半阴、不耐寒、惧湿热，适宜肥沃、疏松和排水良好的沙质土壤栽植。

繁殖 ①播种。于春季进行，发芽适温19~24℃。②扦插。于春末或夏季剪取嫩枝扦插。

病虫害 紫扇花抗病能力强，稍有病害。偶有蚜虫、红蜘蛛。

管护 保持土壤湿润而不积水；生长期每月施1次复合肥，花期可追施磷钾肥；夏季需避炎热，冬季需防寒。

应用 紫扇花叶茂花繁，其花犹如展开的一把把折扇，又像被切掉一半的“半边花”，十分奇特，极具观赏价值。适宜盆栽布置庭院、厅堂、客室、书房。园林可片植供游人观赏。

产地与分布 澳大利亚。我国有栽培。

科属：柿树科 柿树属 **学名：***Diospyros cathayensis* **别名：**刺柿 瓶兰花 **英文名：**China persimmon

金弹子

形态 金弹子为常绿灌木或小乔木，茎干刚劲挺拔，自然虬曲，色泽如铁，宜于制作树桩盆景。叶卵状长椭圆形或披针形，叶深绿色，厚革质有光泽。花腋生，青白色或淡黄色，花形似瓶，具浓香，花期5~6月。果实有椭圆形或圆球形，初为绿色成熟时变为橘红色或橙黄色，形似弹丸，故得名“金弹子”。果期9~10月。

习性 金弹子喜温暖、湿润和阳光充足的环境，不耐寒，耐干旱，稍耐阴，适宜肥沃、土层深厚且排水良好的酸性土壤栽植。

繁殖 ①扦插。于春季进行，易成活。②播种。于春季进行，播前需要先浸种。③嫁接。春季用枝接，夏、秋季用芽接，梅雨季节用靠接。

病虫害 金弹子病虫害很少，主要有介壳虫。

管护 夏季应充足浇水，春秋和冬天，盆土不干不浇，浇必浇透；春秋多施肥，夏天少施肥，冬天不施肥。

应用 金弹子花香似兰，挂果累累，是看叶、赏花、观果的优质品种，由于其挂果期正置春节，金弹子是重要的年宵花卉，春节期间人们争先购买布置客厅，增添喜庆。经过精心制作的金弹子盆景具有很高经济价值。

产地与分布 中国。我国各地有栽培。

花语：有“大吉大利”“招财进宝，来年发财致富”之意。

科属： 荨麻科 冷水花属 **学名：** *Pilea cadierei* **别名：** 透白草 白雪草 **英文名：** Spotleaf coldwater flower

花叶冷水花

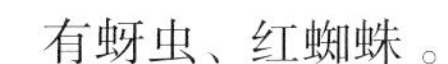

形态 花叶冷水花为多年生常绿草本，茎肉质，多汁，无毛，高20~40cm。叶对生，叶柄每对不等长，叶片膜质，狭卵形或卵形，先端渐尖，基部圆形或宽楔形，绿色的叶面上有4条大小不同的纵向条纹，叶背浅绿色，叶缘有浅齿。聚伞花序顶生，自叶腋抽出，小花白色，花期7~9月。瘦果卵形，稍偏斜，淡黄色，果期9~11月。

习性 花叶冷水花喜温暖、湿润的环境，较耐水湿，不耐旱，较耐寒，适宜肥沃、疏松、湿润且富含腐殖质的土壤栽植。

繁殖 ①扦插。于春季取顶茎进行扦插。②分株。于春季结合换盆进行。

病虫害 病害有叶斑病。虫害有蚜虫、红蜘蛛。

管护 冬天宜光照充足，夏天需遮阳；盆土保持干而不燥，湿润而不积水；生长期每半月施1次复合肥，秋后追施磷、钾肥，壮茎秆。

应用 花叶冷水花适应性强，容易繁殖，管理简便，株丛小巧素雅，绿叶白纹美丽多姿，适宜盆栽陈设于书房、卧室，清雅宜人。也可吊盆栽培。全草可入药，有清热利湿之功效。

产地与分布 印度、越南。我国各地有栽培。

花语：有“爱的别离”之意。

科属： 胡椒科 草胡椒属 **学名：** *Peperomia obtusifolia* **别名：** 圆叶豆瓣绿 **英文名：** Peperomia

圆叶椒草

形态 圆叶椒草为多年生常绿草本，茎直立，肉质，多分枝，株高约20~40cm。单叶互生，叶椭圆形或倒卵形，叶端钝圆，叶基渐狭至楔形，叶长5~6cm，宽4~5cm，叶面光滑有光泽，质厚而硬挺，叶色碧绿。穗状花序，密生小花，绿白色，花期春到夏季。

习性 圆叶椒草喜温暖、湿润和半阴的环境，稍耐干旱和半阴，不耐寒，忌阴湿，较耐阴。适宜肥沃、疏松富含腐殖质且排水良好的土壤栽植。生长适温18~28℃。

繁殖 圆叶椒草常用扦插法繁殖，于4~5月进行，用带柄的叶作插穗或顶枝作插穗进行扦插。

病虫害 圆叶椒草病害有根腐病、茎腐病、栓痂病。虫害有介壳虫和蛞蝓。

管护 圆叶椒草怕强阳光直射，冬季可置于向阳处；生长期每月施2~3次稀薄液肥；保持土壤湿润而不积水，冬季宜少浇水。

应用 圆叶椒草为观叶品种，叶形奇特，叶色碧绿，植株玲珑可爱，盆栽适合厅堂、客室、书房的几案、写字台摆放欣赏。南方可露植于庭院、公园。

产地与分布 委内瑞拉。我国各地有栽培。

花语：有“中立公正”“雅致”“少女的娇柔”之意。

科属：胡椒科 草胡椒属　学名：*Peperomia argyreia*　别名：西瓜皮豆瓣绿　英文名：Watermelon plant

西瓜皮椒草

形态 西瓜皮椒草为多年生簇生型草本植物，茎短，株高约15~25cm。短茎上丛生西瓜皮状盾形叶，叶卵形，长6~12cm，宽4~8cm，叶柄红褐色，长12~15cm，叶脉由中央向四周呈辐射状；主脉11条，浓绿色，脉间银灰色，形成西瓜皮状花斑纹，故得名“西瓜皮椒草”。穗状花序，花小，白色。

习性 西瓜皮椒草喜高温、多湿及半阴的环境，不耐寒、忌阳光暴晒，适宜肥沃、疏松且排水良好的土壤栽植，生长适温20~28℃。

繁殖 ①分株。可于春秋两季进行，选取有新芽的植株，切割成数株分栽。②扦插。于春季枝插，于夏季叶插。

病虫害 西瓜皮椒草病虫害较少。病害有叶斑病。虫害有介壳虫、红蜘蛛。

管护 盆栽要摆放在半阴处，忌强光直射；每月施1次稀薄腐熟饼肥；生长季节应保持盆土湿润，但不能积水，否则易烂根落叶。

应用 西瓜皮椒草株形矮小，叶片肥厚，叶面斑纹奇特，生长繁茂，适合盆栽和吊篮栽植，常作室内装饰观赏。

产地与分布 南美洲热带地区。我国各地有栽培。

花语：有“吉祥如意”之意。

科属：胡椒科 草胡椒属　学名：*Peperomia polybotrya*　英文名：The lotus plants

荷叶椒草

形态 荷叶椒草为多年生草本，株高15~30cm。叶簇生，近肉质较肥厚，倒卵形，灰绿色杂以深绿色脉纹。穗状花序，灰白色。

习性 荷叶椒草喜高温、多湿及半阴的环境，不耐寒、忌阳光暴晒，适宜肥沃、疏松且排水良好的土壤栽植。生长适温20~28℃。

繁殖 ①分株。可于春秋两季进行，选取有新芽的植株，切割成数株，每株必须带根和芽，分别栽植。②扦插。于春季枝插，于夏季叶插，叶需带1~2cm的柄，插至叶片1/3处，生根适温20~25℃，15天后可生根。

病虫害 病虫害较少。病害有叶斑病。虫害有介壳虫、红蜘蛛。

管护 栽培盆土以肥沃的腐殖质土最好；盆栽要摆放在半阴处忌强光直射；每月施1次稀薄腐熟饼肥；生长季节应保持盆土湿润，但盆内不能积水，否则易烂根落叶。

应用 荷叶椒草叶姿玲珑可爱，叶色亮丽，翠绿不凋，耐阴性好，适合盆栽和吊篮栽植，常作室内装饰观赏用于布置宾馆的客房、办公室、家庭的客厅、书房、卧室等。

产地与分布 热带、亚热带地区。我国各地有栽培。

花语：有“吉祥如意”之意。

科属：胡椒科 椒草属 **学名**：*Peperomia caperata* **别名**：皱叶豆瓣绿 四棱椒草 **英文名**：Emerald ripple

皱叶椒草

形态 皱叶椒草为多年生常绿草本，茎短，植株簇生，株高20~25cm。叶丛生圆心形，叶面多皱褶，叶暗红色或深绿色，主脉及侧脉向下凹陷。肉穗花序，白绿色细长。

习性 皱叶椒草喜明亮的散射光、高温、多湿及半阴的环境，不耐寒、忌阳光暴晒，适宜肥沃、疏松且排水良好的土壤栽植。

繁殖 ①分株。可于春秋两季进行，选取有新芽的植株，切割成数株，每株必须带根和芽，分别栽植。②扦插。于春季枝插，于夏季叶插，叶需带1~2cm的柄，插至叶片1/3处。生根适温20~25℃。

病虫害 病虫害较少。病害有根腐病、茎腐病。虫害有介壳虫、红蜘蛛。

管护 皱叶椒草栽培的盆土宜以肥沃的腐殖质土最好；盆栽要摆放在半阴处，忌强光直射；每月施1次稀薄腐熟饼肥；生长季节应保持盆土湿润，但盆内不能积水，否则易烂根落叶。

应用 皱叶椒草叶姿玲珑可爱，叶色亮丽，暗红色的叶面非常奇特，观赏价值极高，耐阴性好，适合盆栽和吊篮栽植，常作室内装饰观赏用于布置宾馆的客房、办公室、家庭的客厅、书房、卧室等。

产地与分布 热带及亚热带地区。我国各地有栽培。

花语：有“吉祥如意”之意。

科属：骨碎补科 肾蕨属 **学名**：*Nephrolepis cordifolia* **别名**：蜈蚣草 圆羊齿 **英文名**：Tuber fern

肾蕨

形态 肾蕨为常绿附生或地生植物，根状茎直立。叶簇生，柄长6~11cm，暗褐色，略有光泽，叶片线状披针形或狭披针形，长30~70cm，宽4~6cm，先端短尖，叶轴两侧被纤维状鳞片，一回羽状，约45~120对，互生，常密集而呈覆瓦状排列，叶草质，有光泽，孢子囊位于主脉两侧。

习性 肾蕨喜温暖、湿润和半阴的环境，忌寒冷霜冻，适宜富含腐殖质且排水良好的土壤栽植，生长适温为18~20℃。

繁殖 ①分株。随时进行，但以春季换盆时为好。②孢子繁殖，将成熟的孢子播于培养土，覆膜保湿，50天后长出新的孢子体。③组织培养。

病虫害 病害有叶枯病。虫害有蚜虫和红蜘蛛。

管护 保持土壤湿润，夏季及干旱季节需要对植株喷水增湿；生长季节每半月施稀薄肥1次；冬季做好防冻，越冬温度不低于8℃。

应用 肾蕨生性健壮，管理粗放，深裂叶面奇特，叶片展开后下垂，十分优雅，且四季常青，形态自然潇洒，广泛地应用于布置客厅、办公室和卧室，更适合吊盆悬挂于窗前或摆放于花架供欣赏。全草可入药，有清热、利湿、消肿、解毒之功效。

产地与分布 热带和亚热带地区。我国各地有栽培。

科属：鸭跖草科 紫露草属 **学名：***Tradescantia sillamontana* **别名：**白绢草 **英文名：**Mhite gossamer

白雪姬

形态 白雪姬为多年生肉质草本植物，植株丛生，短粗的肉质茎直立或稍匍匐，株高20~30cm，全身被有浓密的白色长毛。叶互生，绿色或褐绿色，稍具肉质，长卵形。花着生于茎的顶部，淡紫粉色。

习性 白雪姬喜温暖、湿润和阳光充足的环境，耐半阴和干旱，不耐寒，忌烈日暴晒和水涝，适宜疏松、肥沃且排水、透气良好的壤土栽植。生长适温16~24℃。

繁殖 ①分株。于春季结合换盆进行，将母株带根分割为2~3份分栽即可。②扦插。生长季节剪取带顶梢的茎在沙土或蛭石中进行扦插。

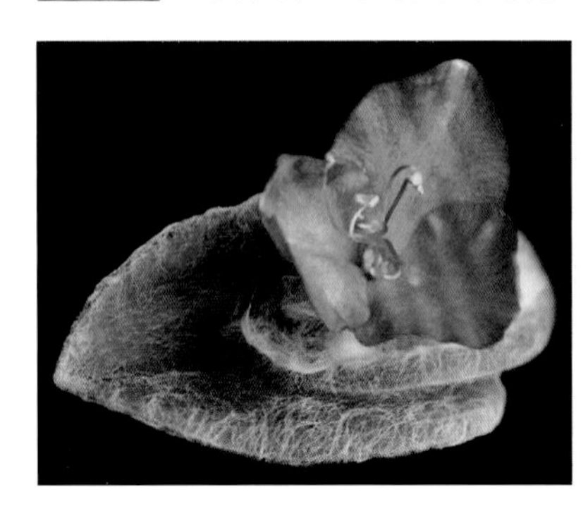

病虫害 白雪姬病害要预防灰霉病的危害。

管护 白雪姬要保持光线明亮且不可阳光直射；保持盆土湿润而不积水；每月施1次腐熟的稀薄液肥或复合肥。

应用 白雪姬形态独特，满株被白色茸毛，淡紫色的小花精致而醒目，适合家庭栽培点缀几案、书桌、窗台等处供欣赏。

产地与分布 危内瑞拉、伯利兹、墨西哥。我国各地有栽培。

科属：鸭跖草科 紫露草属 **学名：***Tradescantia spathacea* **别名：**紫背万年青 蚌兰 **英文名：**Boat lily

小蚌花

形态 小蚌花为多年生常绿草本，茎短，株高20~49cm。叶簇生于茎上，剑形，叶长20~30cm、宽3~5cm，叶面绿色，叶背紫色。花白色，腋生，佛焰苞呈蚌壳状，淡紫色，花瓣3片。

习性 小蚌花喜温暖至高温、湿润及光照充足的环境，较耐旱，惧严寒，适宜肥沃、富含腐殖质且排水良好的土壤栽植。生长适温18~30℃。

繁殖 ①分株。于春季结合换盆进行，将基部蘖生的子株带根与母株割离后另栽。②扦插。于夏季进行。

病虫害 小蚌花病虫害较少，注意预防灰霉病。

管护 适应性较强，管理粗放，栽培时要保持阳光充足；浇水要适量，保持盆土湿润；每半月施1次复合肥。

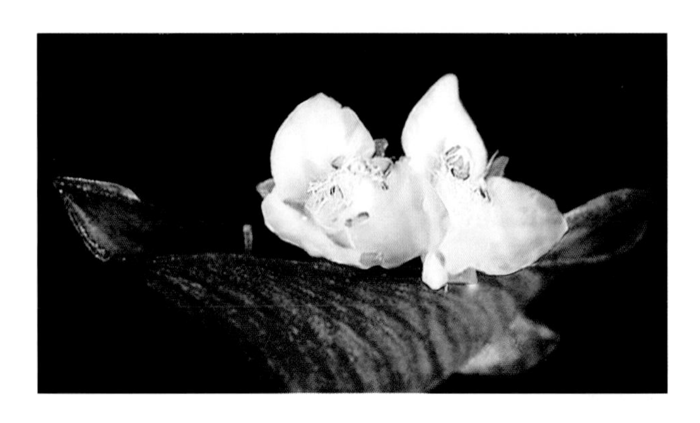

应用 小蚌花因其适应性强，易管理，园林应用广泛，常用于花境、路边或成片栽植。亦可盆栽或水培欣赏。花及叶可入药，有清热化痰、凉血止痢之功效。

产地与分布 美洲热带地区。我国各地有栽培。

科属：鸭跖草科 紫露草属 **学名：***Tradescantia fluminensis* ‘Variegata’ **别名：**花叶水竹草 **英文名：**Variegated zebrina pendula

斑叶水竹草

形态 斑叶水竹草为常绿宿根草本，茎匍匐呈蔓性，茎有节，且节处极易生根，茎长30~60cm。叶互生薄肉质，翠绿色半透明状，具宽窄不等的黄白色纵条纹，有光泽。花白色。

习性 喜温暖、湿润及光线明亮的环境，不耐寒，较耐阴，稍耐旱，斑叶水竹草对土壤无特殊要求，但适宜疏松、肥沃且排水良好的沙质土壤栽植。生长适温18~30℃。

繁殖 ①扦插。随时进行，剪取顶枝插入基质即可。②分株。一般于春或秋季进行。

病虫害 少有病虫害，偶有白粉病发生。虫害有蛾类、介壳虫、粉虱。

管护 保持光线明亮，以使斑纹清晰；生长期每天浇水1次，保持土壤湿润，并给叶面喷水，冬季减少水量；生长期每月施液肥1次即可。

应用 斑叶水竹草生长强健，易管理，枝叶繁茂，叶色秀丽，是非常理想的观叶花卉品种。宜盆栽置于客厅、卧室、书房的花架或吊于窗前观赏，园林常作地被植物或布置花坛、花境。

产地与分布 美洲巴西及南部非洲。我国各地有栽培。

花语：有“朴实”“纯洁”之意。

科属：鸭跖草科 紫露草属 **学名：***Tradescantia zebrina* **别名：**吊竹草 吊竹兰 **英文名：**Silver Inch plant

吊竹梅

形态 吊竹梅为常绿多年生草本。茎蔓生，半肉质，分枝，节上生根，茎稍柔弱，绿色，茎披散或悬垂，长约1m。叶椭圆状卵形至矩圆形，无柄，长3~7cm，宽1.5~3cm，先端短尖，上面紫绿色而杂以银白色，中部边缘有紫色条纹，下面紫红色。聚伞花序，腋生，花紫粉色至蓝紫色，花期5~9月。蒴果。

习性 吊竹梅喜温暖、湿润及半阴的环境，不耐寒、耐水湿，怕旱，适宜肥沃、疏松的土壤栽植。生长适温15~25℃。

繁殖 吊竹梅以扦插为主，随时可剪取顶芽进行扦插。

病虫害 少有病虫害，偶有白粉病发生。虫害有蛾类、介壳虫、粉虱。

管护 喜水湿，生长期每天浇水1次，保持土壤湿润，并给叶面喷水，冬季减少浇水量；生长期每月施液肥1次即可；越冬温度不能低于10℃。

应用 吊竹梅适宜盆栽置于客厅、卧室、书房的花架或吊于窗前观赏，园林常作地被植物或布置花坛、花境。

产地与分布 墨西哥。我国各地有栽培。

花语：有“朴实”“纯洁”“淡雅”“天真”“希望”“宁静”之意。

科属：鸭跖草科 紫竹柏属 **学名：***Setcreasea purpurea* **别名：**紫叶草 紫锦草 **英文名：**Purple setcreasea

紫竹梅

形态 紫竹梅为多年生草本植物，茎紫褐色，初始直立，伸长后呈匍匐状半蔓性，植株高20~30cm。叶披针形，略有卷曲，基部抱茎，紫红色，被细茸毛。聚伞花序，花顶生，花瓣3，花桃红色或亮粉色，花期春夏季。蒴果，椭圆形，有3条隆起棱线。

习性 紫竹梅喜温暖、湿润和阳光充足的环境，不耐寒，忌阳光暴晒，喜半阴。对干旱有较强的适应能力，适宜肥沃、湿润、疏松及排水良好的壤土栽植。

繁殖 ①扦插。随时进行，剪取顶枝插入基质即可。②分株。于春或秋季进行。

病虫害 少有病虫害，偶有白粉病发生。虫害有蛾类、介壳虫、粉虱。

管护 生长期内盛夏需遮阳，其他季节光照宜充足；浇水要做到见干浇透，炎热及干旱季节，要向植株周围喷水降温增湿；肥过多会引起徒长，生长期每月施1次饼水肥即可。

应用 紫竹梅观叶胜于看花，盆栽置于花架或吊于窗前，使房间彰显风姿雅韵。园林常作地被植物或布置花坛、花境。全草可入药，有活血、利尿、消肿、散结、解毒之功效。

产地与分布 墨西哥。我国各地有栽培。

花语：有“坚决、勇敢、无畏、无限力量”及“希望、理想、忧伤、怜爱”之意。

科属：旅人蕉科 鹤望兰属 **学名：***Strelitzia reginae* **别名：**天堂鸟花 **英文名：**Bird-of-paradise flower

鹤望兰

形态 鹤望兰为多年生常绿宿根草本，根粗壮肉质，株高1~2m。叶对生，两侧排列，革质，长椭圆形或长椭圆状卵形，长约35~50cm，宽15~20cm，叶柄长80~150cm，叶中有纵槽沟。花顶生，花序外有总佛焰苞片，长约15cm，绿色，边缘晕红，着花6~8朵，顺次开放。外花被片橙黄色，内花被片天蓝色。花期秋冬季，开花百天以上。

习性 鹤望兰喜温暖、湿润和阳光充足的环境，怕积水，不耐寒，耐半阴，适宜疏松、肥沃、土层深厚和排水良好的沙质土壤栽植。

繁殖 ①播种。即采即播，发芽适温18~21℃。②分株。于春季或开花后进行，从 根茎处带根割开另栽。

病虫害 鹤望兰病害有根腐病、灰霉病、细菌性立枯病。虫害有粉虫、红蜘蛛、介壳虫。

管护 鹤望兰盆栽宜使用直径30~40cm大盆或木桶栽植；盆土用肥沃园土、腐叶土加少量粗沙的混合土；勤浇水而不积水；生长期每月施肥1次，长出新叶时要及时补肥；幼株生长迅速需每年换盆1次，成年株可2~3年换盆1次。

应用 鹤望兰为大型盆栽花卉，花形奇特，色彩夺目，宛如仙鹤翘首远望，且开花时间长，适宜宾馆、商厦、候机楼等公共场所摆放。南方亦可丛植于庭院、公园供游人欣赏。花枝为高档切花。

产地与分布 南非。我国南方各地有栽培，北方盆栽观赏。

鹤望兰是射手座的守护花。

花语：有“长寿”“胜利”“花花公子”“为恋爱打扮得漂漂亮亮的男子”之意。

科属：莎草科 莎草属 **学名：***Cyperus involucratus* **别名：**水竹 风车草 **英文名：**Unbrella plant

伞草

形态 伞草为多年湿生草本挺水植物，茎秆挺直，茎近圆柱形，丛生，上部较为粗糙，下部包于棕色的叶鞘之中，株高0.6~1.6m。叶状苞片呈螺旋状排列在茎的顶部，11~25枚叶状苞片向四面辐射呈伞状，故得名“伞草”。聚伞花序，小穗顶生，花小，淡黄色，花期8~9月。小坚果，椭圆形近三棱形，果成熟期9~10月。

习性 伞草喜温暖、湿润、通风良好、光照充足的环境，耐半阴，甚耐寒，喜水湿、怕干旱，适宜肥沃稍黏的土质栽植。

繁殖 ①播种。于春季进行，发芽适温20~25℃。②分株。于春季进行，将母株带根分割后另栽。③扦插。可随时进行，剪取健壮的顶芽茎段3~5cm，对伞状叶进行修剪，插入沙中保湿。

病虫害 病害有叶枯病。虫害有红蜘蛛。

管护 夏季需避暴晒；充分浇水；每半月施1次稀薄的复合肥。

应用 伞草株丛繁密，叶形奇特，是良好的观叶植物，适宜盆栽布置客厅、会议室观赏。也可水培或作插花材料。南方露地栽培，公园、庭院配置于水岸边假山石的缝隙作点缀，具天然情趣。全草可入药，有清热泻火、活血解毒之功效。

产地与分布 非洲马达加斯加。我国各地有栽培。

花语：有“生命力顽强”“果敢坚韧”“直节冲云霄”之意。

科属：桃金娘科 细子木属 **学名：***Leptospermum scoparium* **别名：**鱼柳梅 **英文名：**Manuka

松红梅

形态 松红梅为常绿小灌木，分枝繁茂，枝条红褐色，较为纤细，新梢有茸毛，株高0.8~2m。叶互生，丛生状，叶片线状或线状披针形，叶长1~2cm。花单生，杯状至浅碟状，花有单瓣、重瓣，花有红、粉红、桃红、白等多种颜色，花期3~9月。蒴果革质，成熟时先端裂开。

习性 松红梅喜凉爽、湿润、阳光充足的环境，忌积水、怕烈日暴晒，适宜疏松、肥沃、富含腐殖质且排水良好的微酸性土壤中栽植。生长适温为18~25℃。

繁殖 ①播种。于春季或秋季进行，发芽适温13~16℃。②扦插。于夏季进行，剪取半成熟枝进行扦插。③压条。于春季或秋季进行。

病虫害 松红梅病虫害较少，偶有蚜虫、刺蛾。

管护 松红梅盆栽以腐殖质土混合河沙为佳；盆栽要及时剪枝，促其多分枝；保持湿润而不积水；生长期间每1~2个月施复合肥1次。

应用 松红梅盛开时繁花似锦、明媚娇艳，花期很长，适宜盆栽，可布置居室、厅堂、客室，亦可植于公园、庭院、居民区供观赏。可作切花。

产地与分布 新西兰、澳大利亚。我国各地有栽培。

花语：有“胜利”“坚定”“高升”之意。

科属： 桃金娘科 番樱桃属 **学名：** *Eugenia uniflora* **别名：** 番樱桃 **英文名：** Brazilian cherry

红果仔

形态 红果仔为灌木或小乔木，全株无毛，株高可达6m。叶对生，近无柄，革质，卵形至卵状披针形，先端渐尖，基部圆形或近心形，叶深绿色，有半透明的腺点。花单生或数朵聚生于叶腋，花白色，稍具芳香，花期春季。浆果球形，有8~10条棱，熟时深红色，味美，富含营养。

习性 红果仔喜湿润、温暖和阳光充足的环境，不耐寒和干旱，适宜肥沃、疏松和排水良好的环境栽植。

繁殖 ①播种。随采随播，播后保持土壤湿润，40天后出苗，翌年春季移栽。②扦插。结合春季换盆进行，将健壮的粗根剪下扦插，成活率高。

病虫害 红果仔病虫害很少，偶尔有毛毛虫为害。

管护 红果仔生长期勤浇水，并向植株及周围喷水，增加空气湿度，冬季控制浇水；应薄肥勤施，可每10~15天施1次腐熟的稀薄液肥；红果仔耐修剪，可根据自己爱好进行修剪整形，生长期随时摘去无用的芽，适时摘心，以保持株形的完美；每2年左右在春季换盆1次。

应用 红果仔株形美观，为重要的观果植物，适宜公园、居民区、庭院栽植观赏。盆栽可布置厅堂、客室欣赏。果可食用。

产地与分布 巴西。我国引种栽培。

花语：有“成熟的喜悦”之意。

科属： 桔梗科 桔梗属 **学名：** *Platycodon grandiflorus* **别名：** 铃铛花 僧帽花 **英文名：** Balloon flower

桔梗

形态 桔梗为多年生草本，茎直立，有分枝，植株内有乳汁，全株光滑无毛，根肉质，圆锥形或有分叉，黄褐色，株高40~90cm。叶互生，亦有对生，近无柄，叶片长卵形至披针形，边缘有锯齿，淡蓝绿色。总状花序，花单生于茎顶或数朵聚生于茎上，花冠钟形，蓝紫色或蓝白色，亦有粉色，裂片5，花期6~8月。蒴果卵形。

习性 桔梗喜温暖、湿润、凉爽及阳光充足的环境，抗干旱，耐严寒，怕风害、忌积水，适宜土层深厚、疏松、富含腐殖质且排水良好的土壤栽植。

繁殖 ①播种。多于春季进行，发芽适温18~21℃。②分株。于夏季进行。

病虫害 桔梗病害有根腐病及白粉病。

管护 保持土壤湿润，不可积水；桔梗植株较高而茎相对纤细，遇强风会倒伏，应防范。

应用 桔梗的花似悬铃，花朵多，开花期可达4个月以上，适宜公园片植、景观大道条植成景。亦可盆栽观赏。可作切花。桔梗是很有名的泡菜食材。根可入药，有宣肺、祛痰、排脓等功效。

产地与分布 中国、朝鲜半岛、日本和西伯利亚东部。我国各地有栽培。

桔梗是4月23日出生者的生日花。桔梗是处女座的守护花。

花语：有“诚实”“柔顺”“不变的爱”“悲哀”“慈祥”之意。

科属：桔梗科　风铃草属　学名：*Campanula medium*　别名：钟花　瓦筒花　英文名：Bellflower

风铃草

形态　风铃草为二年生草本，全株被短毛，高0.2~1m。基生叶卵状披针形，茎生叶小而无柄。总状花序，顶生或腋生，花冠钟状，有5浅裂，基部略膨大，花有白、蓝、紫及淡桃红等色，花期4~6月。蒴果，成熟时自基部3瓣裂，果期8~10月。

习性　风铃草喜夏季凉爽、冬季温暖及阳光充足的环境，既不耐热、又不耐寒，适宜疏松、肥沃及排水良好的沙质土壤栽植，生长适温15~22℃。

繁殖　风铃草主要靠播种繁殖，当种子成熟后，随采随播，翌年可开花。秋后播种，需第三年方可开花。

病虫害　病害有白粉病、叶斑病和锈病。虫害有蓟马、蚜虫。

管护　冬季防寒冷，夏季防酷暑；生长期保持土壤湿润而不积水；每半月施1次复合肥。

应用　风铃草花形宛如风铃，玲珑可爱，适合用于花坛、花境栽植，亦可盆栽观赏。风铃草可作切花。风铃草全草入药，具有清热解毒、止痛之功效。

产地与分布　欧洲南部。我国各地有栽培。

花语：有“感谢”“嫉妒”“创造力”“来自远方的祝福”“温柔的爱”“忠实、正义”之意。花箴言：人没有十全十美的，包括你自己。

科属：桔梗科　半边莲属　学名：*Lobelia erinus*　别名：六倍利　水苋菜　英文名：Lobelia

山梗菜

形态　山梗菜为多年生草本，常作一年生栽培，根状茎直立，生多数须根，茎圆柱状，少分枝，无毛，株高0.6~1.2m。叶螺旋状排列，在茎的中上部，较密集，无柄，叶片厚纸质，宽披针形至条状披针形，先端渐尖，叶绿色或青铜色。总状花序顶生或腋生，花冠先端5裂，下3裂片较大，形似蝴蝶展翅，花有紫蓝、红、粉、白等色，花期4~6月。蒴果倒卵形，果期7~9月。

习性　山梗菜喜凉爽、湿润和阳光充足的环境，怕严寒、忌酷热，怕暴晒及干旱，耐半阴、忌积水，适宜肥沃、疏松且排水良好的沙质酸性土壤栽植。

繁殖　①播种。于春季进行，发芽适温18~21℃。②扦插。春季取嫩枝扦插。

病虫害　山梗菜的病害有叶斑病和锈病。虫害有蚜虫。

管护　山梗菜需保持土壤湿润而不积水；生长期每月施复合肥1次，花期施磷、钾肥。

应用　山梗菜花形奇特，色彩艳丽，品种多，园林中适合布置花坛、花境。亦可盆栽、制作吊盆及庭园造景。山梗菜可入药，具有祛痰止咳、清热解毒之功效。

产地与分布　南非。我国各地有栽培。

山梗菜是10月30日出生者的生日花。

花语：有“恶意”“可怜”“同情”之意。

科属：桔梗科 半边莲属 学名：*Lobelia chinensis* 别名：瓜人草 英文名：Chinese lobelia

半边莲

形态 半边莲为多年生草本，无毛，茎细弱，匍匐，节上生根，分枝直立，高6~15cm。叶互生无柄狭窄、全缘或有疏齿、椭圆状披针形或长条形。花单生于叶腋，花瓣5片类如莲花瓣，且均偏向一侧，似半朵花，故得名“半边莲”，花有粉、白、淡紫等色，花期在5~8月。蒴果，倒锥状，果期8~10月。

习性 半边莲喜温暖、湿润的环境，较耐寒，稍耐湿及干旱，适宜肥沃、疏松的沙质土壤栽植，生长适温24~30℃。

繁殖 ①播种。于春季进行。②扦插。于夏季进行，将健壮茎枝剪下，插于土中。③分株。于春末进行。

病虫害 病害有立枯病、茎腐病。虫害有蚜虫、潜叶蝇、蓟马、白粉虱、蛞蝓。

管护 半边莲适应性强，管理简便，保持土壤湿润，生长期追施复合肥。

应用 花形奇特，适合公园、药草园、庭院种植观赏。全草入药，有利尿消肿、清热解毒之功效。

产地与分布 中国及亚洲东南部。我国南方栽培广泛。

花语：有“可怜”“同情”之意。

科属：铁线蕨科 铁线蕨属 学名：*Adiantum capillus-veneris* 别名：铁丝草 铁线草 英文名：Capillaire

铁线蕨

形态 铁线蕨为多年生草本，根状茎细长横走，密被棕色披针形鳞片，植株高20~50cm。叶基生；叶柄长，纤细，栗黑色，状如铁丝，叶片卵状三角形，基部楔形，二至三回羽状细裂，顶生小羽片近圆形或扇形，深绿色。

习性 铁线蕨喜温暖、湿润和半阴的环境，耐寒，忌阳光暴晒，适宜肥沃、疏松、含石灰质的沙质土壤栽植。生长适温21~25℃。

繁殖 ①分株。于春季结合换盆进行，将母株带根分割成2份或数份，分别栽植。②孢子繁殖，将成熟的孢子均匀地撒播于培养土上，覆膜保湿，保温20~25℃，30天后萌发为原叶体，待长成株体后分植。

病虫害 铁线蕨病虫害有叶枯病及介壳虫。

管护 铁线蕨需经常保持盆土湿润和较高的空气湿度；忌阳光直射，又需要足够的散射光；生长期每周施1次液肥。

应用 铁线蕨是蕨类栽培最普及的品种之一。茎叶秀丽多姿，形态优美，株型小巧，适合盆栽，小盆可放置厅堂的花架、几案观赏，大盆可布置会议厅、客厅、长廊；亦可用来点缀山石盆景，格外优雅。全草可入药，有祛风、活络、解热、止血、生肌之功效。

产地与分布 美洲热带及亚热带地区。我国各地有园艺栽培。

花语：有“雅致”“少女的娇柔”之意。

科属：铁角蕨科 巢属　**学名：***Asplenium nidus*　**别名：**巢蕨 山苏花 王冠蕨　**英文名：**Bird's-nest fern

鸟巢蕨

形态 鸟巢蕨为多年生常绿附生草本，根状茎短，株高0.5~1m。叶丛生于根状茎周围，呈放射状向四周伸展，形似鸟巢，故得名“鸟巢蕨”，叶革质，长条状倒披针形，鲜绿色，表面光滑，中脉明显突出，叶柄粗而短。孢子囊线形，生于叶子的背面侧脉间。

习性 鸟巢蕨喜温暖、湿润的环境，惧寒冷、怕烈日暴晒，适宜富含腐殖质的微酸性土壤栽植。生长适温20~25℃。

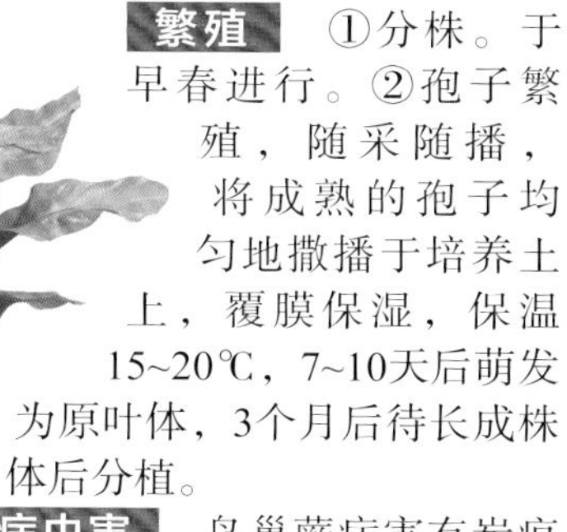

繁殖 ①分株。于早春进行。②孢子繁殖，随采随播，将成熟的孢子均匀地撒播于培养土上，覆膜保湿，保温15~20℃，7~10天后萌发为原叶体，3个月后待长成株体后分植。

病虫害 鸟巢蕨病害有炭疽病。虫害有线虫。

管护 鸟巢蕨盆土宜用蕨根、树皮块、苔藓、碎砖块和碎木屑拌合为栽培基质；适时浇水及向叶面喷水，保持湿润，不可干燥；每半月浇施1次氮、磷、钾均衡的薄肥。

应用 鸟巢蕨为阴生观叶植物，它株形丰满、叶色葱绿光亮，野味浓郁，适宜盆栽用于布置客厅、会议室及书房、卧室；悬吊于室内也别具热带情调。大型株可布置宾馆大堂、候机楼。

产地与分布 热带亚热带地区。我国各地有栽培。

花语：有“吉祥”“富贵”“清香常绿”之意。

科属：唇形科 鞘蕊花属　**学名：***Coleus blumei*　**别名：**锦紫苏 五色草 洋紫苏　**英文名：**Common graden coleus

彩叶草

形态 彩叶草为多年生草本植物，老株可长成亚灌木状，作为观赏植物，常作一年生栽培，茎4棱状，全株有毛，株高30~50cm。单叶对生，卵圆形，先端渐尖，缘具钝齿，叶面绿色，有淡黄、桃红、朱红、紫等色彩鲜艳的斑纹。总状花序顶生，花小，浅蓝色或浅紫色，花期8~9月。小坚果平滑有光泽。

习性 彩叶草喜湿润、温暖和阳光充足的环境，耐半阴、不耐寒，怕暴晒、忌积水，适宜肥沃、疏松、排水良好的土壤栽植。

繁殖 ①播种。于春季进行，发芽适温22~24℃。②扦插。春季或夏季剪取顶端的嫩枝进行扦插。

病虫害 幼苗期易发生猝倒病，生长期有叶斑病为害。虫害有介壳虫、红蜘蛛和白粉虱。

管护 彩叶草夏季要浇足水，否则易发生萎蔫；生长旺季多施磷、钾肥，以保持叶面鲜艳。

应用 彩叶草色彩鲜艳、品种甚多、繁殖容易，多用于园林美化、片植或条植，景观效果极佳。亦可盆栽布置花坛、花境或布置庭院、厅堂、客室供观赏。

产地与分布 印度尼西亚爪哇岛。我国各地有栽培。

花语：有“绝望的恋情”“善良的家风”之意。

科属： 唇形科 鼠尾草属 **学名：** *Salvia splendens* **别名：** 爆仗红 西洋红 象牙红 **英文名：** Scaret sage

一串红

形态 一串红为多年生草本，常作1年生栽培，株高30~60cm，甚至更高。叶对生，卵形，长7~10cm，宽5~7cm，边缘有细锯齿。总状花序，顶生，花萼钟状，花鲜红色，开花时，像一串串红炮仗，故又名"炮仗红"，花期5~10月。小坚果，果熟期10~11月。

习性 一串红喜温暖和阳光充足环境，不耐寒，耐半阴，惧严寒和酷暑，怕积水，适宜肥沃、疏松和排水良好的微酸性或中性土壤栽植，生长适温18~25℃。

繁殖 ①播种。于春季进行，播后因种子小不必覆土，覆膜保湿即可，发芽适温21~24℃。②扦插。初夏用半成熟枝扦插。

病虫害 病害有黑斑病、白粉病、叶枯病。虫害有刺蛾、介壳虫、蚜虫、金龟子、叶螨等。

管护 光照宜充足；浇水应及时，不可积水；生长旺季每半月施1次腐熟饼液肥。

应用 一串红适应性强，开花期长，是重要的庭院花卉，适合布置大型花坛、花境。亦可盆栽观赏。

产地与分布 巴西。我国各地有栽培。

一串红是处女座的守护花。

花语：有"热烈的思念""热情""精力充沛""喜气洋洋""满堂吉庆"之意。

科属： 唇形科 鼠尾草属 **学名：** *Salvia farinacea* **别名：** 一串蓝 蓝丝线 **英文名：** Sage

蓝花鼠尾草

形态 蓝花鼠尾草为多年生草本或常绿小灌木，园林中常作一年生栽培，多分枝，植株呈丛生状，茎为四角柱状，植株被柔毛，基部略木质化，株高20~40cm。叶对生，长椭圆形，全缘，灰绿色。具长穗状花序，长约12cm，花小，花多紫色，亦有青色或白色，花量大，花期5~10月。

习性 蓝花鼠尾草喜温暖、湿润和阳光充足环境，耐寒性强，怕炎热、干燥，宜在疏松、肥沃且排水良好的沙质土壤中栽植。生长适温18~23℃。

繁殖 多用播种繁殖，于春季进行，发芽适温20~23℃。亦可用扦插繁殖。

病虫害 蓝花鼠尾草常见病害有叶斑病。虫害有粉虱、蚜虫。

管护 保持光照充足，炎热的夏季需要进行适当遮阴；浇水以保持土壤湿润为宜，不可积水；半月施1次含钙、镁的复合肥料。

应用 蓝花鼠尾草适应性强，生长强健，抗病能力强，适用于花坛、花境和园林景点的布置，公园多栽植于路径及草地边缘，亦可盆栽布置庭院或厅堂观赏。

产地与分布 地中海沿岸。我国各地有栽培。

花语：有"理性"之意。白色代表"精力充沛"；紫色代表"智慧"；红色代表"心在燃烧"。

科属： 唇形科 蜜蜂花属　**学名：** *Melissa officinalis*　**别名：** 蜜蜂花 吸毒草　**英文名：** Lemon balm

香蜂草

形态 香蜂草为多年生草本植物，丛生，多分枝，株高30~50cm。叶卵圆形或心形，叶缘具浅锯齿，叶脉明显，叶面密布粗茸毛。轮伞花序腋生，花冠乳白色，花期6~8月。坚果，卵圆形。

习性 香蜂草喜温暖及阳光充足的环境，较耐阴，忌水湿，适宜肥沃、疏松的土壤栽植。

繁殖 ①播种。蜂草种子极小，宜浅播。②分株。春季结合换盆进行。③扦插。夏季取嫩枝扦插。

病虫害 病害有叶斑病、萎凋病。虫害有毒蛾、叶稻虫、蛞蝓。

管护 每3~5天浇水1次，发现枝叶发蔫，随时浇水；香蜂草生长很快，过密会影响通风，需修剪；每月施1次稀薄肥。

应用 香蜂草是一种能净化空气的功能性植物，能对室内装饰材料散发出来的有毒有害气体，如甲醛、苯、一氧化碳、二氧化硫等具有一定的吸附作用。全草入药，有解热、止痛之功效。叶经过揉制，可作茶饮料，有镇静、助消化之功效。香蜂草叶色浓绿，盆栽可悬挂观赏。

产地与分布 地中海沿岸。我国各地有栽培。

花语：有"关怀"之意。另有"令人心情愉悦"之意。

科属： 唇形科 黄芩属　**学名：** *Scutellaria indica*　**别名：** 耳挖草　**英文名：** Indian skullcap herb with root

韩信草

形态 韩信草为多年生草本，茎直立，四棱形，全株被毛，株高13~40cm。叶对生，心状卵圆形至椭圆形，先端钝或圆，两面密生细毛，叶片草质至坚纸质，长2~4cm，宽1.5~3cm，边缘密生圆齿，绿色。总状花序，顶生，花对生，花冠蓝紫色，花期2~6月。

习性 韩信草喜温暖、湿润及稍荫蔽的环境，适应性强，适宜疏松肥沃、排水良好的沙质土壤栽培。

繁殖 韩信草用播种法繁殖，一般于3~7月进行，种子极小，需与细土拌合后撒于苗床，覆膜保湿，10天后出苗，株高4~6cm时可移栽定植。

病虫害 韩信草极少病害，但后期会遭受黑青虫和蚜虫的危害。

管护 韩信草适应性强，管理粗放，适时浇水而不积水；避强光暴晒，盆栽夏季需遮阳；生长期每月施追肥1次。

应用 韩信草生性强健，宜管理，园林中可丛植于径边、水岸、花境或庭院供人们观赏；亦可盆栽布置庭院。全株可入药，有清热解毒、活血止痛、止血消肿之功效。

产地与分布 我国各地有栽培。

花语：有"献上我的生命"之意。

科属： 唇形科 筋骨草属 **学名：** *Ajuga ciliata* **别名：** 苦草 金疮小草 **英文名：** Ciliate bugle

筋骨草

形态 筋骨草为多年生草本，常作一年生栽培，茎方形，基部匍匐，紫红色或绿紫色，全株被白色长柔毛，株高20~40cm。叶对生，深绿色，匙形或倒卵状披针形，边缘有不规则波状粗齿，叶柄具狭翅。穗状聚伞花序，顶生，花冠紫色，具蓝色条纹，花期4~8月。

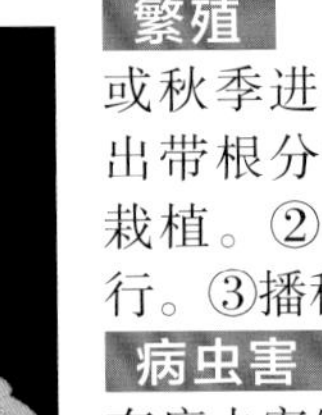

习性 筋骨草喜半阴和湿润的环境，耐涝也耐暴晒，适宜肥沃、疏松和排水良好的酸性或中性土壤中栽植。

繁殖 ①分株。春季或秋季进行，将母株挖出带根分割成数份分别栽植。②扦插。随时进行。③播种。

病虫害 筋骨草极少有病虫害发生。

管护 适时浇水保持土壤湿润；每1个月施稀薄肥1次；每年春季分株时换土。

应用 园林中常片植于林下或丛植于庭院观赏，亦可盆栽布置花坛、花境、庭院 。全草可入药，有清热凉血、解毒消肿、镇咳、祛痰、平喘之功效。

产地与分布 美国及欧亚大陆。我国各地有栽培。

花语：有“寂寞”之意。

科属： 唇形科 假龙头花属 **学名：** *Physostegia virginiana* **别名：** 芝麻花 假龙头花 **英文名：** Obedient plant

随意草

形态 随意草为多年生草本，丛生，地上茎直立呈四棱状，株高50~80cm。叶对生，呈长椭圆至披针形，缘有锯齿，中绿色。穗状花序顶生，长20~30cm，单一或分枝，唇形，花紫红、红、粉色。

习性 随意草喜温暖、湿润和阳光充足的环境，耐寒，忌干旱及阳光暴晒，适宜肥沃、疏松和排水良好的沙质土壤栽植。

繁殖 ①播种。春季或秋季进行，发芽适温，18~24℃。②扦插。般于夏季进行，取当年新枝扦插。③分株。春季结合换盆进行。

病虫害 随意草病害有茎腐病、根腐病、叶斑病及锈病。

管护 随意草盆土保持湿润既不干燥又不积水；生长季节每半月施1次稀薄肥；冬季室温不低于5℃便可安全过冬。

应用 随意草园林绿地中应用广泛，可片植于公园、绿地中成景，亦可盆栽布置庭院、厅堂。可作切花。

产地与分布 北美东部地区。我国各地有栽培。

花语：有“烦扰”“成就感”之意。另有“情随意动，心随情动”之说。

科属：唇形科 薰衣草属 学名：*Lavandula pinnata* 别名：爱情草 英文名：Fernleaf lavender

羽叶薰衣草

形态 羽叶薰衣草为常绿灌木，株高30~40cm或更高。叶对生，二回羽状深裂复叶，小叶线形或披针形，灰绿色。穗状花序，花茎细长，花为深紫色的管状小花，具2唇瓣，上唇比下唇发达，花期冬季到夏季。

习性 羽叶薰衣草喜阳光充足的环境，夏季忌暴晒，耐寒、耐旱、耐贫瘠，不择土壤，在盐碱及中性土壤中，均能生长。

繁殖 ①扦插。春季到夏季进行。②播种。春季进行。

病虫害 羽叶薰衣草病虫害极少。病害主要有根腐病。虫害偶有蚜虫。

管护 见土壤干浇水，不可积水；保持充足的阳光，夏季适当遮蔽强阳光；苗期施复合肥，花期追施磷、钾肥。

应用 芳香怡人，开花期长，适合盆栽装饰客室、厅堂。可用于切花。可作生产芳香油、调味品、香水的原料。全株可入药，有镇痛、驱风、降压、解毒之功效。

产地与分布 加那利群岛。我国各地有栽培。

羽叶薰衣草是葡萄牙的国花。

花语：有“等待爱情”之意。另有“只要用力呼吸，就能看见奇迹”“等待无望的爱”“心心相印”之说。

科属：唇形科 益母草属 学名：*Leonurus artemisia* 别名：益母艾 野麻 英文名：Herba leonuri

益母草

形态 益母草为一、二年生草本，茎直立，幼苗期无茎，不分枝，被短毛，株高0.6~1m，甚至更高。叶基生，中绿色，掌状3裂，每个裂片再分2~3个裂片，裂片全缘或具少数锯齿。轮伞花序腋生，着花6~15朵，花紫红色或粉红色，花期6~9月。小坚果，果期9~10月。

习性 益母草喜温暖、湿润和阳光充足的环境，耐旱、怕涝，耐贫瘠，适宜湿润、肥沃、土层深厚、富含腐殖质和排水良好的沙质土壤栽植。

繁殖 益母草用播种法繁殖。于春季或秋季进行，发芽适温12~20℃。

病虫害 益母草病害有菌核病、花叶病。虫害有蚜虫、稻绿蝽。

管护 盆栽宜保持充分光照，夏季遮蔽强光；使土壤保持湿润而不积水；生长期每月施稀薄肥1次。

应用 益母草适合公园、居住小区及药用植物园栽植，亦可盆栽布置庭院或厅堂。全草可入药，有活血、化淤、调经、消水之功效。

产地与分布 中国。我国各地有栽培。

花语：有“母爱”之意。

科属： 瓶子草科 瓶子草属　**学名：** *Sarracenia purpurea*　**别名：** 紫瓶子草　**英文名：** Common pitcher plant

瓶子草

形态 瓶子草为多年生草本，根状茎匍匐，多须根，株高15~30cm。叶基生成莲座状叶丛，叶瓶状、喇叭状或管状，瓶状叶有一捕虫囊，开口生有蜜腺，分泌蜜汁，引诱昆虫入囊，囊内含消化液，可将昆虫分解加以吸收，瓶子草秋冬季节会长出剑形的叶，这种叶与其他植物的叶子功能相同。总状花序，花单生，下垂，有紫、红、黄等色，花期4~5月。蒴果，果实内含多数细小种子，成熟时开裂并弹出种子。

习性 瓶子草喜温暖、湿润及半阴且避风的环境，适宜疏松、肥沃微酸性的泥炭土壤栽植，生长适温20~32℃。

繁殖 ①播种。于春季进行，发芽适温16~21℃。②扦插。用叶或根茎段进行扦插。③分株。将母株的蘖芽割离另栽。

病虫害 瓶子草病害有黑斑病、根腐病。虫害有红蜘蛛、蚜虫。

管护 盆栽瓶子草需保持盆土湿润，既不可干透又不能积水；叶面光照宜充足，盆土则保持冷凉；每月施1次复合肥。

应用 瓶子草株形小，叶形奇特且色彩斑斓、品种多又有捕虫的功能，十分奇特，可盆栽观赏，亦可作吊盆。

产地与分布 欧洲西部、北美墨西哥等地。我国南方有栽培，北方温室栽培。

花语：有“有些变态的人”之意。

科属： 桑科 榕树属　**学名：** *Ficus benjamina*　**别名：** 垂枝榕 银边叶榕　**英文名：** Weeding fig

花叶垂榕

形态 花叶垂榕为常绿灌木，分枝较多，有的枝条下垂，全株具乳汁，株高1~2m。叶互生，阔椭圆形，革质光亮，全缘，淡绿色，叶脉及叶缘具不规则的白色或黄色斑块，叶柄长，托叶披针形。隐头花序，花期夏季。

习性 花叶垂榕喜温暖、湿润且阳光充足的环境，较耐寒，也耐阴，适宜肥沃、排水良好的壤土栽植，生长适温25~30℃，越冬温度不低于5℃。

繁殖 ①扦插。花叶垂榕多用扦插繁殖，于春末夏初剪取顶部成熟枝扦插。②嫁接。一般用橡皮树作砧木，于春季或夏季嫁接。③压条。于夏季进行高空压条。

病虫害 病害有叶斑病。虫害有红蜘蛛。

管护 长期保持盆土湿润，高热期向叶面喷水增湿、降温；生长期每月施1次复合肥，秋冬季不必施肥；冬季做好防寒。

应用 花叶垂榕树形优美、叶色清新、耐阴性好，是极好的观叶植物，可作盆栽布置庭院、客室。大型株可布置展览厅、候机大厅、候车室等。

产地与分布 亚洲热带地区。我国各地有栽培。

科属：桑科　榕属　**学名：***Ficus microcarpa*　**别名：**小叶榕　**英文名：**Smallfruit fig

榕树

形态　榕树为常绿阔叶大乔木，多分枝，树冠庞大，胸径可达2m，株高可达30m，具奇特树根露出地表，宽达3~4m，宛如栅栏；有气生根，细弱悬垂及地面，入土生根，形似支柱，树皮灰褐色。单叶互生，叶面深绿色，有光泽，无毛，叶革质，椭圆形或卵状椭圆形，有时呈倒卵形。隐头花序，对生于叶腋，花期5~6月。果球形，果熟期9~10月。

习性　榕树喜温暖、湿润和阳光充足的环境，不耐寒，怕干旱，适宜土层深厚、肥沃、湿润的微酸性土壤栽植，生长适温20~30℃。

繁殖　①播种。随采随播。②扦插。于夏季进行，可用较大的枝条扦插，易成活。

病虫害　病害有叶斑病。虫害主要有红蜘蛛、介壳虫、蓟马。

管护　成年树不必特别管护，盆栽生长期保持盆土湿润，高热期向叶面喷水增湿、降温；生长期每月施1次复合肥，秋冬季不必施肥；冬季做好防寒。

应用　榕树四季常青，姿态优美，具有较高的观赏价值和良好的生态效果，公园、庭院可单植即可成景，公园多点缀于草坪中央；大道可列植。是极好的盆景品种。可入药，有清热、解表、化湿之功效。

产地与分布　中国、印度、马来西亚。我国南方各地有栽培，北方作盆景栽培。

榕树是福州、温州、赣州等市的市树。

花语：有“友善可亲”之意。

科属：桑科　榕属　**学名：***Fieas elastica*　**别名：**印度橡皮树　**英文名：**Indian rubber tree

橡皮树

形态　橡皮树为常绿灌木或乔木，常作观叶植物栽培，全株光滑，茎上生气根，皮下有乳汁，株高盆栽0.6~2.6cm，自然状态20~30m。叶片较大，厚革质，有光泽，圆形至长椭圆形，叶面暗绿色，叶背淡绿色，其花叶品种在绿色叶片上有黄白色或紫红色的斑块，叶顶有小急尖。隐头花序，花单生，白色，花期夏季。

习性　橡皮树喜温暖、湿润、阳光充足的环境，耐空气干燥，不耐瘠薄和干旱，具严寒，适宜疏松、肥沃和排水良好的微酸性土壤栽植，生长温度20~25℃。

繁殖　橡皮树常用扦插繁殖，以春、夏季进行最好，剪取长20cm植株上部的隔年壮枝进行扦插。亦可高空压条繁殖。

病虫害　橡皮树病害有炭疽病、叶斑病、灰霉病。虫害有介壳虫和蓟马。

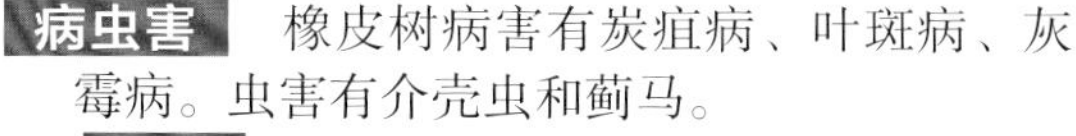

管护　橡皮树应保持盆土湿润而不积水，冬季减少浇水；每2个月施复合肥1次，冬季防冻害。

应用　橡皮树在南方园林、庭院可露植观赏，北方盆栽可布置宾馆大堂、客厅，气派十足，极具观赏价值。

产地与分布　印度、马来西亚、尼泊尔、缅甸等地。我国各地有栽培。

花语：有“稳重”“诚实”“信任”“万古长青”“吉祥如意”之意。

科属：桑科 榕属 学名：*Ficus carica* 别名：奶浆果 蜜果 英文名：Fig

无花果

形态 无花果为落叶灌木或乔木，多分枝，小枝粗壮，干皮灰褐色，平滑或不规则纵裂，有乳汁，株高2~6m，高可达12m。单叶互生，厚膜质，卵形或近圆形，长10~20cm，宽3~5cm，掌状深裂，边缘有波状齿，上面粗糙，下面有短毛。花单生于叶腋，花期4~5月。聚花果扁梨形，淡棕黄色，果期6~10月。

习性 无花果喜温暖、湿润、阳光充足的环境，不耐寒，忌涝，但较耐干旱，适宜肥沃、排水良好的沙质土壤栽植，生长适温20~30℃。

繁殖 ①扦插。于夏季剪取健壮顶枝进行扦插。②压条。于夏季进行。③播种。

病虫害 无花果病害较少。主要虫害为钻心虫及天牛。

管护 生长期保持盆土湿润，秋后少浇水；春季萌发时施1次稀薄的有机肥，生长期每半月施1次稀薄的复合肥，挂果期追施磷钾肥。

应用 无花果叶片宽大，果实奇特，夏秋果实累累，且易管理，少病虫害，是优良的庭院绿化和经济树种，亦可盆栽布置庭院或厅堂、客室。叶、果、根可入药，有清热、润肺、止咳、润肠、解毒、消肿之功效。无花果是一种优质水果，可作干果。

产地与分布 阿拉伯南部。我国各地有栽培。

花语：有“丰富”之意。

科属：堇菜科 堇菜属 学名：*Viola philippica* 别名：光瓣堇菜 英文名：Purpleflower violet

紫花地丁

形态 紫花地丁为多年生草本，根茎短，垂直，淡褐色，节密生，有数条细根，株高6~15cm，有时可达20cm。叶多数，基生，莲座状，叶片长舌形或长圆状披针形，边缘具平圆齿。花紫色或淡紫色，偶有白色，喉部色较淡并带有紫色条纹；萼片5，卵状披针形或披针形，花期4~9月。蒴果，长圆形，果期5~9月。

习性 紫花地丁生性强健，喜湿润、半阴和冷凉的环境，但在阳光下和较干燥的地方也能生长，耐寒、耐旱，怕水涝，对土壤要求不严，在华北地区能自播繁衍，适宜肥沃、疏松和排水良好的土壤种植。

繁殖 ①播种。于春季和秋季进行，发芽适温15~25℃，有自播能力。②分株。可随时进行，以春季结合换盆进行为好。

病虫害 紫花地丁病害有叶斑病，虫害有介壳虫、白粉虱。

管护 紫花地丁生性强健，适应能力强，生长期无需特别管理，见干浇水而不积水；生长旺季每月施1次有机肥；夏天防暴晒。

应用 紫花地丁株形小巧，开花多，花期长，适合成片植于林缘或草地中观赏；亦可盆栽观赏。全草入药，有清热解毒、凉血消肿之功效。

产地与分布 中国、朝鲜、日本及俄罗斯。我国各地有栽培。

花语：有“诚实”之意。

科属：旋花科 茑萝属 **学名：***Quamoclit pennata* **别名：**茑萝松 锦屏封 游龙草 **英文名：**Cypress vine

茑萝

形态 茑萝为一年生藤本花卉，茎纤细，多分枝，长可达4~5m。单叶互生，叶的裂片细长如丝。聚伞花序，花从叶腋下生出，花梗长3~4cm，每梗上着生小花1朵或数朵钝五角星状小花，鲜红艳，偶有白色，花期7~9月。蒴果，含有种子4粒，成熟后可自播。

习性 茑萝喜温暖、湿润和阳光充足的环境，耐干旱，惧寒冷，耐贫瘠，怕水涝，适宜肥沃和排水良好的沙质土壤栽植，生长适温22~30℃。

繁殖 ①播种。于春季进行，发芽适温18~24℃。②扦插。于春末、秋初用嫩枝扦插，或早春用老枝扦插。③压条。

病虫害 茑萝的病害有叶斑病、白粉病。虫害有蚜虫、金龟子。

管护 茑萝适应性强，管理简便。浇水宜见干见湿，不积水；每月施一次稀薄复合肥；作好支架，可根据自己的爱好扎制各种造型的支架。

应用 茑萝适宜公园、庭院作花墙、花篱、棚架等。亦可盆栽观赏。茑萝全株可入药，有清热、解毒、消肿之功效。

产地与分布 美洲热带地区。我国各地有栽培。

花语：有“好管闲事”“我很忙碌”“相互关怀”“互相依附”之意。

科属：菊科 大丽花属 **学名：***Dahlia pinnata cv.* **别名：**小轮大丽花 小丽菊 **英文名：**Dahlia pinnata

小丽花

形态 小丽花为多年生宿根草本植物，常作一、二年生栽培，具纺锤状肉质块根，茎直立，多分枝，株高30~40cm。叶对生，一至三回羽状分裂，深绿色。头状花序顶生，有单瓣和重瓣，花色繁多，有大红、紫、粉红、墨红、黄、白等色，花期6~11月有霜冻。瘦果黑褐色，果熟期10~11月。

习性 小丽花喜温和、湿润和阳光充足的环境，忌酷暑，怕严寒，怕干旱，忌水涝，适宜肥沃、疏松且排水良好的沙质土壤栽植。生长适温16~26℃。

繁殖 ①分球。将地下茎周围长出的小球分下来栽植即可。2分株。于春季进行将母株带根分割为数株另栽。③扦插。将母株的顶芽、腋芽剪下进行扦插。

病虫害 病害有白粉病、病毒病、褐斑病、白绢病等。虫害有螟蛾、短须螨、银纹夜蛾。

管护 光照宜充足，炎夏要遮阳；适时浇水，不干、不积水；生长期每月施稀薄肥1次。

应用 小丽花花色绚丽多彩，花期可长达数月，直到霜冻来临，园林多用来布置花坛、花境；亦可盆栽布置庭院、厅堂、客室。

产地与分布 墨西哥。我国各地有栽培。

小丽花是包头市的市花。

花语：有“憧憬”“希望”“未来”之意。

科属：菊科 大丽花属 **学名：***Dahlia pinnata* **别名：**天竺牡丹 大理花 东洋菊 **英文名：**Garden dahlia

大丽花

形态 大丽花为多年生草本，茎直立，有分枝，肉质块根肥大，呈圆球形，株高0.6~1.6m。叶对生，一至三回羽状深裂，裂片卵形，锯齿粗钝。头状花序，顶生，花的颜色绚丽多彩，有红、黄、橙、紫、白等多种，花期7~10月。瘦果，长椭圆形。

习性 大丽花喜温暖、湿润和阳光充足且通风良好的环境，不耐寒，忌炎热，怕干旱，忌水涝，适宜肥沃且排水良好的沙质土壤栽植。

繁殖 ①播种。于春季进行，发芽适温16~17℃。②分株。于春季进行，每个芽必须带有部分根茎。③扦插。于春季进行，插穗取自块根的新芽。

病虫害 病害有白粉病、花腐病。虫害有螟蛾、红蜘蛛。

管护 大丽花浇水要掌握“干透浇透”的原则；生长期每半月施1次稀薄液肥；大丽花的茎既空且脆，易被风吹折，应及时进行支护。

应用 大丽花的花特别大、花色艳丽，非常适宜公园庭院栽培观赏。矮化品种可盆栽观赏。

产地与分布 墨西哥高原地区。我国各地有栽培。

大丽花是墨西哥的第二国花。大丽花是吉林省的省花。大丽花是赤峰市、张家口市的市花。

花语：有“感激”“新鲜”“新颖”“豪华气派”“新意”“大吉大利”“背叛”“不安定”“叛徒”“优雅”和“威严”之意。

科属：菊科 向日葵属 **学名：***Helianthus annuus* **别名：**朝阳花 转日莲 葵花 **英文名：**Sunflower

向日葵

形态 向日葵为一年生草本，茎直立，粗壮，圆形多棱角，被白色粗硬毛，株高1.2~3m。叶互生，心状卵形或卵圆形，先端渐尖，边缘具粗锯齿，两面粗糙，被毛，有长柄。头状花序，极大，直径10~30cm，单生于茎顶或枝端，常下倾，花序边缘生黄色的舌状花，不结实，花序中部为两性的管状花，棕色或紫色，结实，花期夏季。有观赏重瓣品种，见右下图。

习性 喜温暖、稍干燥和阳光充足的环境，忌水涝，适宜疏松、肥沃的沙质土壤栽植。

繁殖 播种。于春季点播，发芽适温16~21℃。

病虫害 向日葵病害有白粉病、黑斑病、叶斑病、锈病和茎腐病。虫害有蚜虫、红蜘蛛和金龟子。

管护 保持阳光充足；适时浇水，以土壤不干、不积水为宜；施足底肥，花果期追施磷、钾肥。

应用 向日葵可片植形成风景，亦可美化庭院，重瓣品种可盆栽观赏。种子是重要的休闲食品，是重要的油料植物，用于榨取食用油。

产地与分布 北美洲。我国各地有栽培。

向日葵是俄罗斯、秘鲁、玻利维亚等国的国花。向日葵是7月6日出生者的生日花。向日葵是狮子座的守护花。

花语：有“沉默的爱”“爱慕”“光辉”“高傲”“忠诚”“追求光明”“你是我心中的太阳”之意。

科属：菊科　百日草属　学名：*Zinnia elegans*　别名：步步高　秋罗　百日菊　英文名：Common zinnia

百日草

形态 百日草为一年生草本花卉，茎直立，有叉状分枝，茎杆有毛，株高0.4~1m。叶对生、无柄、卵圆形至椭圆形，叶基部抱茎，全缘，顶部渐尖，中绿色。头状花序单生枝顶，花径约8~10cm，舌状花扁平或反卷，常多轮呈重瓣状，有白、粉、红、橙、绿等色，花期6~10月。瘦果，果熟期8~10月。

习性 百日草喜温暖及阳光充足的环境，不耐寒、怕酷暑、性强健、耐干旱，适宜肥沃、土层深厚且排水良好的土壤栽植。生长适温15~30℃。

繁殖 播种。于春季进行，发芽适温13~18℃。

病虫害 病害有白粉病、黑斑病。虫害有红蜘蛛。

管护 光照宜充足；适时浇水，保持土壤湿润而不积水；栽种时施足底肥，生长旺季每半月施1次稀薄液肥。

应用 百日草花大，花色品种繁多，花期长，特别适宜公园、居民区、校园、城市景观大道的绿化带及庭院栽植观赏；亦可盆栽布置花坛、花境。可作切花。

产地与分布 墨西哥。我国各地有栽培。

百日草是12月22日出生者的生日花。百日草与孔雀草同为阿拉伯联合酋长国的国花。

花语：有“步步高升”“奋发向上”“思念离别的朋友”“友谊永固”“回忆”“欢乐”“幸福”之意。

科属：菊科　万寿菊属　学名：*Tagetes patulaL*　别名：小万寿菊　红黄草　英文名：Herbof French marigold

孔雀草

形态 孔雀草为一年生草本花卉，茎直立，有分枝，株高30~80cm。叶为羽状复叶，小叶披针形，边缘有锯齿，深绿色。头状花序顶生，花梗自叶腋抽出，单瓣或重瓣，花有红褐、黄褐、黄、紫红、橙红、橙黄等，花期5~10月。瘦果，线形，果熟期8~10月。

习性 孔雀草喜温暖和阳光充足的环境，耐半阴，较耐旱，忌水涝，适宜富含腐殖质、排水良好的沙质土壤栽植，生长适温15~25℃。

繁殖 ①播种。于春季进行，发芽适温19~21℃。②扦插。初夏剪取半成熟枝扦插。

病虫害 孔雀草病害有褐斑病、白粉病。虫害有红蜘蛛。

管护 孔雀草在生长和开花期均要求阳光充足；浇水宜见干见湿，不可积水；每半月施稀薄肥1次。

应用 孔雀草花色多，适应性强，易管理，花期长，适宜公园、居民区、庭院作花坛边缘材料或花丛、花境等栽植；亦可盆栽观赏；可作切花。花叶可以入药，有清热化痰、补血通经之功效。

产地与分布 墨西哥。我国各地有栽培。

草孔雀是8月21日出生者的生日花。孔雀草与百日草同为阿拉伯联合酋长国的国花。

花语：有“嫉妒”之意。另有“爽朗”之说。

科属： 菊科　万寿菊属　**学名：** *Tagetes erecta*　**别名：** 臭芙蓉　蜂窝菊　**英文名：** Flower of aztec marigold

万寿菊

形态　万寿菊为一年生草本植物，茎直立，光滑粗壮，有细棱线，绿色或有棕褐色晕，基部常发生不定根，株高20~90cm。叶对生或互生，羽状深裂，裂片披针形，叶缘有齿，叶缘背面具油线点，有强烈的臭味，故又名“臭菊”。头状花序，单生于枝顶，总梗长而中空，花色有黄、橙红等，花期6~10月。瘦果线形，黑色，果熟期9~10月。

习性　万寿菊喜温暖、湿润和阳光充足的环境，不耐寒，耐干旱，怕水涝，适宜肥沃、疏松且排水良好的沙质土壤栽植，生长适温15~25℃。

繁殖　①播种。于春季进行，发芽适温19~21℃。②扦插。初夏剪取半成熟枝扦插。

病虫害　病害有立枯病、根腐病。虫害有蝼蛄、蛴螬、红蜘蛛、蚜虫。

管护　在生长期要求阳光充足；浇水宜见干见湿，不可积水；每半月施稀薄肥1次。

应用　万寿菊适应性强，花期长，适宜公园、居民区、庭院作花坛边缘材料或花丛、花境等栽植；亦可盆栽布置庭院观赏，因花有臭味，不宜在室内摆放；可作切花。

产地与分布　墨西哥。我国各地有栽培。

万寿菊是处女座的守护花。

花语：有“长寿”“富贵与荣耀兼得”“辉煌与光明”“永驻的青春”之意。另有“健康”之说。

科属： 菊科　菊属　**学名：** *Dendranthema morifolium*　**别名：** 寿客　**英文名：** Garden mum

菊花

形态　菊花为多年生草本植物，茎直立，分枝或不分枝，被柔毛，株高20~90cm，或更高。单叶互生，卵圆至长圆状披针形，边缘有缺刻和锯齿，有短柄，叶下面被白色短柔毛覆盖。头状花序直径大小不一，花有红、黄、白、墨、紫、绿、橙、粉、棕、雪青、淡绿等，花期10~11月。

习性　喜凉爽、湿润和阳光充足的环境，较耐寒，耐干旱，怕酷暑，适宜肥沃、疏松和排水良好的微酸性沙质土壤栽植。生长适温18~22℃。

繁殖　①播种。于春季进行，发芽适温13~16℃。②扦插。春季取顶芽扦插。③分株。于晚春进行。

病虫害　病害有褐斑病、黑斑病、白粉病及根腐病。虫害有红蜘蛛、蚜虫、尺蠖、蛴螬、潜叶蛾。

管护　夏季浇水宜充足；定植时施足底肥，生长期每半月施1次稀薄肥。

应用　盆栽布置庭院、客室或根据不同场合的需要，布置不同颜色的菊花。可作切花。

产地与分布　中国。我国各地有栽培。

菊花是天蝎座的守护花。菊花是北京、太原、开封、中山、湘潭及台湾彰化等市的市花。

花语：有“清廉”“高洁”“怀念”“成功”“长寿”“悲伤”之意。红色代表“喜庆”；紫色代表“恼恨”；黄色代表“微笑”；黄与白代表“肃穆、哀悼”。

科属：菊科 秋英属　**学名：***Cosmos bipinnatus*　**别名：**秋英 大波斯菊　**英文名：**Common cosmos

波斯菊

形态 波斯菊为1年生或多年生草本，作一年生栽培，细茎直立，根纺锤状，多须根，近茎基部有不定根，1~1.8m。单叶对生，叶二回羽状深裂，裂片线形或丝状线形。头状花序单生，花径3~6cm，舌状花紫红色，粉红色或白色；舌片椭圆状倒卵形，管状花黄色，花期6~8月。瘦果黑紫色，果期9~10月。

习性 波斯菊喜温暖和阳光充足的环境，耐干旱，忌积水，不耐寒，适宜肥沃、疏松和排水良好的土壤栽植。

繁殖 ①播种。于春季或秋季进行，发芽适温21~24℃。②扦插。于夏季进行，剪取节下15cm长的健壮枝梢，插于沙壤土内，遮阴及保湿15天后即可生根。

病虫害 病害有叶斑病、白粉病。虫害有红蜘蛛。

管护 浇水要适度，见干见湿，不可积水；生长期每半月施1次稀薄肥。

应用 波斯菊植株较高，叶形优雅飘逸，花多且艳，适于布置花境，在草地边缘，树丛周围及路旁成片栽植美化绿化，颇有野趣。重瓣品种可作切花材料。全草入药，有清热解毒之功效。

产地与分布 墨西哥。我国各地有栽培。

波斯菊是天秤座的守护花。

花语：有“少女的心”“她的爱情”之意。红色代表“少女的爱情”。

科属：菊科 翠菊属　**学名：***Callistephus chinensis*　**别名：**八月菊 江西腊　**英文名：**China aster

翠菊

形态 翠菊为一、二年生草本，茎直立，多分枝，被白色硬毛，株高30~90cm。叶互生，卵形至长椭圆形，具有粗钝锯齿，长3~6cm，宽2~3cm，上部叶无叶柄，叶两面疏生短毛，叶中绿色。头状花序单生于茎顶，花径5~12cm，总苞具多层苞片，外层革质、内层膜质，倒披针形，花有红、白、粉、黄、紫、蓝等色，花期7~10月。瘦果呈楔形，浅褐色。

习性 翠菊喜温暖、湿润和阳光充足的环境，惧酷热，耐寒性弱，怕水涝，适宜肥沃、排水良好的沙质土壤栽植。生长适温为15~25℃。

繁殖 翠菊常用播种繁殖，于春季进行。发芽适温18~21℃。

病虫害 翠菊常见病害有锈病、黄化病、枯萎病和根腐病等。

管护 保持环境通风良好、阳光充足；浇水适度，见干见湿，不可积水；每半月施1次稀薄复合肥。

应用 翠菊株形洒脱，花色品种繁多，花大，适宜公园、居民区布置花坛、花境及作切花用。盆栽可布置阳台、庭院、客室。花入药，有清热、解毒、消肿之功效。

产地与分布 中国。我国各地有栽培。

翠菊是白羊座的守护花。翠菊是11月28日出生者的生日花。

花语：有“标新立异”“信心”“信赖”“追忆”之意。另有“担心你的爱”“我的爱比你的深”之说。

科属：菊科　瓜叶菊属　学名：*Pericallis hybrida*　别名：千日莲　千叶莲　英文名：Florists clnerania

瓜叶菊

形态 瓜叶菊为一年生草本植物，茎粗壮，株高20~40cm。叶片大，具长柄，叶似瓜类植物，花似菊花，故得名"瓜叶菊"，叶卵状心形至心状三角形，叶缘具有波状或多角齿，叶面翠绿色至浓绿色，背面常呈紫红色。头状花序，簇生成伞房状，花有蓝、紫、红、粉、白等色，为异花授粉植物。花期12月至翌年5月。瘦果，纺锤形。

习性 瓜叶菊喜凉爽、湿润和阳光充足的环境，怕高温、忌霜冻、耐半阴，适宜疏松、肥沃、排水良好的土壤栽植，生长适温为15~20℃。

繁殖 瓜叶菊常用播种繁殖，于春季进行。发芽适温18~21℃。

病虫害 瓜叶菊病害有白粉病、黄萎病危害。虫害有蚜虫危害。

管护 瓜叶菊盆栽需保持环境通风良好、阳光充足；浇水适度，不可积水；每半月施1次稀薄复合肥。

应用 瓜叶菊花色丰富，叶片大而翠绿，适合盆栽布置长廊、厅堂、客室、阳台、窗台供观赏。亦可作切花。

产地与分布 加那利群岛。我国各地有栽培。

花语：有"喜悦""快活""快乐""合家欢喜""繁荣昌盛"之意。

科属：菊科　大丁草属　学名：*Gerbera jamesonii*　别名：扶郎花　英文名：Fransvaal daisy,gerbera

非洲菊

形态 非洲菊为多年生宿根常绿草本，全株具细毛，株高20~40cm。叶基生，羽状浅裂或深裂，长椭圆状披针形，叶柄长，叶深绿色。头状花序单生，高出叶面，花径10~12cm，总苞盘状，钟形，舌状花瓣1~2轮或多轮呈重瓣状，花色有大红、白、橙红、淡红、黄等色，花期全年，春秋为盛花期。

习性 非洲菊喜温暖、湿润和阳光充足的环境，不耐寒，忌水涝，较耐热，适宜肥沃、疏松、富含腐殖质的微酸性沙质土壤栽植。生长适温18~25℃。

繁殖 ①播种。于春季或秋季进行，发芽适温13~18℃。②分株。于春季进行。③扦插。于夏季取根芽进行扦插。

病虫害 病害有叶斑病、白粉病、病毒病。虫害有棉铃虫、烟青虫、蚜虫、甜菜叶蛾。

管护 冬季春季秋季需全光照，夏季应适当遮阴；生长期浇水宜充分，不可积水；生长旺季每半月施1次复合肥。

应用 非洲菊花大，花的色彩艳丽，叶片肥大翠绿，极具观赏价值。园林可片植观赏；盆栽可布置庭院、客室。可作切花。

产地与分布 南非。我国各地有栽培。

非洲菊是天秤座和射手座的守护花。

花语：有"贤内助""相夫教子""永远相爱""神秘""兴奋"之意。单瓣花代表"温馨"；重瓣花代表"热情"；白色花代表"三分钟热度""名不副实"。

科属：菊科 天人菊属 学名：*Gaillardia pulch* 别名：虎皮菊 忠心菊 六月菊 英文名：Ggaillardia

天人菊

形态 天人菊为一年生草本，多分枝，全株被柔毛，株高20~60cm。叶互生，矩圆状披针形至匙形，全缘，具粗齿或浅裂，基部叶羽裂。头状花序顶生，有长柄，花直径4~6cm，花有鲜红、橙黄、黄色，花期6~10月，亦可全年开花。胞果，果实密集多刺。

习性 天人菊喜温暖、阳光充足的环境，惧湿，耐干旱，适宜肥沃、疏松且排水良好的沙质土壤栽植。

繁殖 ①播种。于春季进行。天人菊有自播能力。②扦插。于夏季进行，结合摘心把摘下来的粗壮、无病虫害的顶梢作为插穗，直接进行扦插。

病虫害 天人菊主要病害为叶斑病、白粉病等。虫害有蚜虫危害。

管护 天人菊保持光照充足；生长期每月追施腐熟的稀薄饼肥水一次；适度浇水，保持盆土湿润偏干。

应用 天人菊生性强健，适应性强，抗风、耐旱，是良好的防风固沙植物。园林中适宜公园、居民区、校园布置花径、花坛，亦可散植或丛植于草坪及林缘，亦适宜盆栽布置庭院、厅堂、客室观赏。可作切花。

产地与分布 北美。我国各地有栽培。

天人菊是中国台湾省澎湖县的县花。

花语：有“团结”“同心协力”之意。

科属：菊科 雏菊属 学名：*Bellis perennis* 别名：延命菊 春菊 英文名：Common daisy

雏菊

形态 雏菊为多年生草本植物，南方秋播作二年生栽培，北方春播作一年生栽培，株高15~20cm。叶基部簇生，倒卵形或匙形，亮绿色。头状花序单生，花梗自叶丛中抽出，舌状花为条形多轮，花径3~5cm，有白、粉、红等色。花期3~6月。

习性 雏菊喜凉爽、湿润和阳光充足的环境，不耐阴，较耐寒，惧酷暑，怕水涝，适宜肥沃、疏松且富含腐殖质的排水良好的沙质土壤栽植。生长适温18~25℃。

繁殖 ①播种。于春季或秋季进行，发芽适温10~13℃。②分株。于花后进行。

病虫害 病害有灰霉病、褐斑病、炭疽病。虫害有蚜虫。

管护 光照宜充足，夏季需要遮阴防暑；浇水要适当，保持土壤湿润而不积水；生长期每半月施1次稀薄肥。

应用 雏菊株形矮小，花色素雅，适合公园、庭院布置花坛、花境；亦可盆栽装饰阳台、窗台。

产地与分布 我国各地有栽培。

雏菊是5月27日出生者的生日花。雏菊是魔蝎座的守护花。雏菊是意大利的国花。

花语：有“好运”“开朗”“无邪”“纯洁”之意。

科属：菊科 金光菊属 **学名：***Rudbeckia hirta* **别名：**黑心金光菊 黑眼菊 **英文名：**Radbeckia hirta

黑心菊

形态 黑心菊为一、二年生草本，茎不分枝或上部分枝，全株被毛，株高0.6~1m。上部叶互生，长圆状披针形，顶部渐尖，叶缘具齿或全缘，下部叶长钝圆形或匙形。头状花序，径约3~5cm，伞房状着生，具短梗；舌状花中性，黄色，褐紫色或具两色条纹；管状花褐色至紫色，密集成圆球形隆起。花期5~10月。

习性 黑心菊喜凉爽、湿润和阳光充足的环境，耐寒，耐旱，不择土壤，不耐阴，适宜肥沃、疏松和排水良好的沙质土壤栽植。生长适温12~30℃。

繁殖 ①播种。于春季进行，发芽适温16~18℃。②分株。于春季或秋季进行。③扦插，于春季或秋季进行。选择根部萌生的新芽做插穗，进行扦插。

病虫害 病害有灰霉病、花叶病。虫害有红蜘蛛、蚜虫。

管护 黑心菊生性强健，适应性较强，易管理。生长期间应有充足光照；见干浇水，忌积水；生长期每半月施1次复合肥。

应用 黑心菊是人们喜爱的庭院栽植花卉，亦可盆栽布置花坛、花境或片植、丛植于公园、绿地供人们观赏。

产地与分布 美国中部地区。我国各地有栽培。

花语：有“公平正义”之意。另有“关心”“愿望”“当心“之说。

科属：菊科 勋章菊属 **学名：***Gazania rigens* **别名：**勋章花 **英文名：**Gazania

勋章菊

形态 勋章菊为一、二年生草本花卉，具根茎，株高20~30cm。叶由基部丛生，叶片披针形或倒卵状披针形，全缘或有浅羽裂，叶背密被白毛。头状花序，单生，舌状花为白、黄、橙红等色，花瓣有光泽，花心有深色斑纹，形似勋章，故得名“勋章菊”。花期4~6月。

习性 勋章菊喜温暖、湿润和阳光充足的环境，不耐寒，耐高温，怕积水，适宜肥沃、疏松和排水良好的沙质土壤栽植。生长适温15~25℃。

繁殖 ①播种。于早春进行，发芽适温16~18℃。②分株。于春季进行，每株必须带根。③扦插。于春季或秋季进行，剪取带茎节的芽顶部保留2片叶，插于沙床保湿，25天后生根。

病虫害 勋章菊病害有叶斑病。虫害有红蜘蛛和蚜虫。

管护 勋章菊光照宜充足；保持土壤湿润而不积水；生长期每15天左右施1次薄肥。

应用 勋章菊的花形奇特、花色丰富，具有浓厚的野趣，是园林中常用来布置花坛、花境，亦可盆栽装饰庭院、客室。是常用的插花材料。

产地与分布 非洲莫桑比克。我国各地有栽培。

花语：有“光彩”“荣耀”“灿烂”“我为你感到骄傲”之意。

科属：菊科 松果菊属 **学名：***Echinacea purpurea* **别名：**紫椎花 紫松果菊 **英文名：**Purple coneflower

松果菊

形态 松果菊为多年生草本花卉，茎直立，全株具粗毛，株高0.6~1.5m。茎生叶卵状披针形或卵状三角形，叶柄基部稍抱茎，全缘或有浅羽裂。头状花序，单生于枝顶或多数聚生，花径8~10cm，舌状花紫红色，管状花橙黄色。花期6~7月。

习性 松果菊喜凉爽、湿润和阳光充足的环境，耐寒、耐半阴，忌积水和干旱，适宜肥沃、深厚、富含有机质且排水良好的土壤栽植。

繁殖 ①播种。于春季进行，发芽适温21~24℃。②分株。于早春发芽前或花后进行，分割时每株应有4~5个顶芽，必须尽可能使每一株带更多的根。

病虫害 松果菊病害有根腐病、黄叶病。虫害有菜青虫。

管护 松果菊盆栽浇水不宜过多，土壤保持湿润即可，更不可积水；及时摘心，促使多分枝、多开花；生长期间要追施稀薄液肥，花蕾形成时10天施肥1次。

应用 松果菊园林中适宜布置花坛、花台，亦可盆栽装饰庭院、厅堂、客室。可作切花。松果菊可入药，具有增强机体免疫功能及抗各种感染的作用。

产地与分布 北美洲美国。我国各地有栽培。

花语：有"懈怠"之意。

科属：菊科 金盏菊属 **学名：***Calendula officinalis* **别名：**长生菊 金盏花 黄金盏 **英文名：**Pot marigold

金盏菊

形态 金盏菊为二年生草本，全珠具毛，株高40~50cm。叶互生，呈长椭圆形至长圆状倒卵形，基部抱茎，全缘，茎下部的叶子呈匙形。顶生头状花序，单生，每朵花的边花为舌状花，中央为筒状花，有黄和黄褐2种颜色。花期4~9月。瘦果，种子为暗黑色或灰土色。

习性 金盏菊喜温暖、湿润且阳光充足的环境，忌酷热，较耐寒，适宜疏松、肥沃、微酸性土壤栽植。生长温度15~25℃。

繁殖 ①播种。于秋季进行最好，金盏菊有自播能力。②扦插。结合摘心进行，把摘下来的粗壮顶梢作为插穗，直接扦插于苗床。

病虫害 金盏菊的适应性很强。病害有枯萎病、锈病和霜霉病危害。虫害有红蜘蛛和蚜虫危害。

管护 光照宜充足，夏季避酷暑；浇水要适当，保湿而不积水；生长期每半月施1次复合肥。

应用 金盏菊生长快，适宜布置花坛、花境；盆栽可布置庭院、厅堂、客室。是作切花的好材料。可入药，有消炎抗菌、清热降火之功效。

产地与分布 欧洲南部地中海沿岸地区。我国各地有栽培。

金盏菊是7月15日出生者的生日花。

花语：有"悲伤""嫉妒""离别"之意。另有"迷恋""守护""救济"之说。

科属：菊科 金鸡菊属　学名：*Coreopsis basalis*　别名：金钱菊　英文名：Coreopsis

金鸡菊

形态 金鸡菊为多年生宿根草本，全株疏生长毛，株高50~80cm。叶多对生，稀互生、全缘、浅裂或切裂，茎生叶3~5裂。头状花序，花径6~7cm，具长梗，花金黄色。花期5~11月。

习性 金鸡菊喜温暖、湿润和阳光充足的环境，耐半阴，不耐寒，忌酷暑，适宜肥沃、疏松且排水良好的土壤栽植。

繁殖 金鸡菊多用播种法繁殖，于春季或秋季进行，发芽适温18~24℃，金鸡菊有自播能力。

病虫害 病害有白粉病、黑斑病。虫害有蚜虫、地老虎、蛴螬。

管护 保持光照充足，夏季防暴晒；浇水要适当，过量浇水会引起植株陡长而花少，土壤湿润即可；定植前施足底肥，现花蕾时追施磷、钾肥。

应用 金鸡菊枝叶密集，盛花期一片金黄，适合作花坛或片植成景。可作切花。可入药，有清热解毒之功效。

产地与分布 美国南部。我国各地有栽培。

花语：有“竞争心”“上进心”之意。

科属：菊科 金鸡菊属　学名：*Coreopsis tinctor*　别名：两色金鸡菊　英文名：Plains coreopsis

蛇目菊

形态 蛇目菊为一、二年草本花卉，常作1年生栽培，上部多分枝，枝条纤细，株高60~80cm。叶对生，基生叶二至三回羽状深裂，裂片呈披针形，有长柄；上部叶片无叶柄而有翅。头状花序着生在纤细的枝条顶部，有总梗，常数个花序组成聚伞花丛，舌状花单轮，花瓣 6~8枚，黄色，基部或中下部红褐色，管状花紫褐色。花期6~8月。瘦果，纺锤形。

习性 喜温暖、湿润和阳光充足的环境，较耐寒，耐干旱，耐瘠薄，不择土壤，适宜疏松、肥沃及排水良好的土壤栽植。生长适温15~25℃。

繁殖 蛇目菊用播种繁殖，于春季进行，发芽适温15~20℃。

病虫害 蛇目菊病虫害较少，有时会遭受蚜虫的侵害。

管护 保持光照充足，夏季避酷暑；适当浇水，保持土壤湿润而不积水；生长期每半月施1次复合肥；适时摘心，可多分枝，多开花；及时除去残枝败叶，保持株形美观。

应用 蛇目菊花朵密集，花期极长，为极好的地被绿化花卉，适宜公园、庭院片植或丛植观赏，可作切花。全株可入药有清热解毒、化湿止痢之功效。

产地与分布 美国中西部及墨西哥。我国各地有栽培。

花语：有“恳切的喜悦、灿烂的人生”之意。

科属：菊科 芙蓉菊属 **学名：***Crossostephium chinense* **别名：**蕲艾 **英文名：**China lotusdaisy

芙蓉菊

形态 芙蓉菊为多年生草本或半灌木，上部多分枝，密被灰色短柔毛，成年株株形呈圆球形，株高10~40cm。叶聚生枝顶，狭匙形或狭倒披针形，全缘或有时3~5裂，顶端钝，基部渐狭，两面密被灰色短柔毛，质地厚。头状花序盘状，花小，直径约1cm，生于枝端叶腋，排成有叶的总状花序，花黄色。花期全年，盛花期9~10月。瘦果，矩圆形。

习性 芙蓉菊喜高温、湿润和阳光充足的环境，不耐阴，惧寒，较耐干旱，适宜肥沃、疏松和排水良好的沙质土壤栽植。生长适温20~32℃。

繁殖 ①播种。于春季进行，发芽适温16~18℃。②扦插。于春末、夏初剪取顶枝扦插。③高空压条。于夏季进行。

病虫害 芙蓉菊病虫害较少，常见的病害有黑斑病、褐斑病、白粉病。虫害有蚜虫、红蜘蛛、介壳虫及食叶害虫等。

管护 芙蓉菊光照宜充分，通风要良好；浇水宜适时、及时、适量、干透浇透，不可积水；在生长期每10~15天施稀薄复合肥1次，花果期，追施磷钾肥。

应用 芙蓉菊株形美观，叶色特别，适宜公园片植或布置花坛、花境供游人观赏；亦可盆栽装饰庭院、厅堂、客室。

产地与分布 菲律宾。我国各地有栽培。

花语：岭南民俗以芙蓉菊为辟邪吉祥植物。

科属：菊科 矢车菊属 **学名：***Centaurea cyanus* **别名：**蓝芙蓉 **英文名：**Cornflower

矢车菊

形态 矢车菊为一年生或二年生草本，茎直立，自中部分枝，茎枝灰白色，被薄蛛丝状卷毛，株高30~70cm或更高。基生叶及下部茎叶长椭圆状倒披针形或披针形；中部、上部茎叶线形、宽线形或线状披针形，上部渐小；叶上面绿色或灰绿色，下面灰白色。头状花序多数或少数在茎枝顶端排成伞房花序或圆锥花序，花有蓝色、白色、红色或紫色。花期4~8月。瘦果，椭圆形。

习性 矢车菊喜温暖、湿润和阳光充足的环境，不耐阴湿，较耐寒，喜冷凉，忌炎热，适宜肥沃、疏松和排水良好的沙质土壤栽植。生长适温18~26℃。

繁殖 春季或秋季播种，发芽适温18~21℃。

病虫害 矢车菊主要病害为菌核病，应提前预防。

管护 矢车菊适应性较强；注意保持充足的光照；浇水宜少，土壤湿润即可，不可积水；每半月施1次复合肥，开花后停止施肥。

应用 矢车菊株形飘逸，花态优美，可布置花坛及花境，也可片植于路旁或草坪内，供游人观赏。亦可盆栽装饰庭院、客室、厅堂。还可做切花。

产地与分布 欧洲温带地区。我国各地有栽培。

矢车菊是德国、马耳他国的国花。矢车菊是白羊座的守护花。矢车菊是3月5日出生者的生日花。

花语：有"再生""热爱与忠诚""思念、哀悼""幸福"之意。

科属：菊科 茼蒿属 学名：*Chrysanthemum paludosum* 别名：雪地菊 小白菊 英文名：Baby marguerite

白晶菊

形态 白晶菊为多年生草本花卉，常作一年生栽培，株高15~25cm。叶互生，披针形，一至两回羽裂，基部叶簇生，匙形，深绿色。头状花序顶生，盘状，边缘舌状花银白色，中央筒状花金黄色，色彩分明、鲜艳，花径3~4cm。花期2~8月，盛花期3~5月。瘦果。

习性 白晶菊喜温暖、湿润和阳光充足的环境，较耐寒，耐半阴，适宜肥沃、疏松和排水性好的沙质土壤中栽植。生长适温18~25℃。

繁殖 ①播种。于春季或秋季进行，发芽适温15~20℃。②扦插。于初夏进行，剪取嫩枝扦插。③分株。于早春进行。

病虫害 病害有叶斑病、锈病、茎腐病、枯萎病。虫害有蚜虫、尺蠖、菜青虫。

管护 保持土壤湿润，切忌长期过湿，否则烂根；生长期内每半个月施1次复合肥；花后及时剪去残花，促发侧枝产生新蕾，增加开花数量。

应用 生性强健，多花，花期早，花期长，适宜园林成片栽培或布置花坛、花境；也适合盆栽布置庭院或装饰厅堂、客室。

产地与分布 北非、西班牙 。我国各地有栽培。

花语：有“坚强”之意。另有“为爱情占卜”之说。

科属：菊科 茼蒿属 学名：*Chrysanthemum frutescens* 别名：玛格丽特 木春菊 英文名：Marguerite de valois

蓬蒿菊

形态 蓬蒿菊为多年生宿根草本植物，有时呈亚灌木状，分枝多，株高20~50cm。叶多互生，羽状细裂，灰绿色。头状花序，顶生或腋生，花有单瓣、重瓣之分，单瓣者花朵较小，但花量大；重瓣者花朵较大，但开花数较少，花色有白、黄、淡红等，花期冬季到春季。

习性 蓬蒿菊喜凉爽、湿润和阳光充足的环境，不耐炎热，怕水涝，不耐寒，适宜肥沃、疏松且排水良好土壤栽植。

繁殖 ①播种。于秋季进行，发芽适温16~18℃。②扦插。于春季或秋季进行，选择成熟、健壮的枝条进行扦插，极易成活。

病虫害 蓬蒿菊很少有病虫害。

管护 保持阳光充足，夏季避酷暑，冬季防严寒；生长期适当浇水，不可积水；生长期每半月施稀薄肥1次。

应用 蓬蒿菊盆栽可装饰庭院、厅堂、客室供观赏，园林中成片栽植作背景材料，可布置花坛、花境 。

产地与分布 非洲加那利岛。我国各地有栽培。

蓬蒿菊是丹麦的国花。

花语：有“骄傲”“满意”“喜悦”“期待的爱”之意。

科属： 菊科 千里光属　**学名：** *Senecio herreianus*　**别名：** 大弦月城 情人泪　**英文名：** Gooseberry, String of Beads

亥利仙年菊

形态 亥利仙年菊为蔓性多年生常绿肉质草本，藤蔓细，下垂，长可达1m。叶互生，椭圆形球状，叶前端尖突，后端缩小连于叶柄，深绿色，长1~1.5cm，叶面有多条纵向透明条纹。头状花序，花灰白色、黄白色或粉红色，花期春季。

习性 亥利仙年菊喜温暖、干燥和阳光充足的环境，耐半阴，不耐寒，耐干旱，适宜肥沃、疏松和排水良好的沙质土壤栽植。生长适温10~30℃。

繁殖 亥利仙年菊主要用扦插繁殖，于初夏进行，剪取茎段扦插。

病虫害 亥利仙年菊很少有病虫害发生。

管护 喜明亮光线，但夏季需要遮阴，生长期浇水“见干见湿，浇则浇透”，盛夏和冬季休眠期，要控制浇水。

应用 亥利仙年菊其叶像翠绿的串串泪滴，又像绿色的弦月，招人喜爱。适宜盆栽，置于花架或作吊盆悬挂以供观赏。

产地与分布 我国各地有栽培。

科属： 菊科 千里光属　**学名：** *Senecio rowleyanus*　**别名：** 绿珠帘 翡翠珠　**英文名：** String of Pearls

绿之铃

形态 绿之铃为蔓性多年生常绿肉质草本，茎细长，匍匐下垂，在茎节间会长出气生根，但不具攀缘性，茎长可达90cm。叶互生，椭圆形球状，叶前端尖突，后端缩小连于叶柄，深绿色。头状花序，小花呈筒状，黄白色，花期夏季。

习性 绿之铃喜温暖、干燥和阳光充足的环境，耐半阴，不耐寒，耐干旱，适宜肥沃、疏松和排水良好的沙质土壤栽植。生长适温10~30℃。

繁殖 绿之铃主要用扦插繁殖，于初夏进行，剪取茎段扦插。

病虫害 病害有煤烟病、茎腐病。虫害有蜗牛、蚜虫、吹绵蚧。

管护 喜明亮光线，但夏季需要遮阴，生长期浇水“见干见湿，浇则浇透”，盛夏和冬季休眠期，要控制浇水。

应用 绿之铃形态奇特，细长的茎上长着一粒粒珠圆玉润的肉质叶，如同翡翠珠串成的项链，晶莹可爱，可放在高处观赏或用吊盆栽种，悬挂于走廊、阳台、窗台等处观赏。

产地与分布 西南非洲。我国各地有栽培。

花语：有“倾慕”之意。

科属：菊科 藿香蓟属 学名：*Ageratum conyzoides* 别名：胜红蓟 英文名：Ageratum

藿香蓟

形态 藿香蓟为多年生草本，常作一年生栽培，基部多分枝，全株被毛，株高40~90cm。叶对生，叶片卵形，顶部渐尖，中绿色。头状花序，小花，全部为管状花，花色有蓝、淡蓝、白、粉等色，花期7~10月。瘦果，褐黄色，果期9~11月。

习性 藿香蓟喜温暖、湿润和阳光充足的环境，不耐寒，怕高温，耐贫瘠，不择土壤，适宜疏松、肥沃和排水良好的沙质土壤栽植。

繁殖 ①藿香蓟常用播种繁殖，于春季进行。②扦插。于初夏取顶枝进行扦插。

病虫害 病害常有根腐病、锈病。虫害有夜蛾、粉虱。

管护 保持光照充足，夏季应避高温酷暑，冬季需要防寒；生长期每隔3~5天浇1次水；每半月浇1次稀薄饼肥水。

应用 园林多用来布置花坛或作地被；亦可布置庭院、公园的路边或岩石旁。全草可入药，有清热解毒、消炎止血之功效。

产地与分布 墨西哥。我国各地有栽培。

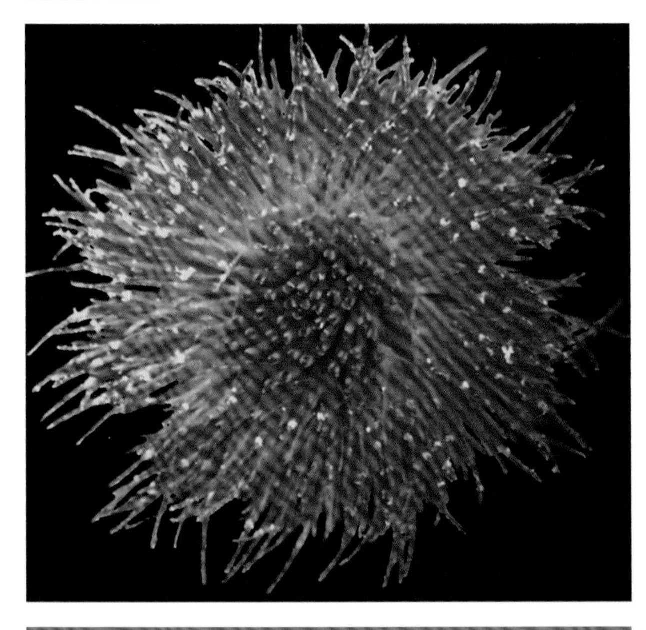

藿香蓟是8月14日出生者的生日花。藿香蓟是天蝎座的守护花。

花语：有“敬爱”之意。另有“信赖”之说。

科属：菊科 蓍草属 学名：*Achillea millefolium* 别名：西洋蓍草 英文名：Yarrow

千叶蓍草

形态 千叶蓍草为多年生草本植物，常作一年生栽培，根状茎短，茎直立，全株被短柔毛，株高30~80cm。叶互生，条状披针形，常一至三回羽状深裂，基叶裂片抱茎，叶缘锯齿状或浅裂。头状花序，于茎顶伞状着生，花白、红或粉红色，花期6~8月。瘦果扁形，边缘有翼。

习性 千叶蓍草喜温暖、湿润和阳光充足的环境，耐半阴，耐寒，适宜肥沃、疏松和排水良好的土壤中栽植。生长适温18~25℃。

繁殖 ①分株，随时可进行，但以春季结合换盆进行分株为好。②扦插，于5、6月进行，剪取其开花茎，除去顶上的花序进行扦插。

病虫害 千叶蓍草病虫害较少。病害注意防白粉病、锈病的危害。

管护 保持阳光充足，夏季避酷暑，冬季防严寒；生长期适当浇水，不可积水；生长期每半月施稀薄肥1次。

应用 千叶蓍草在园林中适宜布置花坛、花境；亦可盆栽布置庭院、客室观赏。可作切花。全草可入药，有清热解毒和血调经之功效。

产地与分布 欧洲、亚洲及北美洲。我国各地有栽培。

花语：有“粗心大意”之说。

科属：猪笼草科 猪笼草属 **学名：***Nepenthes distillatoria* **别名：**猪仔笼 **英文名：**Pitcher Plant

猪笼草

形态 猪笼草为多年生藤本植物，附生于树木或陆生，茎木质或半木质，攀缘生长或沿地面匍匐生长，株高30~50cm或更高。叶互生，叶片一般为长椭圆形，全缘，末端具笼蔓，笼蔓的末端形成一个瓶状的捕虫笼，并具笼盖。总状花序，少数为圆锥花序，花小型，无花瓣，萼片红色或紫红色。蒴果，成熟时爆裂。

习性 猪笼草喜温暖、湿润和半阴的环境，不耐寒、怕干旱和强光，适宜肥沃、疏松的微酸性土壤栽植。生长适温25~30℃。

繁殖 ①播种。随采随播，发芽适温25~27℃。②扦插。于春末或夏初取嫩枝扦插。③高空压条。于夏季进行。

病虫害 病害有叶斑病、根腐病、日灼病。虫害有介壳虫。

管护 盆土宜木屑、树皮、无肥泥炭土混合而成；盆土不宜过湿，而环境湿度要高。

应用 猪笼草其叶端悬挂的捕虫笼，十分奇特，具有极高的观赏价值。盆栽可用于装饰客厅花架、阳台；亦适合悬吊于庭院、窗前、长廊观赏。可入药，有解毒、清热、消咳之功效。

产地与分布 东南亚及澳大利亚的热带地区。我国各地园艺有栽培。

花语：有“财运亨通、财源广进”之意。另有“无忧无虑，无欲无求”之说。

科属：紫葳科 非洲凌霄属 **学名：***Podranea ricasoliana* **别名：**非洲凌霄 **英文名：**Pink Trumpet Vine

紫云藤

形态 紫云藤是一种多年生蔓性亚灌木草本，茎光滑，钝四棱形，多分枝，植株高0.6~1.2m。叶对生，卵状披针形，叶长5~8cm，宽2~3cm，先端尖，具短叶柄，中肋锐棱。聚伞花序，花顶生，花冠长筒状，长约3cm，紫色，先端5裂，径3.5~4cm，雄蕊2枚伸出花冠外，花期秋季至春季。蒴果，卵形，很少结果。

习性 紫云藤喜高温及阳光充足的环境，不耐寒，较耐旱，适宜肥沃、疏松和排水良好沙质土壤栽植。

繁殖 ①扦插。由于种子不易获得，紫云藤常用扦插法繁殖，春、夏、秋季均可进行。②压条。亦可于夏季用高空压条法繁殖。

病虫害 紫云藤病虫害较少。

管护 保持光照充足；适时浇水，保持土壤湿润，土壤干燥会引起落叶；及时做好绑架支护。

应用 紫云藤花姿柔美，适合公园、庭园作绿篱，丛植或作大型盆栽观赏。

产地与分布 非洲南部及斐济。我国园艺有栽培。

花语：有“自信”之说。

科属：紫葳科 蒜香藤属 **学名：***Pseudocalymma alliaceum* **别名：**紫铃藤 **英文名：**Garlic vine

蒜香藤

形态 蒜香藤为多年生常绿木质藤本，植株蔓性，具卷须，藤蔓长可达数米。叶子为二出或三出复叶，深绿色椭圆形，具光泽。聚伞花序，花腋生，花冠筒状，开口五裂，刚开时花为紫色，慢慢转成粉红色，最后变白色后掉落，花揉碎后有蒜味，故得名“蒜香藤”，花期为5~12月，盛花期8~11月。

习性 蒜香藤喜高温及阳光充足的环境，较耐旱，不耐寒，适宜肥沃、疏松及排水良好的土壤栽植。生长适温为20~28℃。

繁殖 ①扦插。于早春或初夏进行，剪取健康的枝条进行扦插，约1个月可生根。②播种。于春季进行。

病虫害 蒜香藤病虫害较少。

管护 保持光照充足，全日照为好；每年春季花开后可进行整枝，制作支架；栽种前施足底肥，生长期每半月施1次稀薄复合肥；见干浇水，不可积水。

应用 蒜香藤病虫害少，易管理，花期特别长，花多，仿佛垂挂着团团的粉彩绣球，可谓花团锦簇，极具观赏价值，适宜公园、庭院、校园作花廊，或攀爬于花架、花围篱等。亦可盆栽观赏。

产地与分布 印度、哥伦比亚、阿根廷。我国各地有栽培。

花语：有“互相思念”之意。

科属：紫葳科 炮仗花属 **学名：***Pyrostegia ignea* **别名：**黄金珊瑚 **英文名：**Flame flower

炮仗花

形态 炮仗花为常绿木质大藤本，有线状、3裂的卷须，藤蔓长7~8m。复叶2~3枚对生，卵状至卵状矩圆形，长6~10cm，先端渐尖，基部阔楔形至圆形，叶柄有柔毛。圆锥花序，顶生，花橙红色，多朵紧密排列下垂，花长约6cm，萼钟形，有腺点，花冠厚、反转，有明显的白色茸毛，花似炮仗，故得名“炮仗花”，花期1~2月。

习性 炮仗花喜温暖及阳光充足的环境，不耐寒，耐半阴，忌积水，适宜肥沃、湿润排水良好的酸性沙质土壤栽植。生长适温20~30℃。

繁殖 ①播种。于春季进行，发芽适温16~18℃。②扦插。于夏季剪取半成熟枝进行扦插。③压条。于春季或秋季进行。

病虫害 病害有叶斑病和白粉病。虫害有粉虱和介壳虫。

管护 光照宜充足，通风要良好；充分浇水；生长期每月施复合肥1次；对枝蔓进行修剪和调整。

应用 炮仗花枝繁、叶茂、花多，多种植于庭院，作垂直绿化。矮化品种，可盘曲成各种图案造型，作盆花栽培。花、茎、叶可入药，有润肺止咳、清热、利咽之功效。

产地与分布 巴西。我国各地有栽培。

科属：紫葳科 紫葳属 **学名：***Campsis grandiflora* **别名：**紫葳 **英文名：**Chinese trumpet creeper flower

凌霄

形态 凌霄为多年生落叶木质藤本，有硬骨凌霄和凌霄之分，藤长可达数米。羽状复叶，对生，小叶7~9枚，叶卵形或卵状披针形，顶部渐尖。聚伞花序，花橙红色，花萼钟形，花冠漏斗状，5裂至中部，花期6~9月。蒴果长如豆荚，果期11月。

习性 凌霄喜温暖、湿润和阳光充足的环境，耐寒、耐旱、耐瘠薄，也耐半阴，适宜肥沃、疏松和排水良好的土壤栽植。生长适温20~25℃。

繁殖 ①扦插，于春季或秋季进行，选择健壮枝条剪成10~15cm长段扦插，20天生根。②压条，于夏季进行。③播种，于春季进行。

病虫害 病害有灰斑病、白粉病。虫害有大蓑蛾、蚜虫、粉虱和介壳虫。

管护 生长期保持阳光充足；搭好支架供其攀爬；适当浇水，不宜干燥，不可积水；每半月施复合肥1次。

应用 凌霄生性强健，枝繁叶茂，花姿优美，适宜庭院、公园植于假山石旁等处，也是廊架绿化的上好植物。其茎、叶、花均可入药，有凉血、散瘀、解毒消肿之功效。

产地与分布 中国。我国各地有栽培。

花语：有“声誉”“好高骛远”“没有骨气”“爱依附攀爬的小人”“和平”“友谊”“慈母之爱”之意。

科属：紫茉莉科 叶子花属 **学名：***Mirabilis jalapa* **别名：**胭脂花 地雷花 草茉莉 **英文名：**Marvel-of-peru

紫茉莉

形态 紫茉莉为多年生草本花卉，常作一年生栽培，具块根，根肥粗，倒圆锥形，黑褐色，主茎直立，圆柱形，多分枝，节稍膨大，株高60~80cm，可达110cm。单叶对生，叶片卵形或卵状三角形，长4~10cm，宽3~8cm，顶端渐尖，基部截形或心形，全缘，脉隆起，叶柄长1~3cm，上部叶几无柄。花常数朵簇生枝端，花冠漏斗形边缘有波状浅裂，花有白、黄、红、紫、粉、复色等，另有斑点或条纹，夜间开放，具芳香，花期7~10月。坚果，黑色，地雷形故俗称“地雷花”。

习性 紫茉莉喜温和、湿润的环境，稍耐阴，不耐寒，耐盐碱，适宜肥沃、疏松、土层深厚的土壤栽植。

繁殖 紫茉莉通常用播种法繁殖，一般于春季进行，有自播能力。亦可用老根繁殖。

病虫害 紫茉莉抗病虫害能力极强。病害偶有叶斑病危害，虫害偶有蚜虫危害。

管护 生长期保持盆土湿润；生长旺季每半月施稀薄肥1次，盛花期施磷钾肥。

应用 紫茉莉广泛栽植于公园、庭院、居民区。亦可盆栽观赏。叶、胚乳可制化妆用香粉。花、根、叶可入药，有清热利湿，活血调经，解毒消肿之功效。

产地与分布 南美洲。我国各地有栽培。

花语：有“臆测”“猜忌”“小心”之意。

科属：紫茉莉科 叶子花属 **学名：***Bougainvillea spectabilis* **别名：**九重葛 叶子花 毛宝巾 **英文名：**Bougainvillea

三角梅

形态 三角梅为常绿攀缘状灌木，多分枝，枝具刺、拱形下垂，幼枝青绿色，老枝褐色，株高1~3m。单叶互生，卵形全缘或卵状披针形，全缘，被厚茸毛，顶端圆钝。花顶生，花小，小花为小漏斗形，黄绿色、淡红色或黄色，常3朵簇生于3枚较大的苞片内，花苞大而明显，苞片三角形或卵圆形，为主要观赏部位，纸质，颜色有鲜红色、橙黄色、紫红色、乳白色等，有单瓣、重瓣以及斑叶等品种，花期11月至翌年6月。瘦果，五棱形，结果极少。

习性 三角梅喜温暖、湿润的气候环境，不耐寒，耐高温，怕干燥，适宜肥沃、疏松且排水良好的土壤栽植。生长适温20~30℃。

繁殖 常用扦插繁殖，于花后剪取20cm长成熟的木质化枝条插入沙床，30天后生根。

病虫害 病害有叶斑病。虫害有介壳虫。

管护 三角梅生长期需光照宜充足；生长旺季盆土宜湿润，花后少浇水；生长期每半月施1次稀薄复合液肥，花期施磷钾肥。

应用 花期长，花繁叶茂，可作大型盆栽花卉观赏，亦可作攀缘花卉栽培，极具观赏性。

产地与分布 巴西、秘鲁、阿根廷。我国各地有栽培。

三角梅是巨蟹座之花。三角梅是赞比亚的国花。三角梅是厦门、深圳、惠州、江门及台湾屏东等市的市花。

花语：有“夏日恋情”“热情”之意。另有“陶醉”“三角恋爱”之说。

科属：紫金牛科 紫金牛属 **学名：***Ardisia mamillata* **别名：**乳毛紫金牛 红毛毡 毛凉伞 **英文名：**Teat-shaped ardisia

虎舌红

形态 虎舌红为多年生常绿亚灌木，幼枝有褐色卷缩分节毛，株高15~25cm。叶互生，倒卵形或椭圆形，边缘有不清晰圆齿，两面有紫红色粗毛和黑色小腺体。伞形花序顶生或腋生，花瓣粉红色或近白色。花期7~9月。核果呈球形，红色，果期8~10月。

习性 虎舌红喜阴凉、湿润的环境，怕暴晒，忌干旱，怕水涝，适宜肥沃、疏松和排水良好的微酸性土壤栽植。生长适温12~31℃。

繁殖 ①播种，于春季进行，有自播能力。②扦插，于夏季进行，剪取主枝条或侧枝条作插穗进行扦插，20天后可生根。③分株，结合换盆时进行，将根部蘖生苗连根割离后另栽。

病虫害 病害有根腐病。虫害有蚜虫、飞虱、红蜘蛛。

管护 每周浇水1次，夏季需水分充足，冬季需干燥；每半月施稀薄复合肥1次。

应用 虎舌红叶片紫红色两面长满了茸毛，果实鲜红色，叶、果均具有极高的观赏价值，可盆栽观赏，亦可群植于林下或山石两旁，以添自然景色。全草可入药，有清热利湿、活血、止血、止痛、祛腐生肌之功效。

产地与分布 中国。我国各地有栽培。

科属：紫金牛科 紫金牛属 **学名：***Ardisia japonica* **别名：**叶下红 平地木 **英文名：**Dogberry

紫金牛

形态 紫金牛为多年生常绿亚灌木，幼时被细微柔毛，具匍匐根茎，不分枝，茎直立，株高30~40cm。叶对生或近轮生，叶片坚纸质或近革质，长椭圆形至长椭圆状倒卵形，长5~9cm，宽2~3cm，先端急尖，基部楔形，边缘具细锯齿，中绿色，背面绿色或紫红色。亚伞形花序，腋生或生于近茎顶端的叶腋，花瓣粉红色或白色，宽卵形，花期5~6月。果球形，鲜红色变黑色，果期11~12月。

习性 紫金牛喜温暖、湿润和半阴的环境，忌阳光直射，较耐寒，适宜于富含腐殖质且排水良好的土壤栽植。

繁殖 ①播种。于春季进行，发芽适温13~20℃。②分株。于春季取匍匐根状茎分株。③嫁接。

病虫害 紫金牛的病害有黑斑病和褐斑病。虫害有介壳虫。

管护 避免强光直射；保持土壤湿润而不积水；盆栽每月施稀薄液肥1次。

应用 紫金牛枝叶青翠，入秋后果色鲜艳，经久不凋，特别耐阴，是一种优良的地被植物，园林多用于林下，立交桥、高架桥下阴湿处片植。亦可盆栽或制作盆景观赏。全草入药，有清热利湿、活血化瘀、舒筋活络、强筋壮骨之功效。

产地与分布 中国。我国各地有栽培。

花语：有“喜庆瑞祥”之意。

科属：紫金牛科 朱沙根属 **学名：***Ardisia crenata* **别名：**山豆根 大罗伞 **英文名：**Coralberry

朱沙根

形态 朱沙根为多年生常绿小灌木，匍匐茎肥壮，直立无毛，株高30~150cm。单叶互生，革质或纸质，椭圆状披针形至倒披针形，边缘具锯齿或波纹，深绿色，有光泽。伞形花序或聚伞状花序，花小，白色或淡红色，花期5~7月。核果圆球形，如豌豆大小，开始淡绿色，成熟时鲜红色，经久不落，甚美观，果期9~12月。

习性 朱沙根喜温暖、荫蔽和湿润的环境，忌干旱，较耐阴，适宜肥沃、疏松且富含腐殖质的沙质土壤栽植。

繁殖 ①播种。于春季进行，发芽适温18℃左右。②压条。于春季进行。③分株。于秋季进行。

病虫害 抗病虫害能力强，病害有根腐病。虫害有钻心虫、根结线虫。

管护 不可强光直射，保持环境半阴；夏、秋季宜充足浇水而不积水；生长期每月施液肥1~2次。

应用 朱沙根耐阴，绿叶与红果交相辉映，令人赏心悦目、心旷神怡，深受人们喜爱。适宜盆栽布置厅堂、客室、书房观赏。根、叶可入药，有清热解毒、祛风除湿、通经活络之功效。

产地与分布 中国、日本及爪哇。我国各地有栽培。

花语：有“金玉满堂”之说。

科属： 酢浆草科　酢浆草属　**学名：** *Oxalis corniata*　**别名：** 酸味草　**英文名：** Creeping woodsorrel

酢浆草

形态 酢浆草为多年生草本，全身有疏柔毛；茎匍匐或斜伸，多分枝，株高15~30cm。叶互生，掌状复叶有3个小叶，倒心形，小叶无柄先端凹进，基部宽楔形。花单生或数朵排成伞形花序，腋生，花瓣5，花黄色，另有红花及紫叶品种，花期3~11月。蒴果，长圆柱形。

黄花酢浆草

习性 酢浆草喜温暖、湿润和阳光充足的环境，较耐旱，不耐寒，耐贫瘠，适宜富含腐殖质的沙质壤土栽植。

繁殖 ①分株。将植株掘起，掰开球茎分植，也可将球茎切成块，每块留3个以上芽眼栽植。②播种。于春季进行，发芽适温15~18 ℃。

病虫害 酢浆草很少发生病虫害。

紫叶酢浆草

管护 土壤过湿会烂根，浇水宜“不干不浇，浇则浇透”；栽植前施足底肥，生长期每半月施1次复合肥，花期施磷钾肥；片植要及时清除杂草。

红花酢浆草

应用 园林多用于地被，植于林下、水边、山石旁。亦可盆栽布置庭院、客室。

产地与分布 我国各地有栽培。

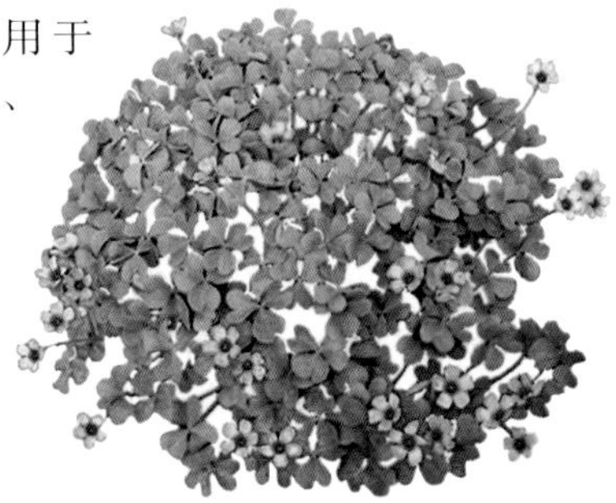

酢浆草是11月23日出生者的生日花。酢浆草是爱尔兰的国花。

花语：有“璀璨的心”之意。另有“祈求、爱情和希望”之说。

科属： 棕榈科　棕竹属　**学名：** *Rhapis excelsa*　**别名：** 筋头竹　观音竹　**英文名：** Bamboo palm

棕竹

形态 棕竹为常绿丛生灌木，茎干直立，茎纤细，不分枝，株高1~3 m。叶集生茎顶，掌状，深裂几达基部，有裂片5~12枚，长20~25cm、宽1~2cm，叶柄长8~20cm。肉穗花序腋生，花小，雌雄异株，花期4~5月。浆果球形，种子球形，果熟期10~12月。

习性 棕竹喜温暖、湿润及通风良好的半阴环境，怕积水，极耐阴，较耐旱，适宜富含腐殖质且排水良好的沙质土壤栽植。生长适温10~30℃。

繁殖 ①播种。于春季进行，发芽适温25~27℃。②分株。于春季进行。

病虫害 病害有叶斑病、叶枯病和霜霉病。虫害主要有介壳虫。

管护 避暴晒，保持良好通风；生长期浇水，应见干见湿，夏季充分浇水，不可积水，秋冬季少浇水；生长期，每月施复合液肥1~2次。

应用 棕竹姿态秀雅，叶盖如伞，四季常青，极具观赏价值。适宜公园、居民区丛植或列植于路旁；亦可盆栽播种客厅、会议室观赏。

产地与分布 中国南方地区。我国各地有栽培。

科属：棕榈科 袖珍椰子属 **学名：***chamaedorea elegans* **别名：**矮棕 矮生椰子 **英文名：**Parlour palm

袖珍椰子

形态 袖珍椰子为常绿矮灌木或小乔木，植株矮小，其茎干细长直立，不分枝，深绿色，上有不规则环纹，盆栽时株高0.3~1m。叶片由茎顶部生出，羽状复叶，全裂，裂片宽披针形，羽状小叶20~40枚，深绿色，有光泽。肉穗状花序腋生，花黄色呈小珠状，花期3~4月。浆果，多为橙红色或黄色。

习性 袖珍椰子喜温暖、湿润和半阴的环境，耐干旱，忌高温，怕寒冷，适宜肥沃、疏松和排水良好的微酸性沙质土壤栽植。生长适温为20~30℃。

繁殖 袖珍椰子用播种法繁殖，随采随播或春季播种，发芽适温25~28℃。

病虫害 袖珍椰子病害有白粉病和褐斑病。虫害有介壳虫。

管护 忌强光暴晒，夏季需避免暴晒；盆土经常保持湿润且宁干勿湿，更不可积水。空气干燥时，要喷水增湿；生长期每半月施1次液肥。

应用 袖珍椰子耐阴，故十分适宜作室内中小型盆栽装饰客厅、书房、会议室使室内增添热带风光的韵味。

产地与分布 墨西哥和委内瑞拉。我国各地有栽培。

花语：有“生命力”之说。

科属：葫芦科 碧雷鼓属 **学名：***Xerosicyos danguyi* **英文名：**Xerosicyos danguyi

碧雷鼓

形态 碧雷鼓为肉质灌木，茎直立或匍匐，基部多分枝，枝条圆形，灰绿色，茎长50~70cm。叶互生，肉质，被白霜，绿色，椭圆形或近圆形，长4cm、宽3.5cm，具柄，柄长约0.7cm，叶正面中间稍凹，无毛。花腋生，花小，淡黄绿色，雌雄异花，花期6~8月。

习性 碧雷鼓喜温暖、稍干燥和阳光充足的环境，不耐寒，怕水涝，适宜肥沃、排水良好的沙质土壤栽植。生长适温15~25℃。

繁殖 ①扦插。于春末或夏初进行，剪取半成熟枝进行扦插。②播种。于春季进行，发芽适温20~22℃，20天后发芽。

病虫害 碧雷鼓病虫害较少。

管护 夏季高温适度遮阴，保持良好通风；生长期浇水宜干透浇透，冬季保持盆土干燥；每个生长季施1次肥即可。

应用 碧雷鼓叶形奇特，是极好的观叶植物。盆栽适宜摆放于窗台、阳台、花架观赏，亦可悬挂于窗前观赏。南方可装饰庭院的假山石，趣味盎然。

产地与分布 马达加斯加岛。我国各地园艺有栽培。

科属：葫芦科 葫芦属　**学名：***Lagenaria siceraria*　**别名：**悬瓠 腰葫芦　**英文名：**Calabash

葫芦

形态 葫芦为一年生攀缘草本，有软毛，卷须2裂，藤蔓长可达数米。叶片心状卵形至肾状卵形，长10~30cm，宽与长近相等，稍有角裂或3浅裂，顶端尖锐，边缘有腺点，基部心形，叶柄长5~30cm。花单生，生于叶腋，雌雄同株不同花，花冠白色，花期6~7月。果实光滑，初绿色，后变白色或米黄色，果期7~8月，果即葫芦，是观赏点。

习性 葫芦喜温暖、湿润和阳光充足的环境，不耐寒，怕水涝，忌干旱，适宜肥沃、湿润和排水良好的沙质土壤栽植。

繁殖 葫芦用播种法繁殖，于春季进行，播种前应浸种催芽，可提高发芽率。

病虫害 病害有枯萎病、炭疽病。虫害有蚜虫、果蝇、夜蛾。

管护 生长期光照要充足；保持土壤湿润，既不干，又不积水；生长期每半月施肥1次，花果期施磷、钾肥；作好支架，以利攀爬及葫芦的吊挂。

应用 葫芦绿叶、白花、花果同生，极具观赏价值，由于葫芦与福禄谐音，增加了人们对葫芦的追捧。适宜庭院栽植观赏。果实老熟后经一定处理可作水瓢及各种容器，亦可制作工艺品供观赏。

产地与分布 欧亚大陆热带地区。我国各地有栽培。

花语：有“不知底细”“闷声不响”之意。腰葫芦有“长寿”“神力”“虚幻的空想”“愚蠢”之说。

科属：番杏科 露花属　**学名：***Aptenia cordifolia*　**别名：**露草　**英文名：**Sedum spathulifolium

花蔓草

形态 花蔓草为多年生常绿多肉草本，多分枝，枝条呈匍匐状，有棱角，株高20~30cm，枝条长可达1m。叶对生，叶肥厚肉质，宽卵圆形，叶长2~2.5cm，顶端渐尖，亮绿色。花单生于茎顶或侧生，花深玫瑰红色，中心淡黄，形似小菊花，瓣狭小，具有光泽，花期4~10月。

习性 花蔓草喜温暖、干燥、通风良好和阳光充足的环境，忌高温多湿，不耐寒，耐干旱，怕水涝，适宜肥沃、疏松和排水良好的沙质土壤栽植。生长适温15~25℃。

繁殖 ①播种。于早春进行，发芽适温15~23℃。②扦插。于春季取茎枝扦插，易成活。

病虫害 花蔓草不易发生病虫害，偶有根腐病为害。

管护 花蔓草管理粗放，养护简便。夏季防暴晒；见干浇透水，不可积水；每半月施1次复合肥。

应用 花蔓草生长迅速，枝繁叶茂，花期长，宜盆栽作垂吊花卉栽培，用来布置阳台、厅堂、客室等。其茎、叶、花均可入药，有凉血，化瘀，祛风之功效。

产地与分布 南非东部地区。我国各地有栽培。

花语：有“耐心地等待”之说。

科属：番杏科 舌叶花属　**学名：***Glottiphyllum linguiforme*　**别名：**佛手掌 宝绿　**英文名：**Ligulate flower

舌叶花

形态 舌叶花为多年生常绿肉质植物，茎短或无茎，株高5~10cm。叶肉质细舌状，对生2裂，长约7~10cm，叶径2~3cm，鲜绿色，平滑有光泽，叶端略向外反转，形似佛手，由此又名“佛手掌”。花自叶丛中抽出，花冠金黄色，秋、冬开花，具短梗，金黄色，花期全年，盛花期秋至冬季。

习性 舌叶花喜冬季温暖、夏季凉爽干燥的环境，较耐旱，惧高温，不耐寒，适宜肥沃、排水良好的沙质土壤栽植。

繁殖 ①分株。于春季结合换盆进行。②扦插。于春季进行。

病虫害 舌叶花极少有病虫害，夏季高温多湿的情况下叶易腐烂。

管护 浇水要适量，宁少勿多；生长期每半月施肥1次；花后及时除去残花及枯叶，保持株形美观，提高观赏价值。

应用 舌叶花叶片翠绿透明，色似翡翠，清雅别致，花朵金黄色，花期长，开花多，管理简便，十分惹人喜爱。适宜盆栽布置卧室、书房、客厅的窗台、几案，供欣赏。

产地与分布 南非。我国各地有栽培。

科属：番杏科 生石花属　**学名：***Lithops lesliei*　**别名：**石头花　**英文名：**Living stone

生石花

形态 生石花为多年生常绿小型多肉植物，茎很短，株高5~10cm，灰绿色，成熟后自顶部开裂分成2个短而扁平或膨大的裂片。花从裂缝中央抽出，花大，花有黄、白、粉等色，一般在午后开放，傍晚闭合，花期4~6月。

习性 生石花喜温暖、干燥和阳光充足的环境，怕低温，耐高温，忌强光，怕水涝，适宜肥沃且排水良好的沙质土壤栽植。生长适温20~24℃。

繁殖 ①播种。于春季进行，种子细小，采取盆播，发芽适温22~24℃。②分株。于春季进行，将缝隙中长出的幼株取下另栽。

病虫害 生石花的病害有叶斑病、叶腐病。虫害有蚂蚁和根结线虫。

管护 夏季避强光；浇水宜干不宜湿；生长期每半月施稀薄肥1次。

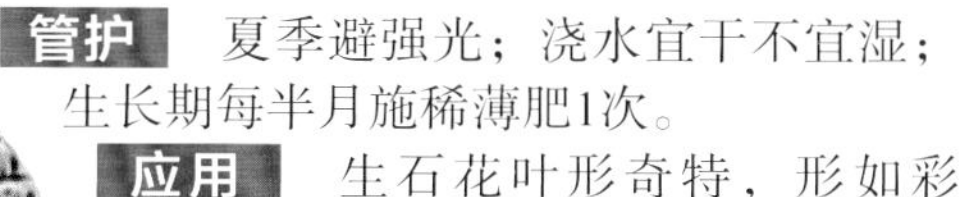

应用 生石花叶形奇特，形如彩石，花色彩丰富，植株娇小玲珑，适宜盆栽布置卧室、书房、客厅的窗台、几案。

产地与分布 非洲南部。我国各地有栽培。

科属：番杏科 日中花属　学名：*Lampranthus spectabilis*　别名：松叶菊 美丽日中花　英文名：Mesem brianthemum

龙须海棠

形态 龙须海棠植株平卧生长，多分枝，基部稍呈木质化。肉质叶对生，叶片肥厚多汁，呈三棱状线形，有龙骨状突起，叶长5~8cm，绿色，被有白粉。花单生于枝顶，花径4~5cm，花色有紫红、粉红、黄、橙等色，花瓣有金属光泽，花昼开夜闭，阴雨天则不开，单花可开5~7天，花期春末至夏初。

习性 喜温暖干燥和阳光充足的环境，忌水涝，怕高温，不耐寒，耐干旱，适宜肥沃、疏松和排水良好的沙质土壤栽植。

繁殖 ①播种。于春季进行，室内盆播。②扦插。于春季或秋季进行，剪取健壮顶枝扦插于沙床。

病虫害 病害有叶斑病、锈病。虫害有介壳虫、粉虱。

管护 生长期要求有充足的光照；浇水宜保持盆土稍微偏干，避免积水；每半月施1次腐熟的稀薄液肥或复合肥。

应用 龙须海棠花大色艳，花量大，可用于室外花坛、花境和坡地成片栽植，其景观效果极佳；是极好的盆栽观赏花卉，可布置厅堂、客室供观赏。

产地与分布 南非及中国、日本、韩国。我国各地有栽培。

花语：有“怠惰”之意。另有“童年的欢笑，青春的奋发，离别的悲伤，思念的悠长”之说。

科属：番杏科 快刀乱麻属　学名：*Rhombophyllum nelii*　英文名：Samurai: Hunt for the Sword

快刀乱麻

形态 快刀乱麻为多年生肉质灌木，茎有短节，成木状，多分枝，株高20~30cm。叶集中在分枝顶端，对生，细长而侧扁，先端两裂，外侧圆弧状，好似一把砍刀，淡绿至灰绿色。花单生于叶腋，花径3~4cm，金黄色，花期6~7月。

习性 快刀乱麻喜温暖、干燥和阳光充足的环境，不耐寒，耐干旱和半阴，忌水涝和强光，适宜肥沃、疏松和排水良好的沙质土壤栽植。

繁殖 ①播种。于春季进行，发芽适温19~24℃。②分株。于春季进行。③扦插。于早春进行，扦插成活的新株抵抗力较强。

病虫害 快刀乱麻病虫害极少。

管护 保持阳光充足，夏季避免暴晒；土壤宜偏干，不宜湿，更不可积水；生长期每月施1次稀薄复合肥。

应用 快刀乱麻常年碧绿，叶形似砍刀，十分奇特，花朵金黄，株型较小，非常适合盆栽布置厅堂、客室、书房的窗台、几案，供观赏。

产地与分布 南非。我国各地有栽培。

科属：葡萄科 爬山虎属 学名：*Parthenocissus tricuspidata* 别名：地锦 英文名：Japanese creeper

爬山虎

形态 爬山虎为落叶木质攀缘大藤本，枝条粗壮，卷须短，多分枝，依靠枝端的吸盘进行攀爬，蔓上有气生根，藤蔓长可达数十米。单叶互生；叶柄长5~12cm，常分成3小叶或为3全裂，中间小叶倒卵形，两侧小叶斜卵形，有粗锯齿；另有五叶爬山虎，叶为掌状复叶，5裂；叶中绿色，秋季变为橙红色或红色。聚伞花序通常生于短枝顶端的两叶之间；花绿色，花期初夏。浆果，熟时蓝黑色，果期9~10月。

秋天的爬山虎叶

习性 爬山虎喜温暖、湿润和阳光充足的环境，耐寒、耐阴亦耐干旱。适宜肥沃、排水良好的沙质土壤栽植。

繁殖 ①播种。随采随播，或将成熟的种子沙藏于翌年春季播种。②扦插。初夏取嫩枝扦插，南方冬季取成熟枝扦插。③压条，于春季进行。

病虫害 病害主要有煤污病危害。虫害有介壳虫、蚜虫、蟒、木虱危害。

管护 生性强健，易管理。保持土壤湿润而不积水；生长期追施1~2次液肥；对过密的枝叶进行修剪。

应用 爬山虎攀爬能力极强，是垂直绿化主要品种之一，适于配植宅院墙壁、围墙；庭园、公园的长廊及山石。可入药，有祛风止痛、活血通络之功效。

产地与分布 亚洲东部及北美。我国各地有栽培。

爬山虎是1月31日出生者的生日花。

花语：有“青春喜悦”之意。另有“友情”之说。

科属：葡萄科 葡萄瓮属 学名：*Cyphostemma juttae* 别名：青紫葛 英文名：Cissus juttae

葡萄瓮

形态 葡萄瓮为多年生常绿树状多浆植物，株高达4m，有膨大的肉质主干，顶端多分枝，树皮黄色易剥落。叶柄较短，叶簇生茎枝顶端，蓝绿色或灰绿色，三裂叶，叶长15cm，宽10cm，每裂片为长卵形，顶部渐尖，初生叶会有绒毛，叶色会因环境变花有改变。花小，果圆球形，成熟时为红色。

习性 葡萄瓮喜温暖、干燥和阳光充足的环境，耐干旱，忌水涝，耐贫瘠，怕寒冷，适宜沙质土壤栽植。

繁殖 ①分株。葡萄瓮用块茎分株繁殖。②扦插繁殖。

病虫害 极少有病虫害，盆栽水多会发生腐烂病。

管护 盆栽葡萄瓮应保持阳光充足；宜干不宜湿，干透浇水；冬季应防寒，温度低于10℃叶子变黄并脱落。

应用 葡萄瓮形状奇特，株型大，可供布置多肉植物温室。亦可盆栽布置厅堂、客室观赏。

产地与分布 纳米比亚和安哥拉。我国各地有栽培。

科属：景天科 石莲花属 **学名：***Graptopelaum Paraguayense* **别名：**莲花掌 **英文名：**Houseleek

石莲花

形态 石莲花为多年生宿根肉质草本，有匍匐茎，株高15~30cm。叶丛紧密，直立成莲座状，叶楔状倒卵形，顶端短、锐尖，无毛、粉蓝色。花茎柔软，有苞片，具白霜，8~24朵花成聚伞花序，花冠红色，花瓣披针形呈闭合状态，花期7~10月。

习性 石莲花喜温暖、干燥和阳光充足的环境，不耐寒、耐半阴，怕积水，忌烈日，适宜肥沃、排水良好的沙质土壤栽植。

繁殖 ①扦插。可用单叶、蘖枝或顶枝作插穗，进行扦插。②分株。于春季进行。

病虫害 病害有锈病、叶斑病。虫害有蚧壳虫。

管护 春季、秋季生长期保持阳光充足；每半月施1次腐熟的稀薄液肥；浇水掌握“不干不浇，浇则浇透”的原则，避免盆土积水。

应用 石莲花形态独特，管理简便，适合家庭栽培，布置厅堂、客室的几案、桌架、窗台、阳台等处。

产地与分布 墨西哥。我国各地有栽培。

花语：有“永不凋谢的爱”之意。

科属：景天科 莲花掌属 **学名：***Aeonium arboreum* ‘Schwarzkopf’ **别名：**黑叶莲花掌 **英文名：**Blackleaf aeonium

黑法师

形态 黑法师为多年生常绿肉质花卉，茎木质，多分枝，株高0.5~1m甚至更高。叶在茎端和分枝顶端集成莲座叶盘，叶盘直径15~20cm，叶黑紫色，叶顶端有小尖，叶缘有睫毛状纤毛。总状花序，小花，黄色，形似小菊花，花后植株会枯死。

习性 黑法师喜温暖、干燥和阳光充足的环境，耐干旱，不耐寒，稍耐半阴，适宜肥沃且排水透气良好的土壤种植。

繁殖 黑法师常用扦插繁殖，于早春剪下莲座叶盘进行扦插。

病虫害 黑法师病虫害较少，浇水过多会发生落叶现象。

管护 黑法师生长期要保持阳光充足，夏季避暴晒；浇水适度，见干浇水，不宜过多，更不可积水；生长期每半月施稀薄复合液肥1次；及时剪除顶部叶盘，防止植株过高。

应用 黑法师莲座状紫黑色的叶盘，颜色非常奇特，极具观赏价值。适宜盆栽布置厅堂、居室的案儿、阳台、窗台。亦是植物园中不可或缺的植物品种。

产地与分布 摩洛哥及加那利群岛。我国各地有栽培。

花语：有“诅咒”之意。

科属：景天科 景天属 **学名：***Sedum morganianum* **别名：**松鼠尾 **英文名：**Burro's tail

翡翠景天

形态 翡翠景天为多年生常绿肉质植物，肉质茎匍匐生长，多分枝，株形似翡翠串珠，茎长可达50cm。肉质叶抱茎生长，叶长圆状披针形，肉质，浅绿色，急尖，叶易脱落，落地后易生根。伞房花序，顶生，花紫红色。

习性 翡翠景天喜温暖半阴环境，忌强光直射，较耐阴，惧严寒，耐干旱，适宜肥沃、疏松且排水良好的沙质土壤栽植，生长适温15~22℃，越冬温度不低于10℃。

繁殖 翡翠景天用扦插繁殖。剪取枝顶部嫩枝或叶直接插入沙床，25天即可生根发芽。

病虫害 翡翠景天病虫害较少，病害有白绢病。虫害有蚜虫。

管护 翡翠景天适应性较强，易管理。保持阳光充足，阳光不足茎叶容易徒长，夏季要避免暴晒；见干浇水，不可积水；生长期每半月施1次稀薄的复合肥；保持环境通风良好。

应用 翡翠景天是美丽的室内垂吊花卉，其枝条好似一串串悬挂的翡翠串株，非常招人喜爱，可置于花架、窗台或悬挂于窗前观赏，赏心悦目。

产地与分布 墨西哥。我国各地有栽培。

科属：景天科 景天属 **学名：***Sedum spectabile* **别名：**蝎子草 长药八宝 **英文名：**Butterfly stonecrop

八宝景天

形态 八宝景天为多年生落叶肉质草本花卉，地上茎簇生，粗壮而直立，全株略被白粉，呈灰绿色，株高30~50cm。叶轮生或对生，倒卵形，肉质，具波状齿。伞房花序密集如平头状，花序长10~15cm，花淡粉红色，另有白色、紫红色、玫红色品种，花期7~10月。

习性 八宝景天喜强光、干燥和通风良好的环境，较耐寒，耐干旱，忌水涝，适宜肥沃、疏松且排水良好的土壤栽植。

繁殖 ①播种。于春季进行，发芽适温15~18℃。②扦插。于春季或夏季进行，剪取5~10cm长茎段，待切口晾干后进行扦插。③分株。将母株根部的蘖枝割离后另栽。

病虫害 病害有根腐病。虫害有蚜虫及介壳虫。

管护 八宝景天生长期要保持光照充足；浇水要适当，见干浇水，浇水要透，不可积水；生长期每月施稀薄液肥1次；2~3年换盆1次。

应用 八宝景天植株整齐，生长健壮，片植有极佳的景观效果，亦是布置花坛、花境和点缀草坪、岩石园的好材料。全草入药，有祛风利湿、活血散瘀、止血止痛之功效。

产地与分布 中国。我国各地有栽培。

花语：有"吉祥"之意。

科属： 景天科 伽蓝菜属　**学名：** *Kalanchoë blossfeldiana*　**别名：** 圣诞伽蓝菜 寿星花　**英文名：** Flaming Katy

长寿花

形态 长寿花为多年生常绿草本多浆花卉，茎直立，株高10~30cm。单叶，交互对生，卵圆形，肉质，长4~8cm，宽3~6cm，叶片上部叶缘具波状钝齿，下部全缘，亮绿色，有光泽，部分品种叶边缘略带红色。圆锥聚伞花序，挺直，每株有花序5~7个，着花60～250朵，花小，高脚碟状，花色粉红、黄、白、绯红或橙红色，有单瓣、重瓣品种，花期2~5月。

习性 长寿花喜温暖、稍湿润和阳光充足的环境，不耐寒，耐干旱，怕高温，忌水涝，适宜肥沃、疏松和排水良好的沙质土壤栽植。生长适温15~25℃。

繁殖 ①播种。于早春进行，发芽适温21℃。②扦插。于春季或夏季剪取顶茎或叶片进行扦插。③组织培养。

病虫害 病害有白粉病和叶枯病。虫害有介壳虫和蚜虫。

管护 每隔3~4天浇透水1次，冬季减少浇水；生长旺季每半月施1次稀薄复合液肥；适时进行摘心，促使多分枝、多开花。

应用 株形紧凑，叶片晶莹亮丽，花色艳丽，观赏效果极佳，为优良的室内盆花，适宜盆栽布置厅堂、居室的案几、阳台、窗台等。

产地与分布 非洲马达加斯加。我国各地有栽培。

长寿花是台湾台中市的市花。

花语：有“大吉大利”“长命百岁”“福寿吉庆”之意。

科属： 景天科 伽蓝菜属　**学名：** *Kalanchoë tomentosa*　**别名：** 褐斑伽蓝　**英文名：** Panda plant

月兔耳

形态 月兔耳为多年生常绿肉质草本花卉，茎直立，多分枝，株高20~30cm。叶片肉质，匀形叶，形似兔耳，叶灰绿色密被银灰色茸毛，叶片边缘着生褐色斑纹。聚伞状圆锥花序，花钟状，黄绿色，具红色腺毛，花期早春，或秋季。

习性 月兔耳喜温暖干燥和阳光充足环境，不耐寒，耐干旱，怕水湿，适宜肥沃、疏松的沙质土壤栽植，生长适温15~25℃。

繁殖 月兔耳主要用扦插繁殖，在生长期剪取顶端茎叶作插穗，待剪口稍干后插入沙床，25天后生根。也可用单叶扦插。

病虫害 病害有叶斑病。虫害有介壳虫和粉虱。

管护 保持充足光照，夏季应避暴晒；浇水要适度，浇水过多或干燥都会导致叶片的脱落；生长期每月可施复合肥1次；越冬温度不能低于10℃。

应用 月兔耳植株被满茸毛，厚肉质的灰绿色叶片，边缘着生不规则深褐色的斑纹，独具特色，十分招人喜爱。主要用于盆栽布置居室、厅堂、书房的案几、阳台、窗台等处，供人们观赏。

产地与分布 非洲马达加斯加。我国各地有栽培。

科属：景天科 伽蓝菜属 **学名：***Kalanchoë beharensis* **别名：**天人舞 白仙人扇 **英文名：**The fairy dance

仙女之舞

形态 仙女之舞为多年生树状肉质草本植物，幼株茎有灰白色茸毛，株高0.7~3m。叶交互对生或轮生，叶有柄，叶柄长4~6cm，叶广卵圆状三角形，肉质，长10~20cm，宽6~10cm，新叶平展，老叶正面稍凹，叶缘有突起，橄榄绿色至灰绿色，被稠密的灰白色毛。圆锥花序，花坛状，花序高50~60cm，花黄绿色。

习性 仙女之舞喜温暖、干燥和阳光充足的环境，耐干旱，不耐寒，耐半阴，怕水湿，忌强光，适宜肥沃疏松和排水良好的沙质土壤栽植。

繁殖 ①扦插。仙女之舞用扦插法繁殖，枝插、叶插都可。②播种。于早春进行，发芽适温21℃。

病虫害 仙女之舞病虫害较少，偶有叶斑病及介壳虫为害，需要预防。

管护 保持阳光充足，夏季避暴晒；浇水不能过多和过少，两者都会导致叶片的脱落；每月施1次稀薄液肥；越冬温度不低于10℃。

应用 仙女之舞为大型花卉品种，株形飘逸俊美，全株被白毛，非常奇特，是布置植物园温室不可或缺的花卉品种。盆栽则可布置门厅、长廊或客厅。

产地与分布 马达加斯加岛。我国各地有栽培。

科属：景天科 伽蓝菜属 **学名：***Kalanchoë laciniata* **别名：**伽蓝菜 大还魂 **英文名：**Kalanchoë

鸡爪三七

形态 鸡爪三七为多年生肉质直立草本，全株绿色，老枝变红，无毛，株高0.2~1m。叶对生，近顶端的较小，羽状深裂，裂片披针形，全缘或具不规则的钝齿至浅裂。聚伞花序顶生，花直立，多数，花萼绿色，花冠4深裂，裂片线状披针形，黄色或浅橙红色，花期冬至春季。蓇葖果，长圆形。

习性 鸡爪三七喜温暖、湿润及阳光充足的环境，耐旱、不耐寒、怕水涝，一般土壤均可生长，但适宜肥沃、疏松和排水良好的沙质土壤栽植。生长适温15~20℃。

繁殖 鸡爪三七多用扦插方法进行繁殖，于初夏或秋季进行，剪取健壮茎枝进行扦插。

病虫害 病害有根腐病、黑斑病、白粉病。虫害有蛞蝓、地老虎、蚜虫、介壳虫、尺蠖。

管护 保持阳光充足，夏季避免暴晒；鸡爪三七耐干旱，忌浇水过多，更不可积水；每半月施腐熟液肥或复合肥1次。

应用 鸡爪三七园林中多用于公园、绿地或药园栽植。亦可盆栽观赏。鸡爪三七全株可入药，有散瘀止血、清热解毒之功效。

产地与分布 亚洲热带及非洲北部地区。我国各地有栽培。

花语：有“大吉大利、长命百岁”之说。

科属：景天科 青锁龙属　学名：*Crassula perforata*　别名：景天树 燕子掌　英文名：Swallowpalm crassula

玉树

形态 玉树为多年生常绿小灌木，茎肉质，呈圆柱形，多分枝，株高0.6~2m。叶对生，肉质，扁平，卵圆形，全缘，灰绿色，似玉片，故得名“玉树”，有的品种具红边。花白色或淡粉色。

习性 玉树喜温暖、干燥和阳光充足的环境。不耐寒，怕强光，稍耐阴，适宜肥沃、排水良好的沙壤土栽植，越冬温度不低于7℃。

繁殖 玉树常用扦插的方法繁殖。在生长季节剪取肥厚充实的顶端枝条，待切口稍晾干后插入沙床，3周后生根；也可用单叶扦插，将叶片切下后待切口晾干插入沙床，插后约30天生根。

病虫害 病害有炭疽病和叶斑病。虫害有介壳虫。

管护 生长期每周浇水2~3次，秋冬季减少浇水，不可积水；玉树生长较快，根据植株的大小及时换盆；生长期每月施1次稀薄肥。

应用 玉树管理简便，树冠挺拔秀丽，叶如玉片，白色花朵，十分清雅别致，颇受人们青睐，玉树不常开花，以观叶为主，适宜盆栽装饰庭院的花台及布置厅堂、客室的几案、桌架、窗台、阳台等处。

产地与分布 南非。我国各地有栽培。

花语：有“倾慕”“求爱”“热恋”“纯洁的爱”之意。

科属：蓝雪花科 蓝雪花属　学名：*Plumbago auriculata*　别名：山灰柴 角柱花 蓝花丹　英文名：Cape leadwort

蓝雪花

形态 蓝雪花为多年生常绿亚灌木，枝具棱槽，幼时直立，长成后蔓性，株高0.3~2m。单叶，互生，全缘，长圆形或矩圆状匙形，先端钝，中绿色。穗状花序顶生或腋生，花冠高脚碟状，浅蓝色或白色，花期6~9月。蒴果。

习性 喜温暖、湿润和阳光充足的环境，较耐阴、不耐寒，怕暴晒，适宜肥沃、疏松且排水良好的微酸性土壤栽植。生长适温20~25℃。

繁殖 ①播种。于春季进行，发芽适温13~18℃。②扦插。于夏季进行，取半成熟枝进行扦插。

病虫害 蓝雪花病虫害较少。病害偶有白粉病。虫害有夜蛾的幼虫及介壳虫。

管护 盆栽蓝雪花需保持阳光充足，夏季遮蔽强光；蓝雪花不耐旱，需保持盆土湿润；每半月施1次稀薄的复合液肥。

应用 蓝雪花管理简单，叶色翠绿，花色淡雅，观花期长，可盆栽点缀居室、阳台，或悬挂于窗前观赏。亦可地栽于林缘或点缀草坪。

产地与分布 南非。我国各地有栽培。

花语：有“冷淡”“忧郁”之意。

科属：锦葵科 木槿属 **学名：***Hibiscus syriacus* **别名：**赤槿 **英文名：**Rose of sharon

木槿

形态 木槿为落叶灌木或小乔木，茎直立，多分枝，梢披散，树皮灰棕色，枝干上有根须或根瘤，幼枝被毛，后渐脱落，株高2~5m。单叶，互生，叶卵形或菱状卵形，有明显的三条主脉，常3裂，基部楔形，下面有毛或近无毛，先端渐尖，边缘具圆钝或尖锐锯齿，叶柄长2~3cm。花单生于枝梢叶腋，花瓣5，花形有单瓣、重瓣之分，花色有紫、浅蓝、粉红或白等色，花期6~9月。蒴果，长椭圆形。

习性 木槿喜温暖、湿润和阳光充足的环境，稍耐阴，耐干旱亦耐水湿，较耐寒，耐修剪，适宜肥沃、疏松且排水良好的微酸性土壤栽植。生长适温15~28℃。

繁殖 ①播种。于春季进行。②扦插。于早春或梅雨季节进行，极易成活。

病虫害 木槿病害主要有炭疽病、叶枯病、白粉病等。虫害有红蜘蛛、蚜虫、蓑蛾、夜蛾、天牛等。

管护 木槿需保持充足光照；及时浇水，不可积水；露栽不必多施肥。

应用 木槿花期特长，且花色多，是优良的园林观花树种。非常适宜公园、庭院、景观道路美化栽植。全株可入药，有清热解毒、凉血利湿、杀虫止痒之功效。

产地与分布 中国、印度。我国各地有栽培。

木槿是韩国的国花。木槿是白羊座的守护花。木槿是10月28日出生者的生日花。

花语：有“精美”“细腻”“容颜易老”“世事沧桑”之意。红色代表“热情”；白色代表“诚实”“廉洁”。

科属：锦葵科 木槿属 **学名：***Hibiscus mutabilis* **别名：**拒霜花 **英文名：**Cotton rose

木芙蓉

形态 木芙蓉为落叶灌木或小乔木，枝干密生星状毛及短柔毛，株高1.8~3m，或更高。叶互生，阔卵圆形或圆卵形，掌状3~5浅裂，先端尖或渐尖，两面有星状茸毛。花单生于枝顶叶腋，花朵大，有红、粉、黄、白等色，另有单瓣及重瓣之分，花期8~10月。蒴果，扁球形，果熟期10~11月。

习性 木芙蓉喜温暖、湿润和阳光充足的环境，稍耐阴，忌干旱，耐水湿，适宜肥沃、疏松且排水良好的沙质土壤栽植。

繁殖 ①播种。于春季进行，发芽适温13~18℃。②扦插。春季用嫩枝扦插，夏季用半成熟枝扦插。③分株。于春季进行。

病虫害 木芙蓉病虫害较少。病害有白粉病。虫害有角斑毒蛾及小绿叶蝉。

管护 木芙蓉管理简便，生长期浇水要充分；每年冬季或春季施腐熟的有机肥。

应用 木芙蓉花期长，花大且花色多，是一种很好的观花植物，适宜公园、庭院、道路两侧栽植，可列植、孤植、丛植于墙边、路旁、厅前等处。亦可盆栽观赏。叶、花可入药，有清肺、散热、凉血之功效。

产地与分布 中国。我国各地有栽培。

木芙蓉是成都市的市花。

花语：有“贞操”“纯洁”“恩惠”“平凡中的高洁”之意。

科属：锦葵科 木槿属 学名：*Hibiscus moscheutos* 别名：大花秋葵 芙蓉葵 英文名：Hollyhock hibiscus

草芙蓉

形态 草芙蓉为多年生宿根草本，枝条表皮光滑，新梢呈紫红色，浅色品种为绿色，略被白粉，多分枝，株高0.5~2m。单叶，互生，叶卵形或卵状披针形，基部楔形或近圆形，先端渐尖，边缘具锯齿。花单生于枝顶叶腋间，极大，花瓣5，花色有深紫红、桃红、粉红、浅粉、白等色，花期7~9月。

习性 草芙蓉喜温暖、湿润和阳光充足的环境，稍耐半阴，稍耐寒，忌干旱，耐水湿，适宜肥沃、疏松且富含腐殖质的土壤栽植。生长适温15~30℃。

繁殖 ①扦插。于生长期进行，取半成熟枝条进行扦插，极易成活。②播种繁殖。③分株繁殖。④压条的方法繁殖。

病虫害 草芙蓉没有严重的病害。偶有蚜虫、红蜘蛛等为害。

管护 草芙蓉管理较为粗放，天旱时注意浇水；冬季或春季施一次腐熟的有机肥；及时修剪，保持株形良好。

应用 草芙蓉枝繁叶茂，花色丰富多彩，是夏季重要花卉之一，非常适合公园、路边、庭院栽植观赏。亦可盆栽观赏。

产地与分布 北美。我国各地有栽培。

花语：有“纯洁”“平凡”之说。

科属：锦葵科 木槿属 学名：*Hibiscus rosa-sinensis* 别名：朱槿 大红花 英文名：Chinese hibiscus

扶桑

形态 扶桑为多年生常绿灌木，茎直立，多分枝，小枝圆柱形，疏被星状柔毛，株高0.6~1m。叶互生，阔卵形或狭卵形，基部全缘，先端渐尖，边缘有锯齿，形似桑叶。花单生于上部叶腋间，常下垂，具花梗，花梗长3~7cm，花色有玫瑰红、粉红、淡红、黄等，花有单瓣及重瓣之分，花期全年。蒴果，卵形。

习性 扶桑喜温暖、湿润和阳光充足的环境，不耐寒，耐湿，怕干旱，惧寒霜，适宜肥沃、疏松的微酸性土壤栽植，生长适温15~28℃。

繁殖 春末取嫩枝扦插，夏季用半成熟枝扦插。重瓣用压条法或嫁接法繁殖。

病虫害 病害有叶斑病、炭疽病和煤污病。虫害有蚜虫、红蜘蛛、刺蛾。

管护 扶桑保持充足的光照；浇水宜充分，一般每天浇水1次；每半月施复合肥1次。

应用 扶桑花色鲜艳，花大形美，品种繁多，是著名的观赏花卉。南方多露植用于观花绿篱或公园、庭院栽植。北方多盆栽用于布置厅堂、客室。

产地与分布 中国及亚洲热带地区。我国各地有栽培。

扶桑是马来西亚、苏丹、斐济国的国花。扶桑是南宁、玉溪、茂名及台湾高雄等市的市花。扶桑是处女座的守护花。

花语：有“相信你”“永远新鲜的爱”“热情”之意。另有“纤细美”“体贴之美”“永保清新之美”之说。

科属： 锦葵科 蜀葵属　**学名：** *Althaea rosea*　**别名：** 大蜀季 端午锦　**英文名：** Hollyhock

蜀葵

形态 蜀葵为多年生宿根草本，茎直立，挺拔，具星状簇毛，株高2~3m。叶互生，圆形至圆卵形，长6~10cm，宽5~10cm，先端圆钝，基部心形，通常具3~7浅裂，边缘具不整齐的钝齿，两面均有星状毛，中绿色。花单生于叶腋，具柄，柄长2~3cm，花萼圆杯状，5裂，密被星状茸毛，花冠直径6~8cm，花有紫红、淡红、粉、黄、白或复色，有单瓣及重瓣，花期5~10月。蒴果，扁球形，种子扁圆形。

习性 蜀葵喜温暖、湿润和阳光充足的环境，较耐寒，耐干旱和半阴，适宜肥沃、疏松和排水良好的土壤栽植。生长适温15~30℃。

繁殖 播种繁殖，随采随播，发芽适温13~18℃。有自播能力。一年播种，以后可年年生长。

病虫害 病害有锈病。虫害有蚜虫和红蜘蛛等。

管护 蜀葵管理简便，见干浇水；播种前施足底肥。

应用 蜀葵叶大、花繁、色艳，花期长，是园林中栽培较普遍的花卉，非常适合公园、庭院、居民区栽植观赏。全草入药，有清热止血、消肿解毒之功效。

产地与分布 中国及亚洲西部地区。我国各地有栽培。

蜀葵是6月23日出生者的生日花。

花语：有“追求”“热恋”之意。白色代表“单纯”“真诚的爱”；红色代表“温和”“神圣”“抱负”“奢望”。

科属： 锦葵科 锦葵属　**学名：** *Malva sinensis*　**别名：** 棋盘花　**英文名：** China mallow

锦葵

形态 锦葵为多年生宿根草本植物，茎直立，分枝多，被粗毛，株高0.6~1m。叶互生;叶柄长4~8cm，近无毛，阔心形至圆形，叶缘具3~7波状浅裂，深绿色。花簇生于叶腋，漏斗状，花紫红色或白色，花瓣5，匙形，花期6~10月。果扁圆形，种子黑褐色。

习性 锦葵喜温暖、湿润和阳光充足的环境，较耐寒，耐干旱和半阴，不择土壤，适宜肥沃、疏松和排水良好的沙质土壤栽植。生长适温15~30℃。

繁殖 早春或初夏播种，发芽适温18~24℃。

病虫害 病害主要是煤污病。虫害主要是蚜虫和介壳虫。

管护 保持阳光充足，夏季避免暴晒；浇水不宜过多，见干浇水；生长期每月施复合肥1次。

应用 锦葵管理简便，适宜布置花坛、花境或作为背景材料栽植。亦可盆栽观赏。花可入药，有利尿通便、清热解毒之功效。

产地与分布 亚洲、欧洲及北美洲。我国各地有栽培。

锦葵是7月3日和9月17日出生者的生日花。

花语：有“讽刺”之意。

科属： 锦葵科 苘麻属　**学名：** *Abutilon striatum*　**别名：** 纹瓣悬铃花 网花苘麻　**英文名：** Striped abutilon

金铃花

形态 金铃花为常绿灌木，多分枝，株高2~3m。单叶，互生，叶卵形，掌状5裂，绿色，边缘具锯齿，顶部渐尖，具细长柄。花单生于叶腋，花梗下垂，花钟形，橙红色，具紫色条纹，花期5~10月。

习性 金铃花喜温暖、湿润和阳光充足的环境，不耐寒，稍耐阴，适宜肥沃、疏松且排水良好的微酸性土壤栽植，喜阳光，适宜在肥沃、湿润、排水良好的沙壤土中生长。越冬温度不低于5℃。

繁殖 ①扦插。剪取1~2年生健壮枝或当年生半木质化嫩枝作插穗，进行扦插。②播种。于春季进行。

病虫害 金铃花病虫害较少。病害有白粉病。虫害有蚜虫、介壳虫。

管护 金铃花光照宜充足；及时浇水，保持土壤湿润而不积水；栽植前施足底肥，花期追施磷、钾肥；盆栽宜及时摘心，以控制株高，增加侧枝，可多开花。

应用 金铃花花形非常奇特，是园林中很有观赏价值的花卉植物，可以布置花丛、花境。也可作大中型盆栽，布置庭院、厅堂、客室观赏。金铃花的花、叶可入药，有活血祛瘀、舒筋通络之功效。

产地与分布 南美危地马拉、巴西。我国各地有栽培。

花语：有"约定""希望"之意。

科属： 睡莲科 莲属　**学名：** *Nelumbo nucifera*　**别名：** 莲花 水芙蓉　**英文名：** Hindu lotus

荷花

形态 荷花为多年生水生草本花卉，地下茎横生于水底泥中，长而肥厚，多孔，有长节。叶盾圆形，全缘稍呈波状，表面具白粉。花单生于花梗顶端，花瓣多数，嵌生在花托穴内，花色有红、粉红、黄、白、紫、复色等，或有彩纹、镶边，花期6~9月。坚果，椭圆形，种子卵形。

习性 荷花是水生植物，需生长于水中，喜温暖、水湿和阳光充足的环境，不耐寒，怕阴，适宜肥沃、富含腐殖质、微酸性黏质土栽植。

繁殖 ①播种。于春季进行，发芽适温25℃。②分株。于春季进行。

病虫害 病害有褐斑病、黑斑病、腐烂病。虫害有蚜虫、大蓑蛾、刺毛虫、水蛆、斜纹夜蛾。

管护 盆栽荷花水不宜太深，一般在5cm左右；栽植前施足底肥，中间可不必施肥。

应用 荷花是中国十大名花之一。园林常用来做大面积水景布置，亦可盆栽、缸栽观赏。根状茎——藕，是知名的食材；藕可提取淀粉。全株可入药，有活血止血、祛湿、清心凉血、去热解毒之功效。

产地与分布 中国、俄罗斯、朝鲜、日本、印度等地。我国各地有栽培。

荷花是印度、尼泊尔、斯里兰卡和越南的国花。荷花是济南、肇庆、许昌及花莲市的市花。

花语：有"廉洁""洁身自好""藕断丝连""思念情偶""我爱你"之意。

科属： 睡莲科 睡莲属 **学名：** *Nymphaea tetragona* **别名：** 子午莲 **英文名：** Pygmy waterlily

睡莲

形态 睡莲为多年生水生花卉，根状茎，粗短，有节。叶丛生，具细长叶柄，浮于水面，纸质或近革质，近圆形或卵状椭圆形，直径7~12cm，全缘，无毛，上面浓绿，幼叶有褐色斑纹，下面暗紫色。花单生于细长的花柄顶端，花色有白、粉、红、黄等多种颜色，花期6~9月。聚合果，球形，内含多数椭圆形黑色小坚果，果期7~10月。

习性 睡莲喜温暖、水湿和阳光充足的环境，不耐寒，怕阴，适宜肥沃、富含腐殖质且微酸性黏质土栽植。

繁殖 ①播种。于春季进行，发芽适温23~27℃。②分株。于春季进行。

病虫害 病害有黑斑病、褐斑病。虫害有蚜虫、棉水螟的幼虫危害叶片。

管护 缸栽睡莲栽培要选用塘内腐殖质丰富的淤泥为好；生长期需保持阳光充足；开花期增施磷、钾肥。

应用 睡莲园林常用来做大面积水景布置，亦可盆栽、缸栽观赏。根状茎可食用或提取淀粉供食用或制取酒精。

产地与分布 北非及东南亚热带地区。我国各地有栽培。

睡莲是泰国、孟加拉国、埃及、圭亚那等国的国花。

花语：有“心灵纯洁”“幸福”“美化”“信仰”之意。

科属： 睡莲科 王莲属 **学名：** *Victoria amazonica* **别名：** 亚马孙王莲 **英文名：** Victoria regia

王莲

形态 王莲为多年生或一年生大型浮叶草本。有直立的根状短茎和发达的不定根，白色。叶面光滑，叶缘上卷，宛如浮在水面上的翠绿色大盘，叶盘的直径达1.8~2.2m，有的甚至可达3m，其叶脉结构呈肋条状，具有很大的浮力，可承载60~70kg的重物。花单生，两性，花大，花径25~40cm，花瓣50~70枚，花傍晚伸出水面开放，具芳香，第一天白色，次日闭合，傍晚再次开放，花瓣变为红色，第3天闭合并沉入水中，花期夏季。浆果，球形，种子黑色。

习性 王莲喜温暖、水湿和阳光充足的环境，不耐寒，怕阴，适宜肥沃、富含腐殖质的微酸性黏质土栽植。

繁殖 ①播种。于春季进行，发芽适温29~32℃。②分株。于春季进行。

病虫害 虫害主要有斜纹夜蛾、莲缢管蚜、椭圆萝卜螺和扁旋螺。

管护 保持充足的光照；控制水深30~40cm，最深不超过60cm；施肥要勤施，量少。

应用 叶片巨大而奇特，花芳香怡人，极具观赏价值，用于布置水景。种子富含淀粉，可供食用。

产地与分布 南美亚马孙河流域地区。我国南方各地有栽培。

花语：有“爱情永固”“喜悦”之意。另有“名誉”之说。

科属：瑞香科 瑞香属　学名：*Daphne odora*　别名：睡香　英文名：Daphne

瑞香

形态 瑞香为常绿小灌木，枝粗壮，通常二歧分枝，小枝近圆柱形，紫红色或紫褐色，无毛，株高60~90cm。单叶互生，革质，长圆形或倒卵状椭圆形，全缘，先端钝，深绿色，有的叶子镶黄边，称金边瑞香。花顶生，头状花序，常密生成簇，白色或紫红色，具芳香，花期春季。

习性 瑞香喜温暖、湿润和半阴的环境，不耐寒、怕高温、干旱，忌强光，怕积水，耐修剪，适宜富含腐殖质的排水良好的微酸性沙质土壤栽植。生长适温，15~25℃。

繁殖 ①播种。随采随播，发芽适温20℃。②扦插。初夏取嫩枝扦插，夏末取半成熟枝扦插。③压条。于春季进行。④嫁接。于春季进行。

病虫害 病害有炭疽病、茎腐病、花叶病。虫害有蚜虫、介壳虫。

管护 避免强光暴晒；保持土壤湿润而不积水；每半月施复合肥1次，花期追施磷钾肥。

应用 瑞香株形优美，花虽小却锦簇成团，且花香怡人，观赏价值极高，适宜盆栽布置庭院、厅堂、客室，以供观赏。其根、茎、叶、花均可入药，有清热解毒、消炎去肿、活血化瘀之功效。

产地与分布 中国及日本。我国各地有栽培。

瑞香是12月15日出生者的生日花。

花语：有“光荣”“不夭”“欢乐”“祥瑞”“瑞气”之意。

科属：楝科 米仔兰属　学名：*Aglaia odorata*　别名：米仔兰　英文名：Maizailan

米兰

形态 米兰为常绿灌木或小乔木，小枝顶部常被星状锈色小鳞片，茎直立，多分枝而稠密，株高4~7m。羽状复叶，互生，倒卵形至长圆形先端钝，基部楔形，全缘，具光泽。圆锥花序腋生，花小，略疏散，橙黄色，极香，两性；花梗稍短而粗，花萼5裂，花瓣5枚，长圆形，花期7~9月。浆果近球形，长1~1.2cm。

习性 米兰喜温暖、湿润和阳光充足环境，不耐寒，稍耐阴，适宜疏松、肥沃的微酸性土壤栽植，生长适温20~25℃，越冬温度不低于10℃。

繁殖 ①播种。②扦插。于夏季取顶端嫩枝扦插。③压条。于夏、秋季采取高空压条的方法繁殖。

病虫害 病害，在高温、高湿且通风不良的情况下会发生煤烟病。虫害有蚜虫、介壳虫、红蜘蛛。

管护 保持阳光充足；浇水要适度，水少会叶枯黄，过多会引起落花落蕾；花期宜施磷肥，花后追施腐熟的稀薄液肥。

应用 米兰以其花香而著称。南方是公园、庭院、居民区主要的香花树种。适合盆栽布置庭院、客室、厅堂观赏。

产地与分布 中国及东南亚。我国各地有栽培。

花语：有“平凡而清雅”“默默奉献”“崇高品质”之意。另有“有爱，生命就会开花”之说。

科属：蜡梅科 夏蜡梅属 **学名：***Calycanthus chinensis* **别名：**牡丹木 **英文名：**China auspice

夏蜡梅

形态 夏蜡梅为落叶灌木，小枝对生，无毛或幼时被疏微毛，茎皮灰白色或灰褐色，株型和叶型酷似蜡梅，故得名夏蜡梅，株1~3m。叶对生，膜质，叶大而薄，具叶柄，宽卵状椭圆形、中绿色。花顶生，杯状，白色，边缘淡粉色，似水仙花，无香味，花期夏季。另有美国夏蜡梅，花为红色（见右下图）。

习性 夏蜡梅喜温暖、湿润和半阴的环境，怕强光，较耐寒，怕干旱，适宜肥沃、疏松和排水良好的沙质土壤栽植。生长适温20~28℃。

繁殖 ①播种。随采随播，发芽适温14~24℃。②扦插。于初夏剪取嫩枝进行扦插。③压条。于夏季进行高空压条。

病虫害 病害主要有炭疽病。虫害有斜纹夜蛾。

管护 春季、秋季可全光照，夏季需遮阳；保持盆土湿润，生长期需经常对叶面喷水增湿；于发芽前、花后、落叶后各施1次腐熟饼肥。

应用 树姿优美，花洁白素雅，适宜孤植于公园的林下、庭园观赏，亦可盆栽观赏。

产地与分布 中国、美国。我国有栽培。

美国夏蜡梅

花语：有“哀愁悲怀的慈爱心”“高尚的心灵”“高风亮节”“浩然正气”“忠实”“独立”“坚毅”“刚强”之意。

科属：蜡梅科 蜡梅属 **学名：***Chimonanthus praecox* **别名：**寒梅 冬梅 **英文名：**Wintersweet

蜡梅

形态 蜡梅为落叶灌木，枝和茎方形，棕红色，有椭圆形突出皮孔，株高3~5m。单叶对生，叶片椭圆状卵形或卵状披针形，先端渐尖，基部圆形或楔形，全缘，表面粗糙。花单生于1年生枝的叶腋，花梗极短，被黄色，蜡质，具芳香，花期12月至翌年2月，先于叶开放。聚合果，紫褐色。

习性 蜡梅喜阳光充足的环境，亦略耐阴，较耐寒，忌积水，耐旱，适宜土层深厚且排水良好的沙质土壤栽植。

繁殖 ①嫁接。于早春用靠接或切接法嫁接。②分株。割取基部带有须根的苗另栽。③春季压条。

病虫害 蜡梅病害极少。虫害有龟蜡蚧、蚜虫、介壳虫、蚱蝉、大蓑蛾。

管护 蜡梅需适时修剪，使其萌发更多花枝，多开花；生长期每月施复合肥1次；保持土壤偏干为宜，见干浇透水。

应用 蜡梅花在霜雪寒天傲然开放，花黄似蜡，晶莹剔透、浓香扑鼻，是冬季观赏的主要花木。适合公园、风景区、居民区、庭院栽植观赏。可作插花。其花可作食材。花可入药，有解热生津之功效。果实可作泻药。

产地与分布 中国。我国各地有栽培。

蜡梅是镇江、鄢陵、常熟市的市花。

花语：有“哀愁悲怀的慈爱心”“高尚的心灵”“忠实”“独立”“坚毅”“忠贞”“刚强”“坚贞”“高洁”“高风亮节”“傲气凌人”“澄澈的心”“浩然正气”“独立创新”之意。

科属：蓼科 蓼属 学名：*Polygonum orientale* 别名：荭草 大红蓼 英文名：Red knotweed

红蓼

形态 红蓼为一年生草本，茎直立，上部多分枝，具节，中空，株高1.5~2m。叶宽卵形或卵状披针形，长10~20cm，宽5~12cm，顶端渐尖，基部圆形或近心形，全缘，两面密生短柔毛。总状花序顶生或腋生，下垂，淡红色或玫瑰红色小花，花期6~9月。瘦果近圆形，黑褐色，有光泽，包于宿存花被内。

习性 红蓼喜温暖、湿润和阳光充足的环境，怕干旱，耐贫瘠，适宜肥沃、湿润的土壤栽植。

繁殖 ①播种。于春季进行。②分株。于春季用宿根茎进行分株，分株比播种生长更健壮，花亦茂盛。

病虫害 红蓼生性强健，极少发生病虫害。

管护 保持光照充足；及时浇水，防止干旱；栽植前施足底肥，花期追施磷钾肥。

应用 红蓼植株高大，枝盛叶茂，花密色艳，适宜公园、庭院栽植观赏。茎、叶、果均可入药，有祛风除湿、清热解毒、活血止痛之功效。

产地与分布 中国、澳大利亚。我国各地有栽培。

花语：有“立志”“思念”之意。

科属：蔷薇科 蔷薇属 学名：*Rosa multiflora* 别名：野蔷薇 英文名：Japan rose

蔷薇

形态 蔷薇为藤蔓性落叶灌木，小枝圆柱形，通常无毛，具皮刺，株高1.6~2.8m。叶互生，奇数羽状复叶，小叶5~9枚，边缘具齿。多朵花密集成聚伞花序，花色以粉红、白色居多，花期10~11月。果近球形，红褐色或紫褐色。

习性 蔷薇喜肥沃、湿润和阳光充足的环境，耐半阴，较耐寒，耐干旱，耐瘠薄，忌积水，适宜湿润、土层深厚、疏松、肥沃且排水良好的土壤栽植。

繁殖 ①扦插。春季用嫩枝扦插，夏季用半成熟枝扦插，秋季用成熟枝扦插。②播种。随采随播，或于翌年春季播种。

病虫害 病害有焦叶病、白粉病、溃疡病、黑斑病。虫害有介壳虫、蚜虫。

蔷薇是2月25日出生者的生日花。

管护 蔷薇需保持阳光充足；见干浇透水；植前施腐熟有机肥。

应用 蔷薇花团锦簇，鲜艳夺目，适宜公园、庭园作花柱、花架、花廊栽植。

产地与分布 中国、日本、朝鲜。我国各地有栽培。

花语：有“爱情和爱的思念”之意。红色代表“热恋”，白色代表“纯洁的爱情”；粉色代表“爱的誓言”；黄色代表“永恒的微笑”；深红色代表“只想和你在一起”；粉红色代表“我要与你过一辈子”；黑色代表“华丽的爱情”“绝望的爱”“憎恨”“诅咒”“你是我的”；蓝色代表“绝望”；紫色代表“禁锢的爱情”；圣诞蔷薇代表“追忆的爱情”；野蔷薇代表“浪漫的爱情”；岩蔷薇代表“拒绝”。

科属：蔷薇科 蔷薇属　学名：*Rosa rugosa*　别名：徘徊花　英文名：Rose

玫瑰

形态 玫瑰为落叶灌木，茎粗壮，直立，丛生，枝干多针刺，小枝密被茸毛，株高1~2m。奇数羽状复叶，互生，小叶5~9片，椭圆形，背面密布白色茸毛有边刺。花单生或数朵聚生，重瓣至半重瓣，花有紫红、粉红、白色。花期5~6月。果扁球形，果期8~9月。

习性 玫瑰喜湿润和阳光充足的环境，较耐寒，耐干旱，忌积水，适宜湿润、疏松、肥沃且排水良好的土壤栽植。

繁殖 ①扦插。休眠期用嫩枝扦插，梅雨季用半成熟枝扦插。②嫁接。冬季根接，秋季芽接。③分株。休眠期分株。

病虫害 玫瑰病害有白粉病、霜霉病。虫害有红蜘蛛、蚜虫。

管护 玫瑰需保持阳光充足；见干浇透水；植前施腐熟有机肥。

应用 玫瑰是著名的香料植物，花可提取芳香油。园林中多片植或丛植成景，是布置花坛、花境的好材料。花蕾可入药，有理气、活血、收敛之功效。

产地与分布 中国、北欧、日本、俄罗斯及朝鲜半岛。我国各地有栽培。

花语：红色代表"热情、热爱着您、我爱你、热恋"；蓝色代表"奇迹与不可能实现的事"；粉红色代表"感动、爱的宣言、铭记于心 、初恋"；白色代表"天真、纯洁、尊敬、谦卑"；黄色代表"不贞、嫉妒、愉快、 歉意"；紫色代表"忧郁、梦幻、爱做梦"；橙色代表"羞怯，献给你一份神秘的爱"； 粉色代表"初恋、求爱" 。

科属：蔷薇科 蔷薇属　学名：*Rosa chinensis*　别名：月月红 瘦客　英文名：China Rose

月季

形态 月季为落叶灌木或蔓状与攀缘状藤本植物，茎为棕色偏绿，小枝绿色，株高1~2m。叶互生，奇数羽状复叶，宽卵形或卵状长圆形，先端渐尖，具尖齿，叶缘有锯齿，叶为墨绿色。花生于枝顶，花朵常簇生，稀单生，花色甚多，有粉红、红、黄、橙、蓝、白及复色，多重瓣亦有单瓣，花具芳香。花期3~11月。肉质蔷薇果，成熟后呈红黄色。

习性 月季喜温暖、湿润和阳光充足的环境，耐半阴，较耐寒，忌积水，适宜湿润、疏松、肥沃、微酸性土壤栽植。

繁殖 ①扦插。春季用嫩枝扦插，夏季用半成熟枝扦插，秋季用成熟枝扦插。②压条。于梅雨季节进行。③嫁接。春季枝接，夏季芽接。

病虫害 月季病害有叶枯病、白粉病、黑斑病。虫害有刺蛾、介壳虫、蚜虫、叶螨、金龟子。

管护 月季需保持阳光充足；见干浇透水；植前施腐熟肥。

应用 月季花期长，品种多，用于园林布置花坛、花境；盆栽摆放于庭院、厅堂、客室供欣赏；可作切花。花可提取香料。根、叶、花均可入药，有活血消肿、消炎解毒之功效。

产地与分布 中国，北欧及俄罗斯。我国各地有栽培。

月季是伊朗、叙利亚、美国、摩洛哥、坦桑尼亚等国的国花。月季是北京、天津、大连、南昌、常州、安庆、宜昌、郑州、蚌埠、吉安、焦作、平顶山、淮阴、泰州、阜阳、驻马店、三门峡、鹰潭、淮南、淮北、青岛、潍坊、芜湖、石家庄、邯郸、邢台、沧州、廊坊、商丘、漯河、淮阳县、信阳、随州、恩施、娄底、邵阳、衡阳、宿迁、西昌、新余、锦州、辽阳、长治、西安、德阳等市的市花。月季是6月1日出生者的生日花。 月季是双子座之花。

花语：有 "爱与美" "爱情" 之意。深红色代表"羞怯"；白色代表"我是你的财富"；黄色代表"失恋" "嫉妒"；粉红色代表"爱的誓言"；红色代表"热情" "爱着你" 。

科属： 蔷薇科　蔷薇属　**学名：** *Rosa xanthina*　**别名：** 黄刺梅　刺玫花　**英文名：** Yellow rosa

黄刺玫

形态　黄刺玫为直立落叶灌木，丛生，小枝无毛，有散生皮刺，株高1.5~3m。奇数羽状复叶，小叶7~13枚，小叶片宽卵形或近圆形，边缘有锯齿和腺毛。花单生于叶腋，黄色，有单瓣和重瓣，花期4~6月。果近球形或倒卵形，紫褐色或黑褐色，果期7~8月。

习性　黄刺玫喜凉爽、稍干燥和阳光充足的环境，稍耐阴，耐寒力强，耐干旱和瘠薄，怕水涝。适宜肥沃、疏松和排水良好的沙质土壤栽植。

繁殖　①分株。于早春发芽前进行。②扦插。于梅雨季节剪取半成熟枝进行。

病虫害　黄刺玫极少有病虫害，偶有白粉病为害。

管护　黄刺玫需保持充足的阳光；见干浇透水，不可积水；栽植前施足底肥，一般不再施肥，隔年追施1次有机复合肥，植株会更旺盛，花亦会更多。

应用　黄刺玫开花时一片金黄，景观效果极佳，是北方重要观赏花木，非常适合公园、居民区、庭园丛植观赏。

产地与分布　中国、朝鲜。我国各地有栽培。

黄刺玫是阜新市的市花。

花语：有“不贞”“嫉妒”之意。另有“希望与你泛起激情的爱”之说。

科属： 蔷薇科　棣棠花属　**学名：** *Kerria japonica*　**别名：** 黄度梅　**英文名：** Kerria

棣棠

形态　棣棠为落叶灌木，小枝绿色，无毛，株高1~1.6m。叶互生，叶片卵形至卵状披针形，长2~10cm，宽1.5~4cm，基部圆形或微心形，顶端渐尖，边缘有锐重锯齿，表面无毛或疏生短柔毛，背面或沿叶脉间有短柔毛。花单生于侧枝顶端，金黄色，5瓣，另有培育的重瓣品种，花期4~5月。瘦果，果熟期8~9月。

习性　棣棠喜温暖、湿润和阳光充足的环境，耐湿、耐旱，稍耐阴，惧寒冷，适宜肥沃、疏松的沙质土壤栽植。

繁殖　①分株。于秋季进行。②扦插。夏季取嫩枝进行。

病虫害　棣棠病害有褐斑病、枯萎病。虫害有红蜘蛛。

管护　棣棠需保持充足的阳光；见干浇透水，不可积水；栽植前施足底肥，一般不再施肥，隔年追施一次有机复合肥，植株会更旺盛，花亦会更多；适时进行修剪，保持株形美观。

应用　棣棠开花时一片金黄，景观效果极佳，非常适合公园、居民区、庭园丛植观赏。花、枝、叶可入药，有消肿、止痛、止咳、助消化之功效。

产地与分布　中国、日本。我国各地有栽培。

花语：有“高贵”“高洁”之意。

科属： 蔷薇科 桃属　**学名：** *Amygdalus persica*　**英文名：** Peach blossom

桃

形态 桃为落叶小乔木，树干灰褐色，小枝红褐色或褐绿色，平滑，株高3~5m。叶椭圆状披针形，叶缘有粗锯齿，中绿色至深绿色。花单生、无柄、先叶开放，多粉红色，其变种有白、深红及复色，多为重瓣，花期3~4月。果为核果，果熟期5~9月。

习性 喜温暖、湿润和阳光充足的环境，较耐寒，耐高温和干旱，怕积水，适宜肥沃、排水良好的沙质土壤栽植，生长适温18~25℃。

白碧桃

繁殖 ①播种。于春季或秋季进行。②嫁接，春季或秋季用枝接，夏季用芽接。

病虫害 病害有炭疽病、桃流胶病。虫害有蚜虫、红蜘蛛。

管护 适时浇水，不可积水；保持阳光充足；花前、花后各施液肥1次；花后及时修剪。

应用 桃品种繁多，是我国春季重要的观花树种，既可地栽又可盆栽，适合公园、庭院栽植观赏。桃树分泌的桃胶及桃花酒可入药，有活血、利水消肿、益气之功效。

产地与分布 中国。我国各地有栽培。

菊花碧桃

桃花是台湾桃园市的市花。

花语：有“爱慕”“迁就”“优美”之意。另有“好运将至”“爱情的奴隶”“虚伪的爱”“红颜命薄”“爱的俘虏”之说。

科属： 蔷薇科 桃属　**学名：** *Amygdalus triloba*　**别名：** 小桃红　**英文名：** Flowering plum

榆叶梅

形态 榆叶梅为落叶灌木或小乔木，小枝细，无毛或幼时稍有柔毛，株高1.5~3m。其叶似榆，花似梅故得名“榆叶梅”。单叶互生，椭圆形，其基部呈广楔形，端部三裂，边缘有粗锯齿。花单生，花梗短，贴生于枝条上，花极多，先叶开放，初开多为深红，渐渐变为粉红色，最后变为粉白色，花有单瓣、重瓣和半重瓣之分，花期为3~4月。5月结果，红色，球形。重瓣不结果。

习性 榆叶梅喜温暖、湿润和阳光充足的环境，耐寒、耐旱，但不耐阴，忌水涝，适宜肥沃、疏松及排水良好的沙质土壤栽植。

繁殖 ①分株。于早春或秋季进行。②嫁接。以毛桃、山桃作砧木进行嫁接。③压条。于春季进行。④播种。于秋季或春季播种。

病虫害 榆叶梅病害有黑斑病和根癌病。虫害有蚜虫、红蜘蛛、刺蛾、介壳虫、叶跳蝉、芳香木蠹蛾、天牛等。

管护 榆叶梅生长期要保持阳光充足；保持土壤湿润，见干浇水，不可积水；生长期每半月施稀薄肥1次；及时修剪，保持株形美观。

应用 榆叶梅是早春观花树种，适宜公园、庭院、居民区、校园丛植观赏，亦可盆栽观赏。

产地与分布 中国。我国各地有栽培。

花语：有“心灵的交汇”之意。另有“春光明媚、欣欣向荣”之说。

科属：蔷薇科　樱属　**学名：***Cerasus serrulata*　**别名：**仙樱花　**英文名：**Oriental cherry

樱花

形态　樱花为落叶乔木，树皮呈紫褐色，平滑有光泽，有横纹，株高4~8m。叶互生，叶片呈椭圆形或倒卵状椭圆形，边缘有芒齿，先端尖而有腺体，表面深绿色，有光泽，背面稍淡。花单生枝顶或3~6朵簇生呈伞形或伞房状花序，花大，由白色、淡红色转变成深红色，有单瓣和重瓣，单瓣类能结果，重瓣类多不结果，花期3~4月。

习性　樱花喜温暖、湿润和阳光充足的环境，不耐盐碱，耐寒，较耐旱，忌积水，对土壤要求不严，适宜肥沃、土层深厚的沙质土壤栽植。

繁殖　①扦插。春季用成熟枝扦插，梅雨季节用嫩枝扦插。②嫁接。可用樱桃、山樱桃作砧木，春季用枝接，夏季用芽接。

病虫害　病害有流胶病、根瘤病，褐斑病、叶枯病。虫害有蚜虫、红蜘蛛、介壳虫。

管护　保持土壤湿润而不积水；栽植前施足底肥，每年于初春及花后各施肥1次；早春及花后进行修剪，剪去枯枝、病弱枝、徒长枝，保持树冠圆满美观。

应用　樱花花色幽香艳丽，为早春重要的观花树种，适宜园林、庭院、居民区、校园或道路两侧栽植观赏；亦可矮化盆栽观赏。樱花的树皮和新鲜嫩叶可入药，有宣肺止咳之功效。

产地与分布　中国喜马拉雅山麓靠云南一带。我国各地有栽培。

樱花是5月9日出生者的生日花。樱花是日本国国花。

花语：有“文静”之意。有“生命、幸福一生一世永不放弃，命运的法则就是循环”之说。

科属：蔷薇科　樱属　**学名：***Cerasus japonica*　**别名：**赤李　山梅　**英文名：**China bushcherry

郁李

形态　郁李为落叶灌木，树皮灰褐色，有不规则的纵条纹，幼枝黄棕色，光滑，株高1~1.5m。叶互生，卵状披针形，先端渐尖，基部圆形，边缘有尖锐重锯齿。花单生，或2~3朵簇生，粉红色或近白色，花与叶同时开放、生长，花期3~4月。核果近球形，熟时鲜红色，果期7~8月。

习性　郁李喜温暖、湿润和阳光充足的环境，耐寒，抗干旱，萌蘖力强，耐修剪，适宜肥沃、疏松和排水良好的沙质土壤栽植。生长适温15~30℃。

繁殖　①分株。于早春进行。②扦插。夏季剪取半成熟枝进行扦插。③播种。单瓣品种于秋季进行播种；重瓣一般不结果。

病虫害　主要虫害有蚜虫、大蓑蛾、刺蛾等。

管护　春季保持阳光充足，夏季需通风避闷热；见干浇透水，不可积水；植前施足底肥，平时不必施肥，每年秋季施1次腐熟肥；花后进行剪枝。

应用　郁李是花、果具美的观赏花木，适宜公园、庭院、居民区、校园栽植观赏。亦可盆栽布置庭院、厅堂、客室供观赏。郁李仁可入药，有缓下、利尿之功效。

产地与分布　中国、日本、朝鲜半岛。我国各地有栽培。

郁李是4月4日出生者的生日花。

科属：蔷薇科 火棘属 **学名：***Pyracantha fortuneana* **别名：**救军粮 火把果 **英文名：**Firethorn

火棘

形态 火棘为常绿灌木，枝拱形下垂，幼时有锈色茸毛，侧枝短刺状，株高1.6~3m。叶倒卵状长椭圆形，先端圆或微凹，锯齿疏钝，基部渐狭，全缘。复伞房花序，有小花12~24朵，花白色；花瓣5，花期3~4月。果近球形，成穗状，每穗有果10~20个，橘红色，9月底变红，一直到春节。

习性 火棘喜温暖、湿润和阳光充足的环境，耐贫瘠，抗干旱，耐修剪，较耐阴，适宜肥沃、疏松和排水良好的酸性土壤栽植。

繁殖 ①播种。于春季进行。②扦插。夏季取半成熟枝扦插。

病虫害 火棘生性强健，病虫害较少，偶有白粉病、锈病发生。虫害偶有介壳虫、蚜虫为害。

管护 火棘适应性强，管理简便。光照宜充足；见干浇水，不可积水；花果期宜追施磷、钾肥；盆栽火棘需经常进行修剪，保持株形美观。

应用 火棘是春季看花、冬季观果植物，适宜盆栽观赏。亦可在园林中丛植、孤植于草地中央观赏。果可酿酒及磨粉食用。果实、根、叶可入药，有清热解毒之功效。

产地与分布 中国。我国各地有栽培。

花语：有“尖酸”“刻薄”及“吉祥”“财源滚滚”之意。

科属：蔷薇科 珍珠梅属 **学名：***Sorbaria sorbifolia* **别名：**喷雪花 华北珍珠梅 **英文名：**Ural falsepiraea

珍珠梅

形态 珍珠梅为落叶丛生小灌木，枝条多直立生长，上部枝梢向外开张，株高1.5~2m。叶互生，奇数羽状复叶，有托叶，每个复叶有小叶13~23枚，小叶长椭圆状披针形，叶缘具重锯齿。由白色小花密聚组成圆锥花序，顶生，形如珠玑，神似雪梅，花期6~8月。蓇葖果长圆形，果熟期9~10月。

习性 珍珠梅喜温暖、湿润和阳光充足的环境，耐修剪、较耐寒，忌水涝，耐半阴，适宜肥沃、疏松和排水良好的沙质土壤栽植。

繁殖 ①播种。随采随播，或春季播种。②扦插。于夏季取半成熟枝扦插。③分株。于秋、冬季进行。

病虫害 病害有叶斑病、白粉病。虫害有斑叶蜡蝉、金龟子。

管护 珍珠梅生性强健，管理简便，需栽植于阳光充足的地方；适时浇水，保持土壤湿润而不积水；栽植前施足底肥，生长期一般不必施肥；经常修剪，保持株形美观。

应用 珍珠梅枝繁叶茂，绿叶白花，于盛夏开花，给人带来一丝清凉。适宜公园的草地中及庭院栽植。茎皮、枝条和果穗可入药，有活血散瘀、消肿止痛之功效。

产地与分布 中国。我国各地有栽培。

花语：有“忠实”“困难”之意。

科属：蔷薇科 杏属 | 学名：*Armeniaca mume* | 别名：春梅 | 英文名：Plum blossom

梅

形态 梅为落叶乔木，干呈褐紫色，多纵驳纹，小枝呈绿色，株高约3~10m。叶互生，叶片广卵形至卵形，先端渐尖，边缘具细锯齿，深绿色。花着生于1年生枝的叶腋，单生或2朵簇生，梗极短，花瓣5枚，白色至粉红色，另有重瓣品种，具芳香，花期冬春季。

习性 梅喜温暖、湿润和阳光充足的气候环境，耐瘠薄，耐寒，怕积水，适宜疏松、肥沃及排水良好稍黏质的土壤栽植。

繁殖 ①扦插。冬季取硬枝扦插。②压条。于梅雨季节进行。③嫁接。于春、夏季进行。

病虫害 病害有白粉病、缩叶病、炭疽病。虫害有梅毛虫、蚜虫、介壳虫等。

管护 保持光照充足；适当浇水，生长期保持盆土湿润偏干状态；栽植前施好基肥，花前、花后及落叶后各施1次腐熟肥。

应用 梅是冬季重要的观赏植物，适宜园林、庭院、公园等地方种植观赏。亦可制作盆景观赏。果实可以食用，还可以制作成话梅。

产地与分布 中国。我国各地有栽培。

梅花是3月4日和12月27日出生者的生日花。梅花是南京、武汉、无锡、鄂州、梅州、丹江口及台湾南投（县）市的市花。

花语：有“高洁”“爱情”“独立”“忠实”“坚毅”“品格高尚”“不畏强暴”之意。

科属：蔷薇科 苹果属 | 学名：*Malus halliana* | 别名：海棠花 | 英文名：Hall crabapple

垂丝海棠

形态 垂丝海棠为落叶乔木，树冠疏散，枝开展。小枝细弱，微弯曲，圆柱形，最初有毛，不久脱落，紫色或紫褐色，株高3~5m。叶片卵形或椭圆形至长椭圆形，先端渐尖，基部楔形至近圆形，具细钝锯齿或近全缘，质较厚实，表面有光泽，深绿色。伞房花序，花梗细长且下垂，具花4~6朵，粉红色，花期3~4月。果实梨形或倒卵形，略带紫色，果期9~10月。同属常见种还有西府海棠。

西府海棠

习性 垂丝海棠喜温暖、湿润和阳光充足的环境，耐寒，耐干旱，不耐阴，萌蘖力强，适宜土层深厚、肥沃的酸性土壤栽植。

繁殖 ①播种。于秋季或将种子沙藏于翌年春季播种。②嫁接。冬季枝接，夏季芽接。

病虫害 病害有锈病。虫害有蚜虫、红蜘蛛、蜡蚧、介壳虫、天牛等。

管护 见干浇透水，不可积水；栽植前施足底肥，每年落叶后施1次腐熟肥；适时进行修剪，剪除病残枝及过密枝，保持树形美观。

应用 垂丝海棠花色艳丽，花姿优美，春季观花，秋季赏果。适宜公园、庭院、校园单植观赏。亦可盆栽观赏。

产地与分布 中国。我国各地有栽培。

花语：有“娇艳倩丽”“风姿绰约”之意。

科属：蔷薇科 木瓜属　学名：*Chaenomeles speciosa*　别名：铁角海棠　英文名：Japanese quince

贴梗海棠

形态 贴梗海棠为落叶灌木，具枝刺，小枝平滑，圆柱形，开展，粗壮，嫩时紫褐色，无毛，老枝暗褐色，株高达1.6~2m。叶片卵形至椭圆形，先端急尖，基部楔形至宽楔形，边缘具尖锐细锯齿，有光泽，具叶柄，叶片深绿色，背面淡绿色。花2~6朵簇生于2年生枝上，先于叶前开放，或与叶同时开放，花梗粗短或近无梗，花瓣近圆形或倒卵形，花有红、粉及白色，具芳香，有重瓣及半重瓣品种，花期3~4月。果卵形至球形，果熟期10月。

习性 贴梗海棠喜温暖、湿润和阳光充足的环境，稍耐寒，怕水涝，不择土壤，适宜肥沃、疏松且排水良好的沙质土壤栽植。

繁殖 ①分株。于早春进行，将母株连根掘起，带根分割另栽。②扦插。早春用硬枝扦插，嫩枝于梅雨季节扦插。③压条。于春季进行。

病虫害 病害有锈病。虫害有蚜虫、刺蛾、红蜘蛛。

管护 见干浇透水，不可积水；栽植前施足底肥，每年落叶后施一次腐熟肥；适时剪除病残枝及过密枝，保持树形美观。

应用 贴梗海棠花大，花色艳丽，株形美观，春季观花，秋季赏果。适宜公园、庭院、校园单植观赏。亦可盆栽或制作盆景观赏。

产地与分布 中国。我国各地有栽培。

花语：有“平凡”“热情”之意。另有“早熟”“妖精的光辉”“先驱者”“领导人”之说。

科属：蔷薇科 绣线菊属　学名：*Spiraea salicifolia*　别名：蚂蝗梢　英文名：Leaf of Japanese spiraea

绣线菊

形态 绣线菊为直立灌木，枝条密集，小枝稍有棱角，黄褐色，嫩枝具短柔毛，老时脱落，株高1~2m。叶片长圆披针形至披针形，先端急尖或渐尖，基部楔形，边缘密生锐锯齿或重锯齿。花序为长圆形或金字塔形的圆锥花序，花小，花朵密集，花粉红色或白色，花期6~8月。蓇葖果，果期8~9月。

习性 绣线菊喜温暖、湿润和阳光充足的环境，稍耐阴，较耐寒，耐干旱，耐修剪，萌蘖力强，适宜肥沃、土层深厚且排水良好的沙质土壤栽植。

繁殖 ①播种。随采随播。②扦插。夏季剪取半成熟枝扦插；秋季割取根部蘖枝扦插。

病虫害 有绣线菊叶蜂和绣线菊蚜为害。

管护 保持土壤湿润，浇水过多会烂根；生长期每半月施1次腐熟的饼肥水，花期施磷、钾肥；适时修剪，剪去枯萎枝、徒长枝、重叠枝及病虫枝，保持株形美观。

应用 绣线菊适宜丛植于公园的草地、单植于庭院观赏。亦可盆栽观赏。叶可入药，有清热解毒之功效。

产地与分布 中国、蒙古、日本、朝鲜、俄罗斯。我国各地有栽培。

绣线菊是8月22日和10月13日出生者的生日花。

花语：有“祈福”“努力”之意。另有“井然有序”之说。

科属：蔷薇科　石楠属　**学名：***Photinia serrulata*　**别名：**千年红　**英文名：**Photinia

石楠

形态　石楠为常绿灌木或小乔木，小枝褐灰色，无毛，株高4~6m，有时可达12m。叶互生，叶柄粗壮，长2~4cm，叶革质，长椭圆形或倒卵状椭圆形，先端尾尖，基部圆形或宽楔形，边缘有疏生具腺细锯齿。花两性，复伞房花序顶生，花密生，花瓣5，白色，花期4~5月。梨果球形，直径5~6mm，红色，鲜艳夺目，后成褐紫色，果期10月。

习性　石楠喜温暖、湿润的气候，不耐寒，喜光也耐阴，萌芽力强，耐修剪，对土壤要求不严，适宜肥沃、湿润且排水良好的沙质土壤栽植。

繁殖　①扦插。于春季、夏季或秋季进行，用半木质化的新枝条进行扦插。②播种。

病虫害　病害有灰霉病、叶斑病。虫害有介壳虫。

管护　保持土壤湿润，避免积水；每半个月施1次复合肥。

应用　石楠萌芽力强，耐修剪，可修剪成高干球形、柱形及其他几何形状，造型丰富，色彩鲜艳，初夏可观洁白无瑕的花，秋季可赏红似玛瑙的红果。适宜园林及居民区栽植观赏。

产地与分布　中国。我国各地有栽培。

花语：有“持久、保护、愿望成真”之意。

科属：蝶形花科　刺槐属　**学名：***Robinia pseudoacacia* ‘Decaisneana’　**别名：**红花刺槐　**英文名：**Safflower acacia

红花洋槐

形态　红花洋槐为落叶乔木，树冠椭圆状，树皮褐色，有纵裂纹，株高7~15m。羽状复叶，长约30cm，有小叶7~25枚，互生，椭圆形或卵形，长2~5.5cm，宽1~2cm，顶端圆或微凹，有小尖头，基部圆形。总状花序，腋生，下垂，花梗密被红色刺毛，花冠蝶形，花粉红色至紫红色，花果期4~6月。荚果，窄长圆形，扁平，种子黑色。

习性　红花洋槐喜温暖且阳光充足的环境，极喜光，怕荫蔽和水湿，较耐寒，适宜肥沃、疏松、土层深厚且排水良好的沙质土壤栽植。

繁殖　①播种。于春季进行，播种前需热水浸种催芽。②嫁接。用刺槐作砧木作高位嫁接。③分株。秋季挖取带根萌蘖苗进行栽植。

病虫害　红花洋槐病虫害较少，偶有立枯病发生。

管护　栽植于阳光充足处；干旱季节及时浇水，不可积水；栽植前施足底肥。

应用　红花洋槐花大色美，呈小乔木状，可作行道树列植于道路两侧，公园、庭院可单植观赏。茎皮、根、叶可入药，有利尿、止血之功效。

产地与分布　北美洲美国。我国各地有栽培。

红花洋槐是3月28日出生者的生日花。

花语：有“文雅”“友谊”“高尚”之意。

科属：蝶形花科 三叶草属 学名：*Trifolium repens* 别名：白花三叶草 英文名：White trifolium

白车轴草

形态 白车轴草为多年生草本，主根短，侧根和须根发达，茎匍匐蔓生，上部稍上升，节上生根，全株无毛，株高15~30cm。掌状三出复叶，具长叶柄，叶卵状长圆形，膜质，深绿色。总状花序呈球形，花小，白色、乳黄色或淡红色，花期4~10月。荚果长圆形。

习性 白车轴草喜温暖、湿润和阳光充足的环境，较耐寒、耐半阴，耐干旱，耐贫瘠，适宜肥沃、疏松和排水良好富含钙质、腐殖质的黏质土壤栽植，生长适温16~25℃。

繁殖 ①播种。随采随播。②分株。于春季或夏季进行。

病虫害 白车轴草病害有菌核病、白粉病等。虫害有叶蝉、白粉蝶、地老虎、斜纹夜蛾等。

管护 白车轴草适应性强，易管理。应保持阳光充足；见干浇透水；生长期可喷施复合液肥。

应用 白车轴草枝叶繁茂，园林中适宜作城市广场、公园、居民区的观赏草坪，亦可盆栽点缀其他花卉。

产地与分布 欧洲和北非。我国各地有栽培。

白车轴草是5月29日出生者的生日花。白车轴草是爱尔兰国的国花。

花语：有“快活”“感化”“相逢”“约定”之意。

科属：蝶形花科 锦鸡儿属 学名：*Caragana sinica* 别名：黄雀花 英文名：Broom top

金雀花

形态 金雀花为落叶灌木，丛生，枝条细长垂软，小枝有棱，当年生枝淡黄褐色，老枝灰绿，株高0.8~1.8m。托叶常为三叉，有柔刺，叶硬纸质，全缘，深绿色。花单生于叶腋，瓣端稍尖，旁分两瓣，势如飞雀，色金黄，故得名“金雀花”，花期4~5月。荚果圆筒形稍扁。

习性 金雀花喜凉爽和阳光充足的环境，较耐寒，忌干旱，怕阴湿，萌蘖力强，适宜肥沃和排水良好的沙质土壤栽植。

繁殖 ①播种。于春季或秋季进行，播前需将种皮擦破。②扦插。夏季取半成熟枝进行扦插。

病虫害 金雀花病虫害极少。

管护 金雀花喜光。盆栽宜放于阳光充足、空气流通处；浇水掌握不干不浇，浇必浇透的原则；施1次基肥，春季开花前施1次复合液肥，花后追施1次复合肥；经常修剪，保持株形美观。

应用 金雀花花期满树金黄，如展翅欲飞的金雀，极具观赏价值，适宜公园、庭院、居民区栽植，亦可盆栽布置庭院、厅堂、客室、长廊观赏。可制作优质盆景。根可入药，有活血调经、祛风利湿之功效。

产地与分布 中国。我国各地有栽培。

金雀花是双鱼座的守护花。金雀花是3月30日出生者的生日花。

花语：有“谦逊”“优美”“博爱”“愤怒”之意。

科属：蝶形花科 羽扇豆属 学名：*Lupinus polyphyllus* 别名：鲁冰花 英文名：Lupinus

羽扇豆

形态 羽扇豆为多年生草本，茎直立，基部分枝，全株被棕色或锈色硬毛，株高20~70cm。叶多基生，具长叶柄，掌状复叶，小叶9~16枚，小叶倒卵形、倒披针形至匙形，先端钝或锐尖，具短尖，基部渐狭，两面均被硬毛，叶绿色，叶质厚，叶面平滑，背面具粗毛。总状花序顶生，尖塔形，花色有红、黄、蓝、粉等色，花期3~5月。荚果，褐色有光泽。

习性 羽扇豆喜凉爽、湿润和阳光充足的环境，忌炎热，稍耐阴，适宜肥沃、疏松且排水良好的微酸性土壤栽植。

繁殖 羽扇豆一般用播种繁殖，于春季或秋季进行，播种前需浸种，发芽适温15~18℃。

病虫害 有白粉病、锈病、基腐病、叶斑病为害。

管护 需选择高深盆栽植，以满足根系生长的需要；保持土壤湿润而不积水；夏季避高温及暴晒；生长期每半月施稀薄肥1次。

应用 羽扇豆适宜布置花坛、花境或在草坡中丛植观赏。亦可盆栽布置庭院、厅堂、客室观赏。可作切花。

产地与分布 北美。我国各地有栽培。

羽扇豆是双子座的守护花。羽扇豆是11月2日出生者的生日花。

花语：有“悲伤”“贪欲”“母爱”“幸福”之意。另有“苦涩”之说。

科属：罂粟科 罂粟属 学名：*Papaver rhoeas* 别名：丽春花 英文名：Corn poppy

虞美人

形态 虞美人为一、二年生草本植物，分枝细弱，被短硬毛，全株被开展的粗毛，有乳汁，株高40~80cm。叶片呈羽状深裂或全裂，裂片披针形，边缘有不规则的锯齿，淡绿色。花单生，有长梗，未开放时下垂，花萼2片，椭圆形，外被粗毛。花冠4瓣，近圆形，花径5~6cm，花有白、粉红、橙红、紫红、复色等，另有重瓣品种，花期4~7月。蒴果杯形，种子肾形，果熟期6~8月。

习性 虞美人喜凉爽、湿润和阳光充足的环境，耐寒，不耐移栽，适宜肥沃、疏松和排水良好的沙质土壤栽植。

繁殖 秋季播种，不必覆土，发芽适温18~21℃。虞美人有自播能力。

病虫害 虞美人很少发生病虫害，如果植株过密、通风不良会发生腐烂病。虫害有金龟子、介壳虫。

管护 生长期要求光照充足，环境温度不宜过高；浇水应掌握“见干见湿”的原则；在播种时，要施足底肥，开花前及花期应每半月施稀薄液肥1次。

应用 虞美人姿态秀丽，兼具素雅与浓艳华丽之美，且观花期长，是花卉中的佳品。适于花坛、花境栽植，也可盆栽或作切花用。

产地与分布 欧洲及亚洲北部地区。我国各地有栽培。

虞美人是狮子座的守护花。虞美人是比利时的国花。

花语：有“生离死别”“关怀体贴”“遗忘”“悲歌”之意。红色花代表“虚荣”；白色花代表“忘却”；淡红色花代表“安慰”；深红色代表“狂热”“梦想”。

科属：罂粟科 罂粟属 **学名：***Papaver somniferum* **别名：**英雄花 **英文名：**Opium Poppy

罂粟

形态 罂粟为一年生或二年生草本，茎直立，株高0.6~1.4m。叶互生，茎下部的叶具短柄，上部叶无柄；叶片长卵形成狭长椭圆形，先端急尖，基部圆形或近心形而抱茎，边缘具不规则粗齿，或为羽状浅裂，灰绿色，叶面被白粉。花顶生，具长梗，花瓣4，有重瓣品种，花瓣圆形或广卵形，花有白、粉红，或紫红色，花期4~6月。蒴果卵状球形或椭圆形，熟时黄褐色，果期6~8月。

习性 罂粟喜凉爽、湿润和阳光充足的环境，耐寒，不耐移栽，适宜肥沃、疏松和排水良好的沙质土壤栽植。

繁殖 ①播种。秋季播种，不必覆土，发芽适温18~21℃。②根插。于早春萌芽前或秋季进行。

病虫害 罂粟很少发生病虫害，如果植株过密、通风不良会发生腐烂病。虫害有金龟子、介壳虫。

管护 生长期要求光照充足，环境温度不宜过高；浇水应掌握“见干见湿”的原则；在播种时，要施足底肥，开花前及花期应每半月施稀薄液肥1次。

应用 罂粟姿态秀丽，兼具素雅与浓艳华丽之美。罂粟为毒品植物，属控制栽种的植物。罂粟成熟蒴果的外壳可入药，有镇痛、止咳、止泻之功效。罂粟果实中有乳汁，割取干燥后可入药，有镇静、止痛之功效。又是制取鸦片的原料。

产地与分布 小亚细亚、印度、亚美尼亚和伊朗。我国有控制地栽培。

花语：有“忘却”“想象”“希望”“死亡之恋”“华丽”“高贵”之意。红色代表“愉快、安慰”；白色代表“睡眠、休息”；黄色代表“富有、成功”。

科属：罂粟科 花菱草属 **学名：***Eschscholtzia californica* **别名：**金英花 人参花 **英文名：**California poppy

花菱草

形态 花菱草为多年生草本花卉，常作一、二年生栽培，肉质根，全株被白粉，呈灰绿色，株形铺散，株高30~60cm。叶互生，多回三出羽状，深裂至全裂。单花顶生，具长梗，有乳白、黄、橙红、红、玫红、青铜、粉、紫褐等色，还有半重瓣和重瓣品种，花有丝绸光泽，花期5~6月。蒴果细长，种子椭圆状球形。

习性 花菱草喜冷凉、干燥和阳光充足的环境，较耐寒，不耐湿热，耐土壤瘠薄，适宜肥沃、疏松、土层深厚且排水良好的沙质壤土栽植。生长适温15~25℃。

繁殖 ①播种。于秋季进行，种子极小，覆土宜薄。②扦插。于初夏剪取健壮顶枝进行扦插。

病虫害 花菱草病虫害较少，生长期会遭受白粉病危害。

管护 春季、秋季可保持全光照，炎夏季节要遮挡部分阳光；见干浇透水；施肥要掌握“勤施量少、营养齐全”的原则。

应用 花菱草花色鲜艳夺目，适宜公园、居民区作花带、花境栽植观赏，宜可盆栽布置庭院、花坛、花架或厅堂客室观赏。花菱草全株可入药，有镇静之功效。

产地与分布 美国加利福尼亚州。我国各地有栽培。

花语：有“答应我，不要拒绝我”之意。

科属：罂粟科　荷包牡丹属　学名：*Dicentra spectabilis*　别名：兔儿牡丹　铃儿草　英文名：Showy bleeding heart

荷包牡丹

形态　荷包牡丹为多年生草本，具肉质根状茎，株高30~60cm。叶对生，二回三出羽状复叶，状似牡丹叶，叶具白粉，有长柄，裂片倒卵状，淡绿色。总状花序顶生，有小花数朵，花下垂向一边呈拱状，鲜桃红色，有白花变种，形似荷包，故得名“荷包牡丹”，花期4~6月。蒴果细而长。

习性　荷包牡丹喜凉爽、湿润和半阴的环境，耐寒，不耐干旱，忌高温，适宜肥沃、疏松、富含有机质且排水良好的土壤栽植。生长适10~24℃。

繁殖　①播种。随采随播，发芽适温13~15℃。②分株。于早春进行。③扦插。于春季进行。

病虫害　荷包牡丹生性强健，极少有病虫害发生，叶斑病为主要病害。

管护　植于半阴环境，避免强光直射；适时浇水，保持土壤湿润而不积水；生长期每半月施1次稀薄的复合液肥，使其叶茂花繁，花蕾显色后停止施肥。

应用　荷包牡丹叶丛美丽，花朵玲珑，色彩绚丽，适宜公园、庭院与芍药、牡丹搭配栽植。亦适宜盆栽布置庭院、厅堂、客室。全草可入药，有镇痛、利尿、调经、活血、消疮毒、祛风之功效。

产地与分布　中国、日本、朝鲜、俄罗斯等地。我国各地有栽培。

花语：有“嘲讽般的笑容、滴血的心”之意。另有“爱心永驻、恒远思恋”“答应追求、答应求婚”“温顺”之说。

科属：罂粟科　绿绒蒿属　学名：*Meconopsis integrifolia*　别名：高山牡丹　英文名：Herba meconopsis

绿绒蒿

形态　绿绒蒿为一年生或多年生草本，主根明显肥厚呈萝卜状，茎分枝或不分枝，株高0.3~1m，有的品种可达150cm。其叶长椭圆形、阔卵形或具长柄如汤匙形或分裂为琴形等，叶面具柔长的茸毛，因而得名“绿绒蒿”。因种类不同，花型各异，有的自叶丛中抽出花莛，一丛数莛，每莛一朵；有的茎上着花，一茎数花；花有单瓣及重瓣，花有蓝、黄、紫、红等多种颜色，花期6~8月。蒴果近球形、卵形或倒卵形。

习性　喜凉爽、湿润和半阴的环境，耐寒，怕强光，忌高温酷暑，较耐旱，适宜肥沃且排水良好的酸性土壤栽植。

繁殖　①播种。于春季进行，发芽适温13~16℃。②分株，一般于春季或秋季结合换盆进行。每2年或3年1次。

病虫害　病害有霜霉病。虫害有蚜虫。

管护　栽种于半阴处，夏季避免强光暴晒；见干浇水，不可积水；盆栽宜每半月施1次复合肥。

应用　绿绒蒿花色艳丽，观赏价值很高。

产地与分布　云南、四川、青海、甘肃等地。我国各地有栽培。

长叶绿绒蒿

蓝花绿绒蒿是不丹的国花。

全缘叶绿绒蒿

红花绿绒蒿

花语：有“顽强生命力”之意。

花卉易发病害及防治方法

病害名称	发病症状	防治方法
白粉病	叶面出现一层白色粉状层，后期白粉状霉层变为灰色，受害植株叶片扭曲、枯萎	剪除病枝叶并烧毁，喷施多菌灵可湿性粉剂或粉锈宁可湿性粉剂。喷波尔多液可起到预防作用
炭疽病	叶片病斑初为浅褐色，渐渐扩大变为红褐色或褐色，有的病斑会产生深浅相间的同心轮纹，边缘多为红褐色。到后期，病斑会变成灰白色，并生出许多小点	及时剪除病枝叶并烧毁，花木发病后喷洒炭特灵、多菌灵或苯菌灵可湿性粉剂。经常保持通风、透光，可预防炭疽病的发生
煤污病	初期枝叶上出现暗褐色霉斑，以后逐渐扩大蔓延成黑色煤烟状的霉层，且黑霉会越积越厚，妨碍叶片进行光合及呼吸作用	喷洒布波美石硫合剂或波尔多液液；也可用脱脂棉球蘸白酒把枝叶上的煤污擦净。保持通风、透光可预防煤污病的发生
灰霉病	病发初期出现水渍状斑点，随后病斑逐渐扩大变成褐色至黑色，后期病部表面形成一层灰色至灰褐色绒毛状霉层，并能出现腐烂现象	病发早期，除去发病的叶、花集中烧毁；喷施波尔多液、托布津、百菌清等，制止病态的扩散蔓延
黑斑病	初期叶外表呈现红褐色至紫褐色小点，逐渐扩大成圆形或不规则的暗黑色病斑，病斑周围常有黄色晕圈，边缘呈放射状后期病斑上散生黑色小粒点	病发早期除去病叶并集中烧毁；及时喷洒多菌灵、百菌清或甲基托布津。加强管理，注意整形修剪，保持通风透光可减少黑斑病的发生
软腐病	初期病发部位出现水渍状，后变为褐色黏滑软腐状。湿度大时变为腐臭的浆状物，干燥的环境下呈干瘪状	栽种前对土质进行充分消毒；及时剪除病枝、病叶并烧毁；喷洒福尔马林或链霉素
病毒病	叶片出现色泽浓淡不均，出现深浅绿相间的斑块，或叶片褪绿变黄，或叶、茎出现坏死的斑块、条纹，此乃病毒病典型症状	及时消杀蚜虫、叶蝉、粉虱等传毒昆虫；剪除病枝、病株并烧毁；保持通风透气可减少病毒病的危害
锈病	叶片及花茎上产生突起状斑点，后表皮破裂散出黄褐色粉状的孢子，严重时整个叶片变黄，甚至造成全株叶片及植株枯死	发现病叶和病枝及时剪除，集中烧毁；喷施波美石硫合剂、代森铵、多菌灵、敌锈钠且保持通风可有效预防锈病的发生
褐斑病	初时叶面出现褐色斑点，以后病斑逐渐扩大，边缘呈红褐色，中央灰白色，后期病斑当中产生黑色小点，叶片易脱落，重者一叶不存，病株由下而上逐渐全株枯死	及时剪除病叶、枝集中烧毁；发病后，可及时喷敌菌丹、退菌特或多菌灵
叶斑病	叶片上产生黑褐色小圆斑，后扩大为不规则大斑块，边缘略微隆起，叶两面散生小黑点	除去病叶病集中烧毁；发病初期喷施多菌灵、托布津或克菌丹
白绢病	植株根茎首先呈褐色，进而皮层腐烂，呈水渍状，黄褐色至红褐色湿腐，其上被有白色绢丝状菌丝层，叶片失水凋萎，枯死脱落，植株生长停滞僵萎	拔除病株集中烧毁；更换盆土；加强管理，增强植株的抗病能力；植株周围撒施石灰粉及草木灰对白绢病有很好的预防效果
茎腐病	初期茎基部变为褐色，病茎皮层肥肿皱缩，表皮组织腐烂呈海绵状或粉末状，叶片失去绿色，向下垂，病部迅速向上发展后，全株枯死	盆土进行灭菌处理；施用腐熟肥料；强化管理，提高植株抗病力，适时喷施波尔多液均可预防茎腐病发生
枯萎病	下部叶片失绿发黄，失去光泽，一般不易觉察。接着植株叶片开始萎蔫下垂，变褐，直到枯死	病发时每天喷施多菌灵或苯来特1次，4~5次可见成效
花斑病	叶面上发生花叶现象，同时花上产生斑纹。病毒通过蚜虫和汁液摩擦传染	蚜虫是传毒媒介，应及时消治蚜虫
叶枯病	叶片上产生浅褐色、圆形或椭圆形病斑、病斑周围常有红褐色晕圈。严重时，形成大病斑，致使叶片上早期干枯、茎杆受害、病部易腐烂并从此处折断	保持通风透光；发现病叶立即摘除烧毁；病发后可喷施波尔多液或百菌清3~4次
枯枝病	枝干部位最初出现红色小斑点，逐渐扩大变成深色，病斑中心变为浅褐色，茎表皮出现纵向裂缝，严重时，病部以上部分枝叶萎缩枯死	剪除病枯枝集中烧毁；强化管理，提高植株抗病力；发病时可喷施退菌特或多菌灵
疫病	植株出现芽、根、茎基、茎腐烂，枝干溃疡、叶枯腐等症状。病斑初显暗绿色水渍状斑，后变褐软腐，潮湿时病部长出稀疏的白霉状物	基质消毒；加强栽培管理，提高抗病力；剪除病枝叶烧毁；初期，可喷施百菌清，发病喷施氟吗锰锌

（续）

病害名称	发病症状	防治方法
菌核病	茎干基部、中下部水渍状，褐色渐变灰白，生白色绒状菌丝体以及黑色鼠粪状菌核，病部以上叶片发黄，萎蔫枯死，茎干组织软腐，茎内也生菌丝和菌核	土壤进行消毒；保持植株通风透光，降低湿度；发病初期喷施托布津，病期喷施达克灵3~4次
流胶病	主干发病最突出，初期病部肿胀，并不断流出树胶，树胶初时为透明或褐色，后期树胶变成硬胶块	发芽前后刮除病斑，然后涂抹杀菌剂；除病枯枝干，集中烧毁；喷施退菌特或施宝克乳油
霜霉病	叶片背面常产生一层白色霜霉层，出现边缘不明显的多角形病斑，后期病斑中央枯死，周围部分褪色	避免高温高湿，保持良好通风；喷施代森铵或代森锰锌防治
溃疡病	发病时，叶片上出现圆形赤褐色斑点，枝条呈淡色，久病后叶落	加强通风透气；发病时可喷洒硫酸亚铁溶液或波尔多液
根瘤病	病部形成灰白色瘤状物，表面粗糙，内部组织柔软。病瘤增大后，表皮枯死，变为褐色至暗褐色，内部组织坚硬，木质化	栽植前用根癌宁液蘸根，或用佰明98灵液蘸根。发现病瘤时，切除病瘤，然后用硫酸铜溶液消毒切口
心腐病	植株心部叶片变成黄白色，很容易被提起；叶片的根部被害处变成淡褐色水渍状，甚至腐烂	避免高温、多湿的环境；以福赛得或锌锰乃浦每月灌注心部1次；发现病株及时清除烧毁
日灼病	植株的新梢、叶片成片泛黄变褐，或新叶变黑，或叶缘变褐卷曲	剪除病枝，遮蔽强光，对室外花卉喷施淡石灰水会减少病发
灰斑病	叶片产生不规则圆形病斑，病斑中央灰白或灰褐色，边缘褐色或暗褐色，多数病斑有轮纹	可喷施多菌灵或托布津可湿性粉剂进行防治
立枯病	病菌从表层土侵染幼苗根部和茎基部，受害部下陷缢缩，呈黑褐色，严重时会猝倒或立枯	新盆土用福尔马林进行消毒；种植前灌水，幼苗期少浇水；发病时浇甲基托布津溶液
红斑病	枯死叶片和花梗上出现不规则的红褐色斑点，后期病斑扩大为椭圆形或纺锤形凹陷的紫褐色病斑。当病斑互相连接时，叶或花梗变形	除去发病的叶及花梗集中烧毁；病发时喷施代森锰锌或百菌清；加强通风透光
疫腐病	被害叶片出现褐色病斑，水渍状，有明显轮纹。潮湿时边缘不明显，病斑上有稀疏的白色霉状物。干燥时病斑停止扩大，病部组织干枯。	防治方法发病初期就要喷施甲霜灵、甲霜灵锰锌或可杀得，每隔7~10天喷1次，连续喷2~3次
萎蔫病	花卉整株出现萎蔫现象，使花卉生长受到抑制，严重者会使花卉枯死，必须及时进行养护和复壮	旱蔫适时增加浇水；水蔫，停止浇水；由于肥大引起的，则加大浇水及排水，减少肥的浓度
斑点病	叶片初期出现椭圆形或近圆形的黄色病斑，中央渐变灰白色，边缘褐色，斑外有黄晕。斑上灰白色部分散生小黑粒，病斑常出现纵裂	发病初期应及时摘去病叶并烧毁，喷洒百菌清或扑海因，或甲基硫菌灵，隔10天左右1次，连续喷2~3次
疮痂病	叶片及新梢先产生浅褐色圆形小点，边缘带紫褐色，以后病斑扩大呈紫褐色或黑褐色，略突起，第2年病斑变成灰色至暗灰色，并生有黑色小点，后渐渐扩大，病斑为多角形，淡绿色	结合修剪，彻底剪掉发病的枝条，并带出田外烧毁；及时疏枝以增加通风透光；发芽前，喷1次波美石硫合剂；每隔5~7天喷1次代森锌或福镁锌，共喷2~3次
漆斑病	叶片上出现圆形或不规则褐色病斑，外围形成大片的黄色变色区，周生大小、形状各异的黑色小点	避免过度浇水，增加通风透光；及时剪除病株；栽植前对盆土进行消毒
烂皮病	枝条皮层腐烂，死皮上有小黑点，春季生有橘黄色丝状物或橘黄色胶块，即病原菌的分生孢子角，造成枝枯，严重时整株死亡	加强管理，浇水、施肥合理适度；保持植株通风透光；病发后划破病斑，喷涂双效灵或843康复剂3倍液、琥珀酸铜10倍液

花卉易发虫害及防治方法

虫害名称	发病症状	防治方法
蚜虫	蚜虫繁殖极快，成群聚在叶片、嫩茎、顶芽和花蕾上，以口器刺吸花卉养分，使花卉生长畸形，枝叶皱缩、卷曲，并诱发煤烟病、传播病毒病等，危害极大	在施药方法上，一般不采用向蚜体直接喷药的方法，可采用拌种、根施、涂茎等方法。常用药剂有除虫菊酯、硫酸烟精或氧化乐果
红蜘蛛	虫体很小不易发现,肉眼只看到红色小点，该虫主要危害植物的茎、叶、花、根等。以口器刺入叶片内吮吸汁液，初期叶片失绿变白，叶缘向上翻卷，叶表面呈现密集苍白的小斑点，卷曲发黄。此后叶片枯萎、脱落，严重时叶片落光	个别叶片受害，可摘除虫叶并烧毁；较多叶片发生时，应及早喷药。化学防治可以喷施40%三氯杀螨醇可湿性粉剂1500~2000倍液，喷药要均匀、细致、周到，使叶、枝上都均匀布满药液
蓟马	成虫体长约1.1mm，呈纺锤形，橙黄色或黑褐色，翅狭长，翅周有较长缨毛。危害嫩叶、根与花瓣	害虫发生初期开始施培丹、亚灭培或贝他赛扶宁1次，此后视实际发生虫数再增加喷药次数
介壳虫	介壳虫像吸人血的虱子一样，吸取花卉植株的汁液，被害植株生长不良，出现叶片泛黄、提早落叶等现象，严重时植株枯萎而死亡	虫体被一层角质甲壳包裹着，喷洒药物不易奏效。用酒精轻轻地反复擦试病株，能把介壳虫除掉，且除得十分干净、彻底
白粉虱	成虫和幼虫群集在上部叶背吸食汁液，造成叶片变黄、萎蔫，甚至死亡。该虫还分泌大量蜜露，污染叶片，引起煤污病。此外，该虫还是传播病毒的媒介害虫	出现白粉虱可喷施敌敌畏乳油或氧化乐果乳油或溴氰菊酯乳油。盆花可用塑料袋罩住，罩内滴几滴敌敌畏乳油，连续熏杀几次可以消灭
金龟子	又名金克郎，种类多，食性杂，幼虫名蛴螬，俗名土蚕或白皮虫，为重要的地下害虫。成虫咬食多种花卉的叶片、果实，危害极大	成虫及幼虫发生期对土壤施呋喃颗粒进行毒杀；对叶片上喷洒波尔多液或敌敌畏
尺蠖	尺蠖的幼虫咬食植株的叶片、嫩芽及花蕾，危害极大，严重时造成光秃现象	可采用涂毒环、涂黏虫胶等方法防治；亦可喷成氟虫脲或氯氰菊酯进行防治
刺蛾	此虫俗称痒辣刺、刺毛虫，杂食性，主要啃食植株叶片，将叶片吃成缺裂或网状	幼虫发生初期喷洒晶体敌百虫或杀螟杆菌或溴氰菊酯乳油，均有良好效果
蛞蝓	俗名鼻涕虫，啃食花卉叶片或将花卉的鳞茎、块茎啃食成孔洞，最终导致植株死亡	可在植株周围置放一些青菜叶，利用其夜间觅食、白天潜伏的习性，诱其进入青菜叶集中灭杀
蜗牛	初孵幼螺只取食叶肉，留下表皮；稍大时则用齿舌将叶、茎舐磨成小块或将其吃断导致植株整株死亡	清晨进行人工捕杀；在麸皮中加入敌百虫撒在蜗牛经常出没的地方进行毒杀
钻心虫	幼虫首先在叶柄基部蛀食进而从新梢叶柄基部蛀入嫩茎内，专蛀食髓部软组织，对枝蔓的输导组织造成破坏，影响水分和营养物质的上下输导，造成植株受害	剪去枯枝、病虫枝，清除脱落在地面的病虫枝叶，集中烧毁。可用福星加敌杀死或科博加敌杀死防治
鼠妇	又名西瓜虫或潮虫，鼠妇白天潜伏在花盆底部，从盆底排水孔内咬食花卉嫩根，夜间则伤害花卉的茎部，造成花卉茎部溃烂	可人工进行捕杀；用杀灭菊酯或西维因喷施盆底；严重时可于花盆、植株上喷洒久效磷合剂
地老虎	咬食未出土的种子、幼芽或球根，天气潮湿时也能咬食分枝的幼嫩枝叶，危害极大	发现植株周围有新鲜小孔，可人工挖出灭杀；向植株周围浇灌敌敌畏或敌百虫溶液
龟蜡蚧	若虫和雌成虫刺吸枝、叶汁液，排泄蜜露常诱发煤污病，严重者可使枝条枯死	剪除虫枝或刷除虫体；发芽前喷含油量10%的柴油乳剂；若虫分散转移期喷洒氧化乐果
锈壁虱	主要在叶片背面和果实表面吸食汁液，导致叶背、果面变为黑褐色或铜绿色，严重时可引起大量落叶	剪除病虫枝叶并烧毁；虫害发生时可喷施炔螨特或阿维菌素乳油或吡虫啉可湿性粉剂
军配虫	军配虫于叶片背面叶脉附近，刺吸汁液，使叶片正面发生白色斑点，整个叶片枯黄早落，并易引发煤污病，影响植株的生长和开花	若虫、成虫危害期，喷洒敌敌畏乳油1000倍液或辛硫磷乳油1500倍液都可取得较好效果
根结线虫	线虫可以存在于植物的所有器官，以叶片中最多，叶片上尖缘皱缩变黄，提早落叶。须根部有成串大小不同的圆形瘤状物。地上植株表现为矮化，生长衰弱，影响开花	剪除病虫枝叶并烧毁；盆栽则必须用新土或消毒土，土壤消毒可用二溴氯丙烷熏蒸；带病虫的球茎可用50℃温水浸泡10分钟，可杀死线虫

（续）

虫害名称	发病症状	防治方法
蝼蛄	蝼蛄是地下害虫之一，主要啃食根茎，经常在土层下拱成来往隧道，使植株根条脱水而干枯死亡	用敌百虫加上炒香的饵料及水拌成干湿适宜的毒饵，撒在植株根部周围有很好的防治效果
棉铃虫	以幼虫为害，啃食嫩茎、叶和芽，特别是蕾、花、果尤甚	在卵孵化盛期至2龄盛期，喷施阿维菌素或高效氯氰菊酯
潜叶蝇	以幼虫为害植株叶片，幼虫往往钻入叶片组织中，潜食叶肉组织，造成叶片呈现不规则白色条斑，使叶片逐渐枯黄脱落，甚至死亡	剪除受害叶片并烧毁；成虫主要在叶背面产卵，背面连续2~3次喷施乐果乳油或敌敌畏乳油或二溴磷乳油
烟青虫	又名烟夜蛾，以幼虫蛀食花蕾、花朵、果实，也啃食嫩茎、叶子、嫩芽，危害极大	可进行人工捕杀；虫害发期在植株的上部喷施氯氰乳油或杀灭菊酯乳油
短须螨	以幼螨、成螨在叶背近叶脉处吮吸叶片汁液，主脉附近受害尤烈，叶背呈现油渍状紫褐色斑点，严重时叶片枯黄脱落，影响生长	剪除受害叶片并烧毁；初春，植株刚发芽时，可选喷波美石硫合剂进行防治。虫口密度大时，可选喷氧化乐果或哒嗪酮乳油

参考文献

（英）克里斯托弗· 布里克尔主编.世界园林植物与花卉百科全书[M].郑州：河南科技出版社，2005.

中科院中国植物编辑委员会主编.中国植物志[M].北京：科学出版社，2004.

金波编著.常用花卉图谱[M].北京：中国农业出版社，1998.

徐晔春，江珊主编.养花图鉴[M]. 汕头：汕头大学出版社，2008.

徐晔春，李勤，丁克祥编著.500种盆栽花卉经典图鉴[M]. 吉林：吉林科学技术出版社，2012.

王意成，郭志仁主编.景观植物百科[M].苏州：江苏科学技术出版社，2006.

花卉名称（含别名）拼音索引